工业信息化技术丛书

基于人工智能的自主磨抛系统

王 振 刘一鋆 编著

電子工業出版社
Publishing House of Electronics Industry
北京 • BEIJING

内 容 简 介

本书主要论述了基于人工智能的自主磨抛系统构建的一般性方法、流程及核心技术，主要从三部分进行论述：第一部分，介绍磨削抛光及工业机器人的背景知识，并对基础理论进行了概述；第二部分论述了基于人工智能的自主磨抛系统的整体构建过程，从系统的构建方案及软硬件组成开始，依次讨论了磨抛系统的核心技术，包括控制策略、轨迹规划和机器视觉系统，着重介绍了基于自主控制的智能算法，并对整体系统的辅助部分进行了简要介绍；第三部分则给出了智能自主磨抛系统在工业实践中的应用案例。

本书适合作为机械磨削等相关专业技术人员的参考读物。

图书在版编目（CIP）数据

基于人工智能的自主磨抛系统 / 王振，刘一鋆编著. —北京：电子工业出版社，2022.1
（工业信息化技术丛书）

ISBN 978-7-121-38655-8

Ⅰ. ①基… Ⅱ. ①王… ②刘… Ⅲ. ①人工智能—应用—磨削②人工智能—应用—机械抛光 Ⅳ. ①TG58-39

中国版本图书馆 CIP 数据核字（2020）第 037256 号

责任编辑：刘志红（lzhmails@phei.com.cn）　　特约编辑：李　姣　宋兆武
印　　刷：三河市鑫金马印装有限公司
装　　订：三河市鑫金马印装有限公司
出版发行：电子工业出版社
　　　　　北京市海淀区万寿路 173 信箱　邮编　100036
开　　本：787×980　1/16　印张：15.5　字数：396.8 千字
版　　次：2022 年 1 月第 1 版
印　　次：2022 年 1 月第 1 次印刷
定　　价：138.00 元

凡所购买电子工业出版社图书有缺损问题，请向购买书店调换。若书店售缺，请与本社发行部联系，联系及邮购电话：（010）88254888，88258888。

质量投诉请发邮件至 zlts@phei.com.cn，盗版侵权举报请发邮件至 dbqq@phei.com.cn。

本书咨询联系方式：18614084788，lzhmails@phei.com.cn。

前　言

将人工智能融合到传统产业，是我们长期思考的问题。在沈阳埃克斯邦科技有限公司（xBang）工作期间，我们发现磨抛领域是极佳的切入点，此书由此起源。

磨抛行业，从人类磨树枝、磨石头的岁月就开始了，到如今依然靠人手在磨、在抛，无论在欧美，还是在亚非，莫不如此，可谓传统至极。人手轻而易举就能实现的磨抛效果让机器去实现，竟让无数研究机构、企业“落荒而逃”，直到近几年人工智能技术的发展，才为该行业的有限解放照进了一缕光芒。

无人磨抛系统，是名副其实的光、机、电、软多专业融合体。从硬件方面而言，需要智能磨具、磨料、机器力觉、机器视觉、灵巧动力和高速实时计算的融合；从软件方面而言，需要实时控制、实时通信、实时信号处理，尤其是嵌入式人工智能的融合。而这就是本书的主要内容。

第一部分包含第一、二章，主要对磨抛及工业机器人的一些主要背景知识及基础理论进行概述，分别介绍磨抛和工业机器人的基础内容。

第二部分包含第三～七章，主要论述基于人工智能的自主磨抛系统的整体构建过程和关键技术。第三章重点阐述自主磨抛系统整体方案构建的一般流程和方法，先介绍系统硬件组成及软件框架，进而讲解如何调整方案以适应不同的磨抛需求。第四章介绍的控制技术是机器人磨抛控制系统的核心，该章介绍的构建基于力反馈的打磨机器人控制系统，主要阐述如何通过控制加工过程中的接触力来提高磨抛加工质量，同时也介绍了目前主要的力/位置控制算法及恒力控制策略。第五章介绍机器视觉系统，该系统的加入使得磨抛系统可同时加工多个工件，减少了工序运转的辅助时间，增加了系统的柔性加工能力，是磨抛系统的关键性技术。第六章研究了磨抛轨迹动态规划过程，系统地阐述机器人路径规划方法。这章还介绍了通过机器人坐标系统分析末端磨抛工具姿态变换过程的方法，以及基于机器人运动关节组合的最优轨迹规划方法和离线磨抛轨迹规划流程，并给出了设计磨抛位置点控制策略的实现方法。第七章主要介绍了智能磨抛系统的三个关键辅助子系统：末端夹具设计、末端工具快换系统及磨抛工件上下料系统。这章还详细介绍了夹具方案设计的一般方法及设计原则；快换系统整体的功能及其机械结构，以及实现功能的方式与可行性；机器人自动上下料系统设计，以及与磨抛系统结合的流程。

第三部分包含第八、九章，介绍了智能自主磨抛系统在工业实践中的两个应用案例，并详细介绍了针对不同磨抛任务的需要构建自主磨抛系统的方法。

本书理论环节系统性强、思路清晰、论述全面、可读性强，并且书中采用的技术方法几乎均为近年来的最新方法；案例具有代表性，可为同类需求提供重要参考。

最后，感谢沈阳埃克斯邦科技有限公司为我提供的适合磨抛研究的成套产品和磨抛大系统试验条件，也感谢我的家人，尤其是徐敬女士为我提供的温馨环境，让我得以顺利完成此书的编著工作。

王　振

2021 年 4 月

目 录

第一章

磨　抛

1.1 磨抛概述

1.1.1 磨抛的定义

磨抛是指用磨料、磨具切除工件上多余材料的加工方法。磨抛加工是应用较为广泛的切削加工方法之一，它隶属于机械加工中的精加工，特点是加工量少、精度高。此外，还有关于磨抛加工的其他定义：磨抛加工是借助磨具的切削作用去除工件表面的多余层，使工件表面质量达到预定要求的加工方法。磨抛通常被人们认为仅是一种用于获得光洁零件表面和精确公差的精加工方法。确实，没有任何一种方法可以和磨抛在精密加工方面竞争，但磨抛并不局限于这一应用。

磨抛加工是零件精加工的主要方法。磨抛时可采用砂轮、油石、磨头、砂带等磨具，而最常用的磨具是用磨料和黏合剂做成的砂轮。通常磨抛的精度能达到IT5～IT7，表面粗糙度 *Ra* 值一般为0.2～0.8μm。

在工业化国家的制造业中，磨抛是占加工成本20%～25%的一种主要加工方法。没有磨抛的制造业是不可想象的。我们使用的每种东西在其制造过程中几乎都要经过磨抛，或是制造设备使用了经过磨抛的零件。由此可见，在现代制造业中，磨抛技术占据多么重要的地位。一个国家的磨抛水平，在一定程度上反映了该国的机械制造工艺水平。随着机械产品品质不断提高，磨抛工艺也不断发展和完善。尽管磨抛在工业中很重要，但仍得不到应有的重视。用精磨去除同样体积的材料经常被认为比其他加工方法成本高，它的应用是不得已被缩小的。

在各种加工方法中，磨抛采用的工具是独一无二的。砂轮和磨抛工具通常由两种材料构成，一种起切削作用的叫磨粒的磨料细颗粒，另一种是把无数磨粒黏合在一起成为固体的较软的黏合剂。每一个磨粒就是一个可能的微小切削工具。磨抛过程就是由这些成千上万个磨粒微小切刃共同完成的。

用精磨的方法去除同样体积的材料经常被认为比其他加工方法成本高。但随着净形精密铸造和锻造技术使材料去除余量不断减少，磨抛作为无须车削和铣削而直接成型的方法将更为经济。应用也会变得更加广泛。

在通常使用的各类加工方法中，磨抛无疑是所知最少和最受忽视的。出现这一情况的原因在于磨抛过程太复杂，不容易弄清楚。因为切刃数量多、几何形状不规则、磨抛速度高、每个磨粒的磨抛切深不一致，任何要分析磨抛机理的想法都似乎是没有希望的。

1.1.2 磨抛加工的特点及磨抛过程

1. 磨抛加工的特点

从本质上来说，磨抛加工是一种切削加工，和通常的车削、铣削、刨削等相比，磨抛有以下特点。

（1）磨抛属多刃、微刃切削。

砂轮上每一磨粒相当于一个切削刃，而且切削刃的形状及分布处于随机状态，每个磨粒的切削角度、切削条件均不相同。

（2）加工精度高。

磨抛属于微刃切削，切削厚度极薄，每一磨粒切削厚度仅有几微米，故可获得很高的加工精度和很低的表面粗糙度值。

（3）磨抛速度大。

一般砂轮的圆周速度达 2 000～3 000m/min，目前的高速磨抛砂轮线速度已达到 60～250m/s，故磨抛时温度很高，磨抛区的瞬时高温可达 800～1 000℃，因此磨抛时必须使用磨抛液。

（4）加工范围广。

磨粒硬度很高，因此磨抛不但可以加工碳钢、铸铁等常用金属材料，还能加工一般刀具难以加工的高硬度、高脆性材料，如淬火钢、硬质合金等。但磨抛不适宜加工硬度低且可塑性大的有色金属材料。

磨抛加工是机械制造中重要的加工工艺，已广泛用于各种表面的精密加工中。许多精密铸造成型的铸件、精密锻造成型的锻件和重要配合面也要经过磨抛才能达到精度要求。因此，磨抛在机械制造业中的应用日益广泛。

2．磨抛过程

根据砂轮形状与工件砂轮运动学的不同，磨抛作业有许多不同的形式。常见磨抛方式如图 1-1 所示。例如，一些平面、外圆和内圆磨抛方式，更复杂的磨床则用于一些其他形状的加工。

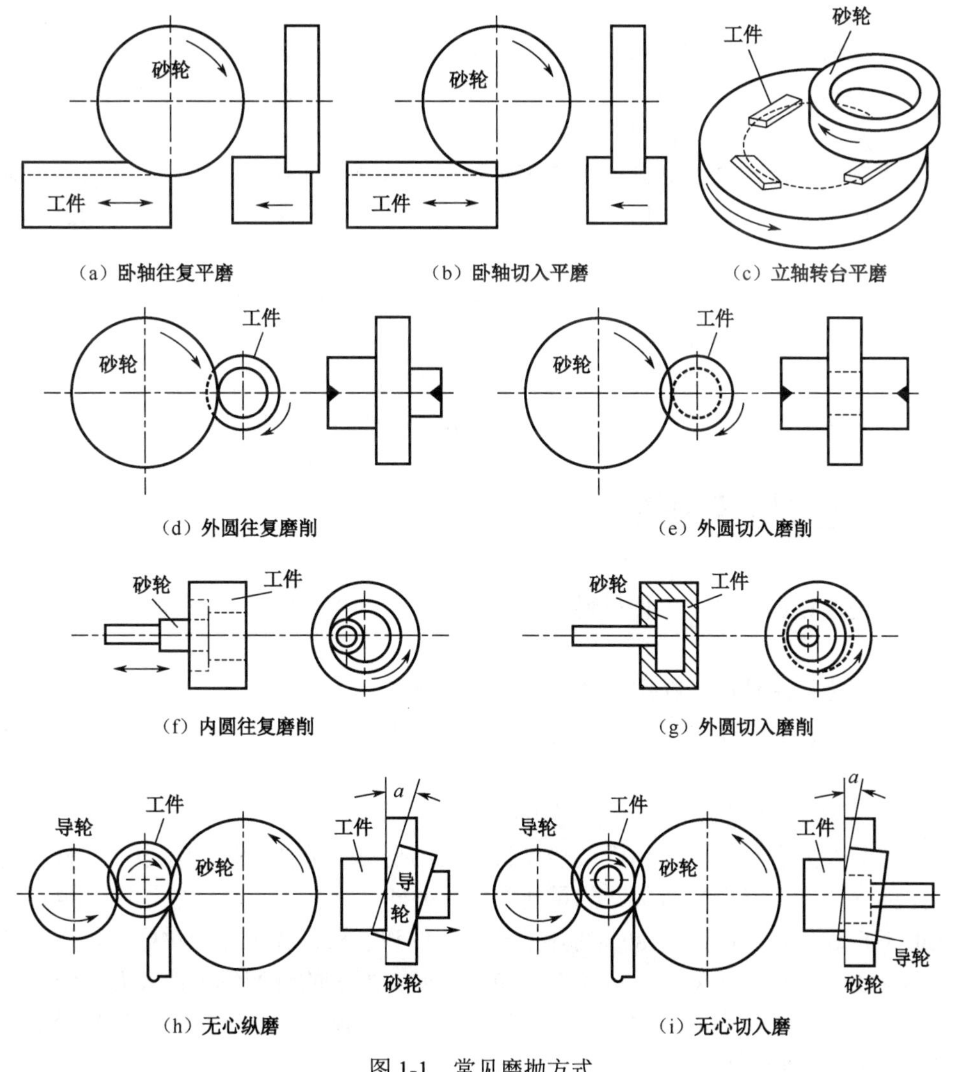

图 1-1　常见磨抛方式

（1）磨抛的基本运动。

磨抛时砂轮与工件的切削运动也有主运动和进给运动之分。主运动是砂轮的高速旋转；进给运动一般为圆周进给运动（工件的旋转运动）、纵向进给运动（工作台带动工件所做的纵向直线往复运动）和径向进给运动（砂轮沿工件径向的移动）。

① 外圆磨抛的进给运动为工件的圆周进给运动、工件的纵向进给运动和砂轮的横向吃刀运动。

② 内圆磨抛的进给运动与外圆磨抛相同。

③ 平面磨抛的进给运动为工件的纵向（往复）进给运动，砂轮或工件的横向进给运动和砂轮的垂直吃刀运动。

另外，我们用磨抛用量来表示磨抛加工中主运动及进给运动参数的速度或数量。磨抛主运动的磨抛用量为砂轮圆周速度，与磨抛进给量有区别。外圆磨抛的磨抛用量包括砂轮圆周速度、工件圆周速度、纵向进给量、背吃刀量。

（2）磨抛加工的实质。磨抛加工的实质是工件被磨抛的金属表层在无数磨粒的瞬间挤压、刻画、切削、摩擦抛光作用下进行的。磨抛瞬间起切削作用的磨粒的磨抛过程可分为三个阶段。

① 初磨阶段：由于工艺系统弹性变形，实际磨抛深度小于进给量。

② 稳磨阶段：实际磨抛深度等于进给量。

③ 光磨阶段：进给停止，由于工艺系统弹性恢复，实际磨抛深度并不为零，通过增加磨抛次数，磨抛深度逐渐趋于零，工件的精度和表面质量逐渐提高。

1.1.3 磨抛力与磨抛热

磨抛力是磨抛加工时，工件材料抵抗砂轮磨抛所产生的阻力。磨抛力在空间可分为三个分力。

（1）切削力：总切削力在主运动方向上的正投影。

（2）被向力：总切削力在垂直于进给运动方向上的分力。磨抛时要特别注意被向力对加工精度的影响。

（3）进给力：总切削力在进给运动方向上的正投影。

磨抛热是在磨抛过程中，由于被磨抛材料层的变形、分离及砂轮与被加工材料间的摩擦而产生的热。由于磨抛热较大，热量通常传入砂轮、磨抛、工件或被切削带走。然而砂轮是热的不良导体，因此几乎 80%的热量传入工件和磨屑，并可能导致磨屑燃烧。磨抛区域的高温会引起工件的热变形，从而影响加工精度。严重的会产生工件表面灼伤、裂纹等弊病，因此磨抛时应特别注意对工件的冷却，并减小磨抛热，以减小工件的热变形，防止产生工件表面灼伤和裂纹。

1.2 磨具与磨抛液

在磨抛过程中，磨具的选用是十分重要的。磨具包括砂轮、砂带。砂轮的选择要考虑砂轮的磨料、砂轮硬度、磨料粒度、砂轮的黏合剂、砂轮的组织等。

1.2.1 磨具

磨具分为砂轮、油石、磨头、砂瓦、砂布、砂纸、砂带、研磨膏 8 类。

砂轮是一种特殊的刀具，又称磨具，其制造过程也较复杂。它是由一种黏合剂把磨粒黏结起来，经压坯、干燥、焙烧及修整而成的，具有很多气孔，用磨粒进行切削的固结磨具。磨粒以其露在表面部分的尖角作为切削刃。

（1）砂轮的特性。

砂轮的特性主要由磨料、粒度、黏合剂、硬度、组织及形状与尺寸等因素决定。

① 磨料：磨料是制造磨具的主要原料，直接担负着切削工作。目前常用的磨料有棕刚玉（A）、白刚玉（WA）、黑碳化硅（C）和绿碳化硅（GC）等。

棕刚玉：用于加工硬度较低的塑性材料，如中、低碳钢和低合金钢等。

白刚玉：用于加工硬度较高的塑性材料，如高碳钢、高速钢和淬硬钢等。

黑碳化硅：用于加工硬度较低的脆性材料，如铸铁、铸铜等。

绿碳化硅：用于加工高硬度的脆性材料，如硬质合金、宝石、陶瓷和玻璃等。

② 粒度：粒度是指磨料颗粒的尺寸，其大小用粒度号表示。

国标上规定了磨料和微粉两种粒度号。

一般来说，粗磨选用较粗的磨料（粒度号较小），精磨选用较细的磨料（粒度号较大）；微粉多用于研磨等精密加工和超精密加工。

③ 黏合剂：黏合剂的作用是将磨料黏合成具有一定强度和形状的砂轮。砂轮的强度、抗冲击性、耐热性及抗腐蚀能力主要取决于黏合剂的性能。

常用的黏合剂有陶瓷黏合剂（V）、树脂黏合剂（B）、橡胶黏合剂（R）和金属黏合剂（M）等。

陶瓷黏合剂：应用最广，适用于外圆、内圆、平面、无心磨抛和成型磨抛的砂轮等。

树脂黏合剂：适用于切断和开槽的薄片砂轮及高速磨抛砂轮。

橡胶黏合剂：适用于无心磨抛导轮、抛光砂轮。

金属黏合剂：适用于金刚石砂轮等。

④ 硬度。

磨具的硬度是指磨具在外力作用下磨粒脱落的难易程度（又称黏合度）。

磨具的硬度反映了黏合剂固结磨粒的牢固程度，磨粒难脱落的叫硬度高，反之叫硬度低。

国标上对磨具硬度规定了 16 个级别：D,E,F（超软）；G,H,J（软）；K,L（中软）；M,N（中）；P,Q,R（中硬）；S,T（硬）；Y（超硬）。普通磨抛常用 G～N 级硬度的砂轮。

⑤ 组织。

磨具的组织指磨具中磨粒、黏合剂、气孔三者体积的比例关系，以磨粒率（磨粒占磨具体积的百分率）表示磨具的组织号。磨料所占的体积比例越大，砂轮的组织越紧密；反之，组织越疏松。

国标上规定了 15 个组织号：0,1,2,…, 13,14。0 号组织最紧密，磨粒率最高；14 号组织最疏松，磨粒率最低。普通磨抛常用 4～7 号组织的砂轮。

⑥ 形状与尺寸。

⑦ 最高工作速度。

砂轮高速旋转时，砂轮上任意一部分都受到很大的离心力的作用，如果砂轮没有足够的回转强度，就会使砂轮因爆裂而引起严重事故。砂轮上的离心力与砂轮的线速度的平方成正比，所以当砂轮的线速度增大到一定数值时，离心力就会超过砂轮回转速度范围，可能会引起砂轮爆裂。砂轮的最大工作线速度必须标注在砂轮上，以防止使用时发生事故。

（2）砂轮的代号。

根据普通磨具标准 GB/T2485—1994 规定，砂轮（普通磨具）各特性参数以代号形式表示，依次是砂轮形状、尺寸、磨料、粒度、硬度、组织、黏合剂、最高工作速度。

（3）砂轮的选择。

① 磨料的选择。

按工件材料及其热处理的方法选择，磨料本身的硬度与工件材料的硬度相对应。一般的选择原则是：工件材料为一般钢材，可选用棕刚玉；工件材料为淬火钢、高速工具钢，可选用白刚玉或铬刚玉；工件材料为硬质合金，可选用人造金刚石或绿碳化硅；工件材料为铸铁、黄铜，可选用黑碳化硅。

② 粒度的选择。

按工件表面粗糙度和加工精度选择。细粒度的砂轮可磨出细的表面；粗粒度则相反，但由于其颗粒粗大，砂轮的磨抛效率高。一般常用的粒度是 F46～F80，粗磨时选用粗粒度砂轮，精磨时选用精粒度砂轮。

③ 砂轮硬度的选择。

砂轮硬度是衡量砂轮“自锐性”指标。在磨抛过程中，磨粒逐渐由锐变钝。磨抛硬材料时，砂轮容易钝化，应选用软砂轮，以使砂轮锐利；磨抛软材料时，砂轮不易钝化，应选用硬砂轮，以避免磨粒过早脱落损耗；磨抛特别软而韧的材料时，砂轮易堵塞，可使用较软的砂轮。

④ 砂轮的检查、平衡和修整。

a）砂轮的检查。

砂轮安装前一般要进行裂纹检查，严禁使用有裂纹的砂轮。通过外观检查确认无表面裂纹的砂轮，一般还要用木头锤子轻轻敲击，声音清脆的为没有裂纹的好砂轮。

b）砂轮的平衡。

由于砂轮各部分密度不均匀、几何形状不对称及安装偏心等各种原因，往往造成砂轮重心与其旋转中心不重合，即产生不平衡现象。不平衡的砂轮在高速旋转时会发生振动，影响磨抛质量和机床精度，严重时还会导致机床损坏和砂轮碎裂。因此在安装砂轮前都要进行平衡。砂轮的平衡有静平衡和动平衡两种。一般情况下，只进行静平衡，但在高速磨抛（线速度大于 50m/s）和高精度磨抛时，必须进行动平衡。

c）砂轮的修整。

砂轮工作一定时间后，出现磨粒钝化、表面空隙被磨屑堵塞、外形失真等现象时，必须去除表层的磨料，并重新修磨出新的刃口，以恢复砂轮的切削能力和外形精度。砂轮修整一般使用金刚石工具，采用车削法、滚压法或磨抛法进行。

1.2.2 磨抛液

1. 磨抛液的作用

磨抛液主要用来降低磨抛热，减少磨抛过程中工件与砂轮之间的摩擦。磨抛液的主要作用有冷却作用、润滑作用、清洗作用和防锈作用。

2. 磨抛液的种类

磨抛液分为水溶液和油类两大类。常用的水溶液有乳化液和合成液两种。常用的油类为全损耗系统用油和煤油。水溶液以水为主要成分，水的冷却作用很好，但易使机床和工件锈蚀。油类的润滑和防锈作用好，常用于螺纹及齿轮磨床的加工，但油类的冷却性较差，会产生油雾。

1.3 研磨与模具的抛光

以上简要介绍了磨抛的基本概念，而本书中自主磨抛系统中的“磨抛”是指研磨与抛光。研磨与抛光是以降低零件表面粗糙度，提高表面形状精度和增加表面光泽为主要目的，属光整加工，可归为磨抛工艺大类。研磨与抛光在工作成型理论上很相似，一般用于产品、零件的最终加工。

现代模具成形表面的精度和表面粗糙度要求越来越高，对一些高精度、高寿命的模具要求甚至达到微米级精度。一般磨抛表面不可避免地会留下磨痕、微裂纹等缺陷，这些缺陷对一些模具的精度影响很大，其成形表面一部分可采用超精密磨抛加工达到设计要求，但大多数异型和高精度表面要进行研磨与抛光加工。

1.3.1 研磨

研磨是一种微量加工的工艺方法，研磨借助于研具与研磨剂（一种游离的磨料），在工件的被加工表面和研具之间产生相对运动，并施以一定的压力，从工件上去除微小的表面凸起层，以获得很低的表面粗糙度和很高的尺寸精度、几何形状精度等。在模具制造中，特别是产品外观质量要求较高的精密压铸模、塑料模、汽车覆盖件模具等应用广泛。

1.3.1.1 研磨的基本原理与分类

1. 研磨的基本原理

（1）物理作用。

研磨时，研具的研磨面上均匀地涂抹研磨剂，若研具材料的硬度低于工件，则当研具和工件在压力作用下做相对运动时，研磨剂中具有尖锐棱角和高硬度的微粒，有些会被压嵌入研具表面上产生切削作用（塑性变形），有些则在研具和工件表面间滚动或滑动产生滑擦（弹性变形）。这些微粒如同无数的切削刀刃，对工件表面产生微量的切削作用，并均匀地从工件表面切去一层极薄的金属，如图 1-2 所示为研磨加工模型。同时，钝化了的磨粒在研磨压力作用下，通过挤压被加工表面的峰点，使被加工表面产生微挤压塑性变形，从而使工件逐渐得到高的尺寸精度和低的表面粗糙度。

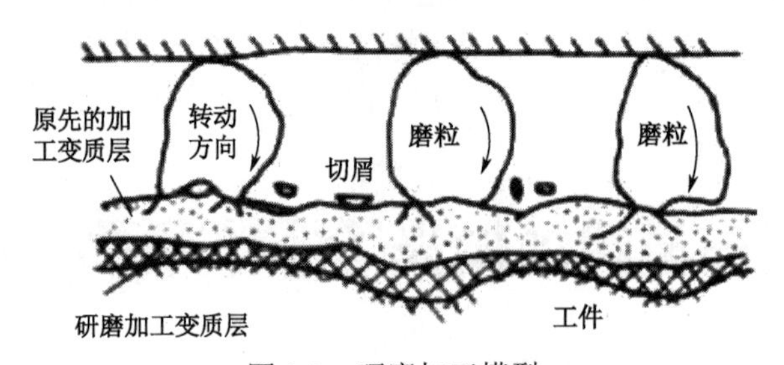

图 1-2　研磨加工模型

（2）化学作用。

当采用氧化铬、硬脂酸等研磨剂时，在研磨过程中研磨剂和工件的被加工表面上产生化学作用，生成一层极薄的氧化膜，这层氧化膜很容易被磨掉。研磨的过程就是氧化膜不断生成和擦除的过程，如此多次循环反复，最终使被加工表面的粗糙度降低。

2．研磨的应用特点

（1）表面粗糙度低。研磨属于微量进给磨抛，切削深度小，有利于降低工件表面粗糙度值。加工表面粗糙度可达 0.01μm。

（2）尺寸精度高。研磨采用极细的微粉磨料，机床、研具和工件处于弹性浮动工作状态，在低速、低压条件下，逐层磨去被加工表面的凸峰点，加工精度可达 0.01～0.1μm。

（3）形状精度高。研磨时工件基本上处于自由状态，受力均匀，运动平稳，且运动精度不影响形位精度。加工圆柱体的圆柱度可达 0.1μm。

（4）改善工件表面力学性能。研磨的切削热量小，工件变形小，变质层薄，表面不会出现微裂纹。同时能降低工件表面摩擦系数，提高耐磨和耐腐蚀性。研磨零件表层存在残余压应力，这种应力有利于提高工件表面的疲劳强度。

（5）研具的要求不高。研磨所用研具和设备一般比较简单，不要求具有极高的精度；但研具材料一般比工件软，研磨中易磨损，应注意及时修整与更换。

3．研磨的分类

（1）按研磨工艺的自动化程度分类。

① 手动研磨。

研具的相对运动，均用手动操作。加工质量取决于操作者的技能水平，劳动强度大，工作效率低。手动研磨适用于各类金属、非金属工件的各种表面。模具成型零件上的局部窄缝、狭槽、深孔、盲孔和死角等部位，仍然以手工研磨为主。

② 半机械研磨。

工件和研具其中一个采用简单的机械运动，另一个采用手工操作。加工质量仍与操作者技能水平有关，劳动强度比手动研磨低，主要用于工件内外圆柱面、平面及圆锥面的研磨。模具零件研磨时常用。

③ 机械研磨。

研具的运动均采用机械运动。加工质量靠机械设备保证，工作效率比较高。但只能适用于表面形状不太复杂的零件的研磨。

（2）按研磨剂的使用条件分类。

① 湿研磨。

研磨过程中将研磨剂涂抹于研具表面，磨料在研具和工件间随机地滚动或滑动，对工件表面产生切削作用。加工效率较高，但加工表面的几何形状和尺寸精度及表面粗糙度不如干研磨，多用于粗研和半精研平面与内外圆柱面。

② 干研磨。

在研磨之前，先将磨粒均匀地压嵌入研具工作表面一定深度，该过程称为嵌砂。在研磨过程中，研具与工件保持一定的压力，并按一定的轨迹做相对运动，实现微切削作用，从而获得很高的尺寸精度和低的表面粗糙度。干研磨时，一般不加或仅涂抹微量的润滑研磨剂。一般用于精研平面，生产效率不高。

③ 半干研磨。

采用糊状研磨膏，类似湿研磨。研磨时，根据工件加工精度和表面粗糙度的要求，适时地涂敷研磨膏。对各类工件的粗、精研磨均适用。

1.3.1.2 研磨工艺

1. 研磨工艺参数

（1）研磨压力。

研磨压力是研磨表面单位面积上所承受的压力（MPa）。在研磨过程中，随着工件表面粗糙度不断降低，研具与工件表面接触面积不断增大，研磨压力逐渐减小。研磨时，研具与工件的接触压力应适当。若研磨压力过大，会加快研具的磨损，使研磨表面粗糙度增大，影响研磨质量；反之，若研磨压力过小，切削能力会降低，影响研磨效率。

研磨压力的范围一般为0.01～0.5MPa。手工研磨时的研磨压力为0.01～0.2MPa；精研时的研磨压力为0.01～0.05MPa；机械研磨时的压力一般为0.01～0.3MPa。当研磨压力在0.04～0.2MPa时，对降低工件表面粗糙度效果显著。

（2）研磨速度。

研磨速度是影响研磨质量和效率的重要因素之一。在一定范围内，研磨速度与研磨效率成正比。但研磨速度过高时，会产生较高的热量，甚至会烧伤工件表面，加剧研具磨损，从而影响加工精度。一般情况下，粗研磨时宜用较高的压力和较低的速度，精研磨时则用较低的压力和较高的速度。这样可提高生产效率和加工表面质量。

选择研磨速度时，应考虑加工精度、工件材料、硬度、研磨面积和加工方式等多方面因素。一般研磨速度应在10～150m/min，精研速度应在30m/min以下。手工粗研磨时，每分钟为40～60次的往复运动；精研磨时为每分钟20～40次的往复运动。

（3）研磨余量的确定。

零件在研磨前的预加工质量与余量，将直接影响研磨加工时的精度与质量。由于研磨加工只能研磨掉很薄的表面层，因此，零件在研磨前的预加工，需要足够的尺寸精度、几何形状精度和较小的表面粗糙度。对表面积大或形状复杂且精度要求高的工件，研磨余量应取较大值；预加工的质量高，研磨量则取较小值。研磨余量的大小还应结合工件的材质、尺寸精度、工艺条件及研磨效率等来确定。研磨余量尽量小，手工研磨不大于 10μm，机械研磨也应小于 15μm。

（4）研磨效率。

研磨效率以每分钟研磨去除表面层的厚度来表示。工件表面的硬度越高，研磨效率越低。一般淬火钢为 1μm/min，合金钢为 0.3μm/min，超硬材料为 0.1μm/min。在研磨的初期阶段，工件几何形状误差的消除和表面粗糙度的改善较快，之后则逐渐减慢，效率下降。这与所用磨料的粒度有关，磨粒粗，切削能力强，研磨效率高，但所得研磨表面质量低；磨粒细，切削能力弱，研磨效率低，但所得研磨表面质量高。因此，为提高研磨效率，选用磨料粒度时，应从粗到细，分级研磨，循序渐进地达到所要求的表面粗糙度。

2. 研具

研具是研磨剂的载体，使游离的磨粒嵌入研具工作表面发挥切削作用。磨粒磨钝时，由于磨粒自身部分碎裂或黏合剂断裂，磨粒从研具上局部或完全脱落，而研具工作面上的磨料不断出现新的切削刃口，或不断露出新的磨粒，使研具在一定时间内能保持切削性能要求。同时研具也是研磨成型的工具，自身具有较高的几何形状精度，并将其按一定的方式传递到工件上。

（1）研具的材料。

① 灰铸铁晶粒细小，具有良好的润滑性、硬度适中、磨耗低、研磨效果好等特点，并且价廉易得，应用广泛。

② 球墨铸铁比一般铸铁容易嵌存磨料，可使磨粒嵌入牢固、均匀，同时能增加研具的耐用度，可获得高质量的研磨效果。

③ 软钢韧性较好，强度较高，常用于制作小型研具，如研磨小孔、窄槽等。

④ 各种有色金属及合金，如铜、黄铜、青铜、锡、铝、铅锡金等，材质较软，表面容易嵌入磨粒，适宜做软钢类工件的研具。

⑤ 非金属材料，如木、竹、皮革、毛毡、纤维板、塑料、玻璃等。除玻璃以外，其他材料质地较软，磨粒易于嵌入，可获得良好的研磨效果。

（2）研具种类。

① 研磨平板用于研磨平面，分为带槽和无槽两种类型。带槽用于粗研，无槽用于精研，模具零件上的小平面，常用自制的小平板进行研磨。研磨平板如图 1-3 所示。

② 研磨环主要研磨外圆柱表面，如图 1-4 所示。研磨环的内径比工件的外径大 0.025～0.05mm，当研磨环内径磨大时，可通过外径调节螺钉使调节圈的内径缩小。

③ 研磨棒主要用于圆柱孔的研磨，分为固定式和可调式两种。固定式研磨棒制造容易，但磨损后无法补偿，分为有槽和无槽两种结构，有槽用于粗研，无槽用于精研。当研磨环的内孔和研磨棒的外圆做成圆锥形时，可用于研磨内外圆锥表面。

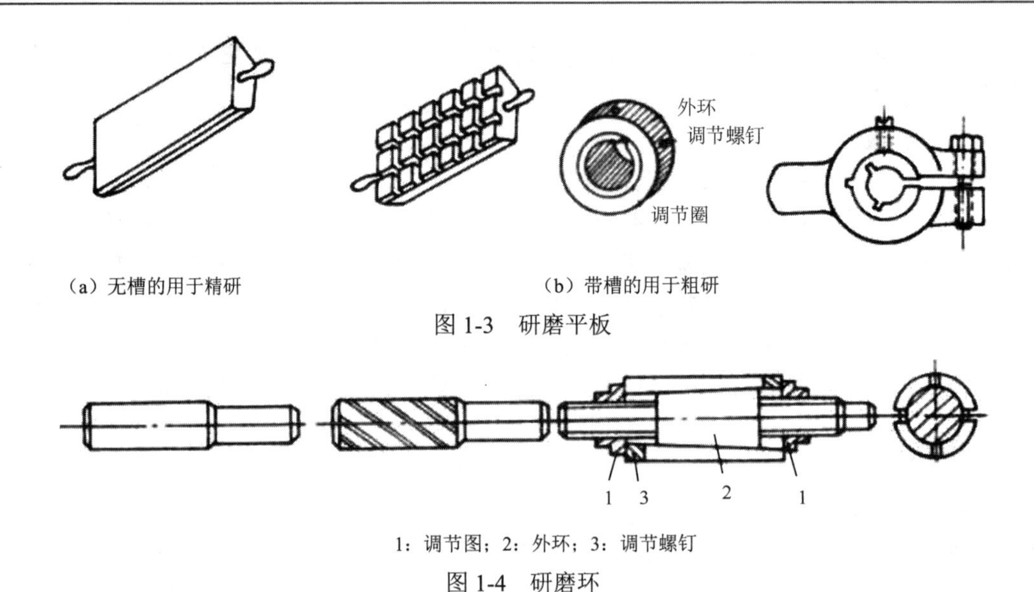

（a）无槽的用于精研

（b）带槽的用于粗研

图 1-3　研磨平板

1：调节图；2：外环；3：调节螺钉

图 1-4　研磨环

（3）研具硬度。

研具是磨具大类里的一类特殊工艺装备，它的硬度定义沿用磨具硬度的定义。磨具硬度是指磨粒在外力作用下从磨具表面脱落的难易程度，反映黏合剂把持磨粒的强度的能力。磨具硬度主要取决于黏合剂加入量的多少和磨具的密度。磨粒容易脱落的，表示磨具硬度低；反之，表示硬度高。研具硬度的等级一般分为超软、软、中软、中、中硬、硬和超硬 7 大等级。这些等级还可再细分出若干小级。测定磨具硬度的方法，较常用的有手锥法、机械锥法、洛氏硬度计测定法和喷砂硬度计测定法。在研磨切削加工中，若被研工件的材质硬度高，一般选用硬度低的磨具；反之，则选用硬度高的磨具。

3．常用的研磨剂

研磨剂是由磨料、研磨液及辅料按一定比例配制而成的混合物。常用的研磨剂分为液体和固体两大类。液体研磨剂由研磨粉、硬脂酸、煤油、汽油、工业用甘油配制而成；固体研磨剂是指研磨膏，由磨料和无腐蚀性载体，如硬脂酸、肥皂片、凡士林配制而成。

磨料的选择一般根据所要求的加工表面粗糙度来确定，从研磨加工的效率和质量来看，要求磨料的颗粒均匀。粗研磨时，为了提高生产率，用较粗的粒度，如 W28～W40；精研磨时，用较细的粒度，如 W5～W27；精细研磨时，用更细的粒度，如 W1～W3.5。

① 磨料。

磨料的种类很多，表 1-1 为常用的磨料种类及其应用范围。

表 1-1 常用的磨料种类及其应用范围

系 列	磨料名称	颜 色	应用范围
氧化铝系	棕刚玉	棕色	粗、精研钢、铸铁及青铜等
	白刚玉	白色	粗研淬火钢、高速钢及有色金属
	铬刚玉	紫红色	研磨低粗糙度表面、各种钢件
	单晶刚玉	透明、无色	研磨不锈钢等强度高、韧性大的工件
碳化物系	黑碳化硅	黑色半透明	研磨黄铜、青铜、铸铁等材料
	绿碳化硅	绿色半透明	研磨硬质合金、硬珞、玻璃、陶瓷、石材等材料
	碳化硼	灰黑色	研磨硬质合金、陶瓷、人造宝石等高硬度材料
超硬磨料系	天然金刚石	灰色至黄白色	研磨硬质合金、人造宝石、玻璃、陶瓷、半导体材料等高硬度难加工材料
	人造金刚石		
	立方氮化硼	琥珀色	研磨硬度高的淬火钢、高机、高速钢、硬质合金钢等
软磨料系	氧化铬	深红色	精细研磨或抛光钢、淬火钢、铸铁、光学元件单晶硅等，氧化铈的研磨抛换率是氧化铁的 1.5～2 倍

② 研磨液。

研磨液主要起润滑和冷却作用，它应具备一定的黏度和稀释能力；表面张力要低；化学稳定性要好，对被研磨工件没有化学腐蚀作用；能与磨粒很好混合，易于沉淀研磨脱落的粉尘和颗粒物；对操作者无害，易于清洗等。常用的研磨液有煤油、机油、工业甘油、动物油等。此外，研磨液中还会用到一些在研磨时起到润滑、吸附等作用的混合脂辅助材料。

1.3.2 模具的抛光

抛光是利用柔性抛光工具和微细磨料颗粒或其他抛光介质对工件表面进行修饰加工，去除之前工序留下的加工痕迹（如刀痕、磨纹、麻点、毛刺等）。抛光不能提高工件的尺寸精度或几何形状精度，而是以得到光滑表面或镜面光泽为目的，有时也用来消除光泽（消光处理）。抛光与研磨的机理是相同的，人们习惯上把使用硬质研具的加工称为研磨，而使用软质研具的加工称为抛光。

按照不同的抛光要求，抛光可分为普通抛光和精密抛光。

1.3.2.1 抛光工具

抛光除可使用研磨工具外，还有适合快速降低表面粗糙度的专用抛光工具。

1. 油石

油石是用磨料和黏合剂等压制烧结而成的条状固结磨具。油石在使用时通常要加油润滑，因而得名。油石一般用于手工修磨零件，也可装夹在机床上进行研磨和超精加工。油石分人造和天然两类，人造油石由于所用磨料不同又有两种结构类型。

1）用刚玉或碳化硅磨料和黏合剂制成的无基体的油石，根据其横断面形状可分为正方形、长方形、三角形、楔形、圆形和半圆形等。

2）用金刚石或立方氮化硼磨料和黏合剂制成的有基体的油石，有长方形、三角形和弧形等。天然油石是选用质地细腻又具有研磨和抛光能力的天然石英岩加工成的，适用于手工精密修磨。

2. 砂纸

砂纸是由氧化铝或碳化硅等磨料与纸黏结而成的，主要用于粗抛光。根据颗粒大小，常用的有 400#、600#、800#、1000#等磨料粒度。

3. 研磨抛光膏

研磨抛光膏是由磨料和研磨液组成的，分硬磨料和软磨料两类。硬磨料研磨抛光膏中的磨料有氧化铝、碳化硅、碳化硼和金刚石等，常用的为 200#,240#,W40 等磨粒和微粉。软磨料研磨抛光膏中含有油质活性物质，使用时可用煤油或汽油稀释，主要用于精抛光。

4. 抛研液

抛研液是用于超精加工的研磨材料，由 W0.5～W5 粒度的氧化铝和乳化液混合而成，多用于外观要求极高的产品模具的抛光，如光学镜片模具等。

1.3.2.2 抛光工艺

1. 工艺顺序

首先，我们需要了解被抛光零件的材料和热处理硬度，以及前道工序的加工方法，以及表面粗糙度情况；然后，检查被抛光表面有无划伤和压痕，了解工件最终的粗糙度要求；最后以此为依据，分析确定具体的抛光工序和准备抛光用具及抛光剂等。

粗抛：经铣削、电火花成型、磨抛等工艺后的表面清洗后，可以选择转速为 35 000～40 000r/min 的旋转表面抛光机或超声波研磨机进行抛光。常用的方法是先利用直径ϕ3mm、WA400#的轮子去除白色电火花层或表面加工痕迹，然后用油石加煤油作为润滑剂或冷却剂手工研磨，最后再用由粗到细的砂纸逐级进行抛光。对于精磨抛的表面，可直接用砂纸进行粗抛光，逐级提高砂纸的号数，直至达到模具表面粗糙度的要求为止。一般砂纸的号数使用顺序为 180#→240#→320#→400#→600#→1000#。许多模具制造商为了节约时间而选择从#400 开始。

半精抛：半精抛主要使用砂纸和煤油。砂纸的号数依次为 400#→600#→800#→1000#→1200#→1500#。一般 1500#砂纸只适用于淬硬的模具（52HRC 以上），而不适用于预硬钢，因为这样可能导致预硬钢件表面烧伤。

精抛：精抛主要使用研磨膏。用抛光布轮混合研磨粉或研磨膏进行研磨时，通常使用的研磨粉或研磨膏顺序号是 1800#→3000#→8000#。1800#研磨膏和抛光布轮可用来去除 1200#和 1500#砂纸留下的发状磨痕。接着用粘毡和钻石研磨膏进行抛光，顺序号为 14000#→60000#→100000#。精度要求在 1μm 以上（包括 1μm）的抛光工艺在模具加工车间中的一个清洁的抛光室内即可进行。若进行更加精密的抛光，则必须有一个绝对洁净的空间，因为灰尘、烟雾、头皮屑等都有可能造成报废，需要经过数小时的工作量才能得到高精密抛光表面。

2. 工艺措施

（1）工具材质的选择。

用砂纸抛光需要选用软的木棒或竹棒配合。在抛光圆面或球面时，使用软木棒可更好地配合圆面和球面的弧度。而较硬的木条，如樱桃木则更适合于平整表面的抛光。修整木条的末端使工具能与钢件表面形状保持吻合，这样可以避免木条（或竹条）的锐角接触钢件表面而产生较深的划痕。

（2）抛光方向选择和抛光面的清理。

当换用不同型号的砂纸时，抛光方向应与上一次抛光方向变换 30°～45° 进行抛光，这样前一种型号砂纸抛光后留下的条纹阴影即可分辨出来。对于塑料模具，最终的抛光纹路应与塑件的脱模方向一致。

在换不同型号砂纸之前，必须用脱脂棉蘸取酒精之类的清洁液对抛光表面仔细地进行擦拭，不允许有上一道工序的抛光膏进入下一道工序。尤其到了精抛阶段，从砂纸抛光换成钻石研磨膏抛光时，这个清洁过程更为重要。在继续进行抛光之前，所有颗粒和煤油都必须被完全清洁干净。

（3）抛光中可能产生的缺陷及解决办法。

在研磨抛光过程中，不仅是工作表面要求洁净，工作者的双手也必须仔细清洁。每次抛光时间不应过长，时间越短，效果越好。如果抛光过程进行得过长，将会造成“过抛光”，表面反而越粗糙。“过抛光”将产生“橘皮”和“点蚀”。为获得高质量的抛光效果，容易发热的抛光方法和工具都应避免。比如，抛光中产生的热量和抛光用力过大都会造成“橘皮”，或者材料中的杂质在抛光过程中从金属组织中脱离出来，形成“点蚀”。

解决的办法是提高被抛光材料的表面硬度，采用软质的抛光工具，优质的合金钢材，并在抛光时施加适当的压力，用最短的时间完成抛光。

当抛光过程停止时，保证工件表面洁净和仔细去除所有研磨剂和润滑剂非常重要，同时应在表面喷淋一层模具防锈涂层。

（4）影响模具抛光质量的因素。

由于一般抛光主要还是靠人工完成的，所以抛光技术水平高低还是影响抛光质量的主要原因。除此之外，还与模具材料、抛光前的表面状况、热处理工艺等有关。

不同硬度对抛光工艺的影响：硬度增高使研磨的难度增大，但抛光后的粗糙度减小。由于硬度的增高，要达到较低的粗糙度所需的抛光时间相应增长。同时由于硬度增高，抛光过度的可能性也会相应减少。

工件表面状况对抛光工艺的影响：钢材在机械切削加工过程中，会因热量、内应力或其他因素影响而使工件表面状况不佳；电火花加工后表面会形成硬化薄层。因此，抛光前最好增加一道粗磨加工工序，彻底清除工件表面状况不佳的表面层，为抛光加工打下良好的基础。

第二章

工业机器人

随着时代的发展，机器人已经逐步进入人们的工作和生活，不过人们对于机器人的了解并不深入。说到机器人，人们首先想到的是人形的机械装置，但实际的机器人形状并非如此。机器人的外表并不一定像人，甚至有的根本不像人。人们为什么要制造机器人？主要是为了让机器人代替人去工作，因此机器人需要具有人的劳动机能，从而能够代替人类劳动。人们希望机器人有像人一样灵活的四肢，有人类的感觉功能，有理解人类语言并用语言表达的能力，以及具有思考、学习和决策的能力。

高智能的工业机器人在现代制造领域及工业自动化的快速发展中需求量日益增多，因此人们对机器人的研究变得极其迫切。自动化的核心就是工业机器人，这与一般的工业数控设备有着明显的区别，主要体现在与工作环境的交互方面。汽车制造、机械制造、电子器件、集成电路、塑料加工等较大规模生产企业都涉及工业机器人的应用。

在实际应用中，工业机器人的作用和地位是非常重要的。其操作机械具有自动控制、可重复编程、多用途、可对三个以上的轴进行编程等显著特点，它可以是固定式的，也可以是移动式的。不同的机构对工业机器人的定义不同，但是机器人的可编程、拟人化、通用性和机电一体化的特点得到了业界的公认。

本章主要从工业机器人的基本概念、国内外发展状况、组成、分类及主要技术参数等方面进行介绍，使读者在宏观上先对工业机器人有一个相对清晰的总体把握。在本章的最后将重点介绍磨抛机器人的基本概念。

2.1 工业机器人概述

2.1.1 初识工业机器人

工业机器人在世界各国的定义不完全相同，但是其含义基本一致。国际标准化组织（International Standard Organization，ISO）对工业机器人定义为："工业机器人是一种具有自动控制的操作和移动功能，能够完成各种作业的可编程操作机。"ISO8373 有更具体的解释："工业机器人有自动控制与再编程、多用途功能，机器人操作机有三个或三个以上的可编程轴。在工业机器人自动化应用中，机器人的底座可固定，也可移动。"U.S. Robotics Industry Association 对工业机器人的定义为："工业机器人是用来进行搬运材料、零件、工具等可再编程的多功能机械手，或通过不同程序的调用来完成各种工作任务的特种装置。"日本工业标准（JIS）、德国标准（VID）及英国机器人协会也有类似的定义。工业机器人是集机械、电子、控制、计算机、传感器、人工智能等多学科的先进技术于一体的现代制造业自动化重要装备。新松 SR360AL 机器人如图 2-1 所示。

图 2-1 新松 SR360AL 机器人

一般来说，工业机器人有以下四个显著特点。

1）仿人功能。工业机器人通过各种传感器感知工作环境，以具备自适应能力。在功能上模仿人的腰、臂、手腕、手指等部位，以达到工业自动化的目的。

2）可编程。作为柔性制造系统的重要组成部分，工业机器人的可编程能力是其对适应工作环境改变能力的一种体现。

3）通用性。工业机器人一般分为通用与专用两类。通用工业机器人只需更换不同的末端执行器就能完成不同的工业生产任务。

4）良好的环境交互性。智能工业机器人在无人为干预的条件下，对工作环境有自适应控制能力和自我规划能力。

20 世纪 60 年代初，人类创造了第一台工业机器人以后，机器人就显示出它强大的生命力。在短短 50 多年的时间内，机器人技术得到了迅速发展，工业机器人已在工业发达国家的生产中得到了广泛的应用。目前，工业机器人已广泛应用于汽车及汽车零部件制造业、机械加工行业、电子电气行业、橡胶及塑料工业、食品工业、木材与家具制造业等领域中。在工业生产中，弧焊机器人、点焊机器人、分配机器人、装配机器人、喷漆机器人及搬运机器人等工业机器人都已被大量使用。在众多制造业领域中，应用工业机器人最多的领域是汽车及汽车零部件制造业。2005 年美洲地区汽车及汽车零部件制造业对工业机器人的需求占该地区所有行业对工业机器人需求的比例高达 61%；亚洲地区达到 33%，位居各行业之首；虽然 2005 年由于德国、意大利和西班牙三国对汽车工业投资的趋缓直接导致欧洲地区汽车工业对工业机器人的需求下滑，但汽车工业仍然是欧洲地区使用工业机器人最普及的行业。目前，汽车制造业是制造业所有子行业中人均拥有工业机器人最多的行业。比如，2004 年德国制造业中每 1 万名工人拥有工业机器人的数量为 162 台，而在汽车制造业中每 1 万名工人拥有工业机器人的数量则为 1 140 台；2004 年意大利制造业中每 1 万名工人拥有工业机器人的数量为 123 台，而在汽车制造业中每 1 万名工人拥有工业机器人的数量高达 1 600 台。

工业机器人的用途和技术见表 2-1。

表 2-1　工业机器人的用途和技术

用　　途	工业生产及其相关工业机器人
铸造、压模铸造	铸造是将熔融金属液浇入铸型中，并使其凝固的制造方法，铸型为砂型。压铸则是以高压将铝锌合金为主的金属溶液注入金属模的一种铸造方法，此方法经常用于薄壁件的大量生产。 机器人作业的任务是向金属模腔内插入型芯，从型腔内取出成品，对模腔内面进行喷涂
焊接	弧焊是利用低电压、大电流的电弧放电现象，在局部产生大量热量使金属结合的方法。 焊接机器人以焊枪为末端执行器，它的应用非常广泛。如果用两台以上的机器人进行协同操作，则抓取工件的机器人可以实现位置补偿。 点焊是利用电极向被焊接材料加压，让大电流短时通过电阻发热使金属进行结合的一种电阻焊接方法。与电弧焊相比，它的特点是不需要焊剂。 点焊机器人以焊钳作为末端执行器。有的电焊机器人具有焊钳交换功能（机械接口），可以通过更换焊钳实现打点功能
喷涂	以喷涂枪作为机器人的末端执行器完成工件的喷涂任务
上下料作业	机器人用于机床的毛坯运输、供应工件的装卸工作
机械切断	利用刀刃等机械切断装置完成工件的切断作业，通常在机器人的末端执行器部位安装刀具
研磨、去毛刺	除去零件成型时产生的毛刺、熔渣，以及进行磨抛等。 机器人在这方面的应用很广泛，如机器人末端执行器安装研磨装置加工工件，或者机器抓取工件接近研磨装置等。机器人工具的形式也很多，如旋转切割砂轮、电动除锈器、研磨机等
其他机械加工	例如，采用高刚性机器人抓取工具，以此定位于平面铣刀或端铣刀处实现平面加工。此种加工方式存在定位精度和刚性不足等问题，因而鲜有应用
气割	是利用燃烧热能使材料局部融化并将其去除的切断方法。该方法在钢材热切断方面有广泛的应用，大多数场合在机器人的末端执行器部位安装割具
一般装配	利用高精度和高刚性机器人完成装配、紧固等作业。作业对象一般限于人的两手活动范围大小的各种设备、装置、机构件、零件等
密封、胶合	密封以防水、防尘为目的，胶合以结合为目的。 密封作业可以在机器人的末端执行器部位安装封口枪，靠压力将密封材料按数量要求送到指定位置完成涂布工序；胶合作业则在机器人末端执行器部位安装敷料喷嘴，在料罐压力下黏合胶被压送至给定位置，按给定的数量将其涂布在工件上

2.1.2 工业机器人的发展状况

纵观世界各国发展工业机器人的产业过程，可归纳为三种不同的发展模式，即日本模式、欧洲模式和美国模式。

1．日本模式

日本模式的特点是：各司其职，分层面完成交钥匙工程，即机器人制造厂商以开发新型机器人和批量生产优质产品为主要目标，并由其子公司或其他工程公司来设计制造各行业所需要的机器人成套系统，各自分别完成交钥匙工程。

2．欧洲模式

欧洲模式的特点是：一揽子交钥匙工程，即机器人的生产和用户所需要的系统设计制造全部由机器人制造厂商自己完成。

3．美国模式

美国模式的特点是：采购与成套设计相结合。美国国内基本上不生产普通的工业机器人，企业需要机器人时通常由工程公司进口，再自行设计、制造配套的外围设备，完成交钥匙工程。

工业机器人的发展大致分为三个阶段。

第 1 代工业机器人，主要指 T/P 方式（Teaching/Playback 方式，示教/再现方式）的工业机器人。为了让机器人完成某种作业，首先由操作者将具体面对的作业的各种知识（如空间轨迹、作业条件、作业顺序等）通过某种手段，对机器人进行“示教”，而机器人的控制系统则将这些知识记忆下来，然后再根据“再现”指令逐条取出。经过解读之后，在一定精度范围之内，反复执行各种被示教过的复杂动作。目前，国际上商品化与实用化的工业机器人，绝大部分都是这种 T/P 方式工业机器人。

第 2 代工业机器人，指具有一些简单智能（如视觉、触觉、力感知等）的工业机器人。第 2 代工业机器人早在几年前就已获得实验室的成功，但是由于智能信息处理系统的庞大与昂贵，尚不能普及。

第 3 代工业机器人，指具有自治性的工业机器人。它不仅具有视觉、触觉、力感知等智能，而且还具有像人一样的逻辑思维和逻辑判断功能。机器人依靠本身的智能系统对周围环境、作业条件等做出判断后，可自行开始工作。第 3 代工业机器人目前刚刚进入探索阶段。

经过 40 多年的发展，我国工业机器人已在产业化的道路上加快了步伐。国家“863”

高技术计划已将沈阳新松机器人自动化股份有限公司、哈尔滨博实自动化设备有限责任公司、一汽集团涂装技术开发中心、国家机械局北京自动化所工业机器人与应用技术工程研究中心、大连贤科机器人技术有限公司、天津市南开太阳高技术有限公司、上海机电一体工程有限公司、上海交大海泰科技发展有限公司、四川绵阳四维焊接自动化设备有限公司确立为智能机器人主题的 9 个产业化基地。在国内，工业机器人产业刚刚起步，但增长的势头非常强劲。例如，中国科学院沈阳自动化所投资组建的新松机器人公司，年利润增长在 40%左右。

2.1.3 工业机器人的组成与分类

1. 工业机器人的组成

工业机器人由三大部分、六个子系统组成。三大部分是机械本体、传感器部分和控制部分。六个子系统是驱动系统、机械结构系统、感知系统、机器人-环境交互系统、人机交互系统及控制系统。图 2-2 所示为工业机器人系统组成及相互关系。

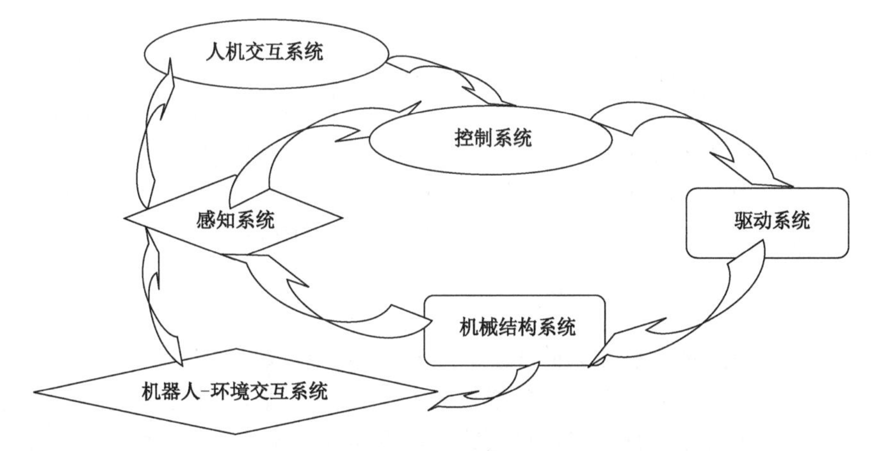

图 2-2 工业机器人系统组成及相互关系

（1）驱动系统。

要使机器人运行起来，需要给各个关节，即每个运动自由度安装传动装置，这就是驱动系统。驱动系统可以是液动、气动或电动的，也可以是把它们结合起来应用的综合系统，还可以是直接驱动或者通过同步带、链条、轮系、谐波齿轮等机械传动机构进行间接驱动。

（2）机械结构系统。

工业机器人的机械结构系统如图 2-3 所示，主要由机身、手臂、末端执行器三大件组成。每一大件都由若干自由度构成一个多自由度的机械系统。若机身具备行走机构便构成行走机器人；若机身不具备行走及腰转机构，则构成单机器人臂。手臂一般由上臂、下臂和手腕组成。末端执行器是直接装在手腕上的重要部件，它可以是两个手指或多个手指的手爪。

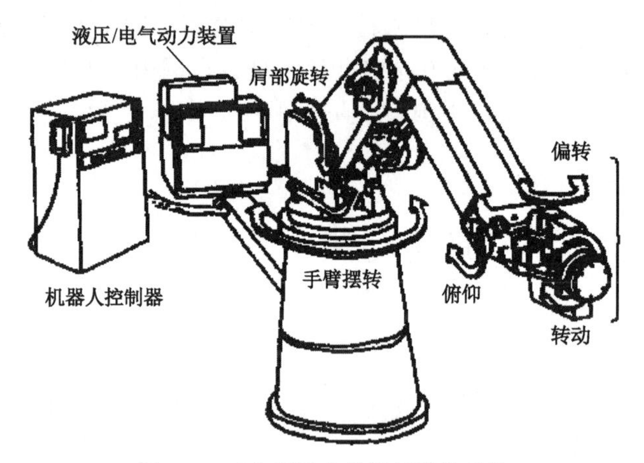

图 2-3　工业机器人的机械结构系统

（3）感知系统。

感知系统由内部传感器和外部传感器组成，其作用是获取机器人内部和外部环境信息，并把这些信息反馈给控制系统。内部状态传感器用于检测各个关节的位置、速度等变量，为闭环伺服控制系统提供反馈信息。外部传感器用于检测机器人与周围环境之间的一些状态变量，如距离、接近程度和接触情况等，用于引导机器人识别物体，并做出相应处理。外部传感器一方面使机器人更准确地获取周围环境情况，另一方面也能起到矫正误差的作用。

（4）控制系统。

控制系统的任务是根据机器人的作业指令从传感器获取反馈信号，控制机器人的执行机构，使其完成规定的运动和功能。如果机器人不具备信息反馈特征，则该控制系统称为开环控制系统；如果机器人具备信息反馈特征，则该控制系统称为闭环控制系统。该部分主要由计算机硬件和软件组成，软件主要由人机交互系统和控制算法等组成。

2. 工业机器人的分类

工业机器人按三大部分（机械本体部分、感知器部分和控制部分）分类，如图 2-4 所示。工业机器人还可以根据用途分为以下几种。

（1）搬运机器人。

搬运机器人用途很广泛，一般只需要点位控制，即被搬运工件无严格的运动轨迹要求，只要求起始点和终点的位姿准确。

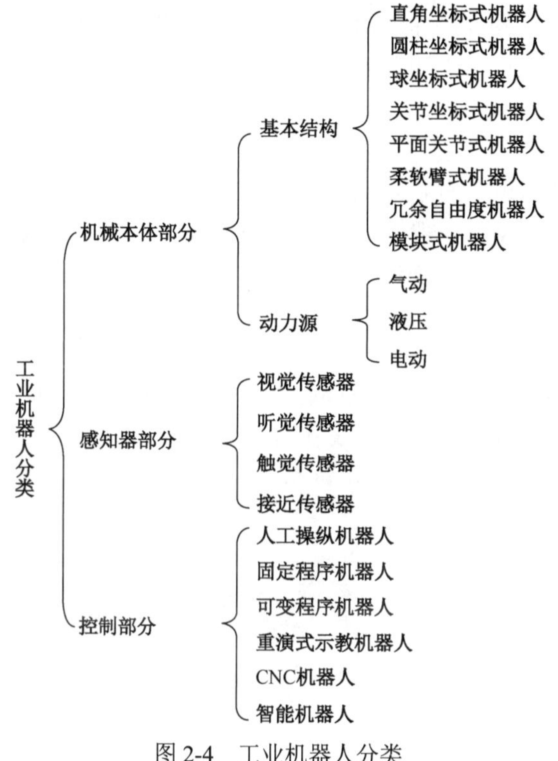

图 2-4 工业机器人分类

1960 年，最早的搬运机器人出现在美国，Versatran 和 Unimate 两种机器人首次用于搬运作业。搬运作业是指用一种设备握持工件，从一个加工位置移到另一个加工位置。搬运机器人可安装不同的末端执行器以完成各种不同形状和状态的工件搬运工作，减轻了人类繁重的体力劳动。目前世界上使用的搬运机器人超过 10 万台，被广泛应用于机床上下料、冲压机自动化生产线、自动装配流水线、码垛搬运、集装箱等自动搬运。部分发达国家已制定相应标准，规定了人工搬运的最大限度，超过限度的必须由搬运机器人来完成。

（2）检测机器人。

零件制造过程中的检测及成品检测都是保证产品质量的关键。这类机器人的工作内容主要是确认零件尺寸是否在允许的公差内，或者控制零件按质量进行分类。

例如，油管接头螺纹加工完毕后，将环规旋进管端，通过测量旋进量或检测与密封垫的接触程度即可了解接头螺纹的加工精度。油管接头工件较重，环规的质量一般也都超过 15kg，为了能完成螺纹检测任务的连续自动化动作（环规自动脱离、旋进自动测量等），需要油管接头螺纹检测机器人。该机器人是六轴多关节机器人，它的特点在于其手部机构是一个五自由度的柔顺螺纹旋进机构。此外，还有一个卡死检测机构，能对螺纹旋进动作加以控制。

油管接头螺纹检测机器人的作业对象是钢管，管径不同或管弯曲等原因会造成钢管定位的偏心，因此，需要在机器人手部安装摄像头以识别钢管的位置，再根据图像匹配等技术识别钢管的中心线。

（3）焊接机器人。

这是目前应用最广泛的一种机器人，它分为电焊和弧焊两类。电焊机器人负荷大、动作快，工作的位姿要求严格，一般有 6 个自由度。弧焊机器人负载小、速度低，对机器人的运动轨迹要求严格，必须实现连续路径控制，即在运动轨迹的每个点都必须实现预定的位置和姿态要求。

弧焊机器人的 6 个自由度中，一般 3 个自由度用于控制焊具跟随焊缝的空间轨迹，另外 3 个自由度保持焊具与工件表面正确的姿态关系，这样才能保证获得良好的焊缝质量。目前，汽车制造厂已广泛使用焊接机器人进行承重大梁和车身的焊接。

MOTOMAN-EA1900N 六自由度垂直多关节型焊接机器人如图 2-5 所示，其主要参数见表 2-2。

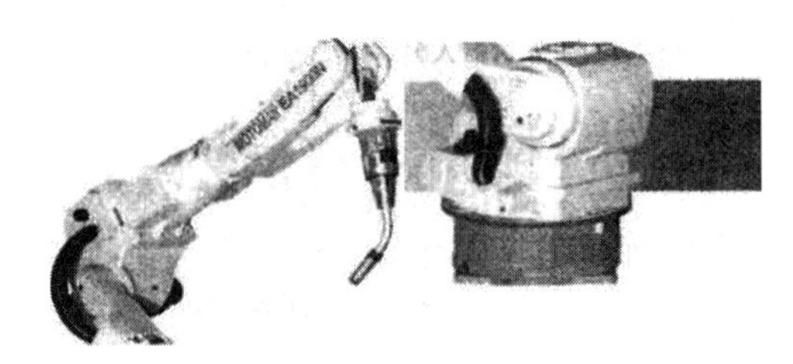

图 2-5　MOTOMAN-EA1900N 六自由度垂直多关节型焊接机器人

表 2-2　MOTOMAN-EA1900N 主要参数

规 格 说 明	各轴最大动作范围
可控轴数：6	S 轴（回旋）±180°
载荷质量：3kg(6.6lbs)	L 轴（下臂倾动）+155°/−110°
垂直达到距离：3 418mm（134.6"）	U 轴（上臂倾动）+255°/−165°
水平达到距离：1 904mm（75"）	R 轴（手臂横摆）±150°
定位精度：±0.08mm	B 轴（手腕俯仰）+180°～−45°
安装方式：地面安装	T 轴（手腕回旋）±200°
本体质量：280kg	

（4）装配机器人。

装配机器人要求具有较高的位姿精度，手腕应具有较大的柔性。因为装配是一个复杂的作业过程，不仅要检测装配作业过程中的误差，而且还要纠正这种误差，因此，装配机器人采用了许多传感器，如接触传感器、视觉传感器、接近传感器、听觉传感器等。

（5）喷漆机器人。

喷漆机器人主要由机器人本体、计算机和相应的控制系统组成。液压驱动的喷漆机器人还包括液压油源，如油泵、油箱和电机等。多采用 5 或 6 个自由度关节式结构，手臂有较大的运动空间，并可做复杂的轨迹运动。其腕部一般有 2～3 个自由度，可灵活运动。较先进的喷漆机器人腕部采用柔性手腕，既可向各个方向弯曲，又可转动，其动作类似于人的手腕，能方便地通过较小的孔伸入工件内部，喷涂其内表面。

喷漆机器人一般采用液压驱动，具有动作速度快、防爆性能好等特点，可通过手把手示教或点位示教来实现示教。喷漆机器人广泛用于汽车、仪表、电器、搪瓷等工艺生产部门。

这种工业机器人多用于喷涂生产线上，重复定位精度不高。另外，由于漆雾易燃，驱动装置必须防燃、防爆。

图 2-6 所示为 IRB5400-12 喷涂机器人，拥有喷涂精确、正常运行时间长、漆料耗用少、工作节拍短及有效集成涂装设备等诸多优势，还包括负荷能力强、运行可靠性高等优势。IRB5400-12 喷涂机器人技术数据见表 2-3。ABB 独创的集成化工艺系统（IPS）具备供漆和供气闭环调节与高速控制功能，可最大限度地减少过喷现象，并确保漆膜的均匀一致。

图 2-6　IRB5400-12 喷涂机器人

表 2-3　IRB5400-12 喷涂机器人技术数据

规格说明	机器接口
手腕有效载荷：25kg	数字输入/输出：512/512
垂直臂承重能力：50kg	模拟输入/输出：16/12
水平臂承重能力：40kg	远程 I/O：Interbus-S64/64
轴数：6	Allan-Bradley RIO128/128
轴运动	Profibus-DP128/128
旋转：300°/170°	CC-Link128/128
垂直臂工作范围：160°	串行通道接口：RS232,RS422,RS485
水平臂：150°	网络：Ethernet NFS/FTP
内腕：无限	RAP
手腕弯曲：无限	FactoryWareinterface
外腕：920°	高速 IPS 连接
位姿精度：0.015mm（重复定位精度）	Real Time Data Logger
路径精度：±3mm	DDE Server

2.1.4　工业机器人的主要技术参数

工业机器人的种类、用途及用户要求都不尽相同。但工业机器人的主要技术参数应包括自由度、精度、工作范围、最大工作速度和承载能力。

1．自由度

自由度是指机器人所具有的独立坐标轴运动的数目，一般不包括手爪（或末端执行器）的开合自由度。在三维空间中，表述一个物体的位置和姿态需要 6 个自由度。但是，工业机器人的自由度是根据其用途设计的，可能小于 6 个，也可能大于 6 个自由度。例如，日本日立公司生产的 A4020 装配机器人有 4 个自由度，可以在印制电路板上接插电子元器件；PUMA562 机器人具有 6 个自由度，可以进行复杂空间曲面的弧焊作业。从运动学的观点看，在完成某一特定作业时具有多余自由度的机器人，叫冗余自由度机器人，又叫冗余度机器人。例如，PUMA562 机器人在执行印制电路板上接插元器件的作业时就是一个冗余自由度机器人。利用冗余的自由度可以增加机器人的灵活性，躲避障碍物，并能改善动力性能。人的手臂共有 7 个自由度，所以工作起来很灵巧，手部可回避障碍物，从不同方向到达目的。

2．精度

工业机器人精度是指定位精度和重复定位精度。定位精度是指机器人手部实际到达位置与目标位置之间的差异，用反复多次测试的定位结果的代表点与指定位置之间的距离来表示。重复定位精度是指机器人重复定位手部于同一目标位置的能力，以实际位置值的分散程度来表示。实际应用中常以重复测试结果的标准偏差值的 3 倍来表示，它是衡量一列误差值的密集度。图 2-7 所示为工业机器人定位精度与重复定位精度图例。

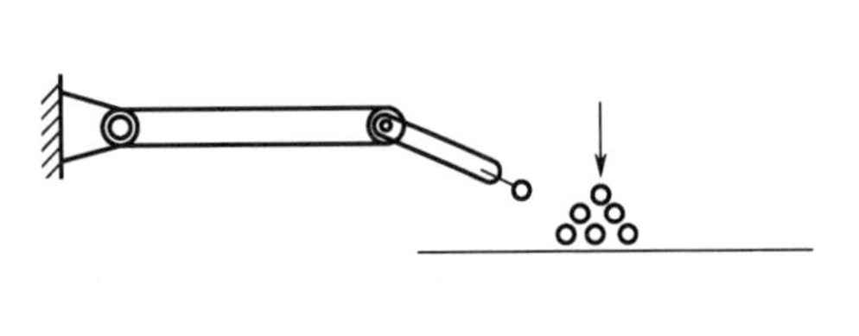

（a）重复定位精度的测定

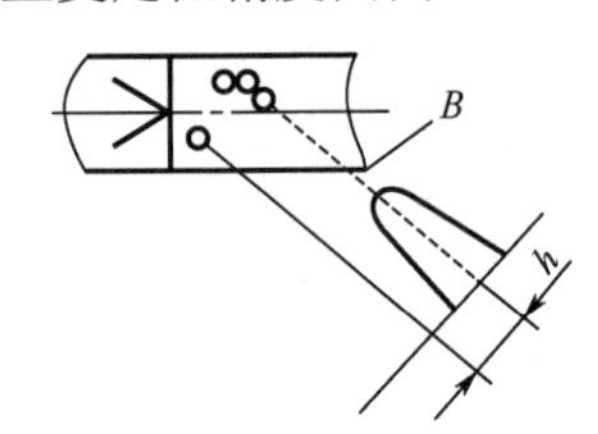

（b）合理的定位精度，良好的重复定位精度

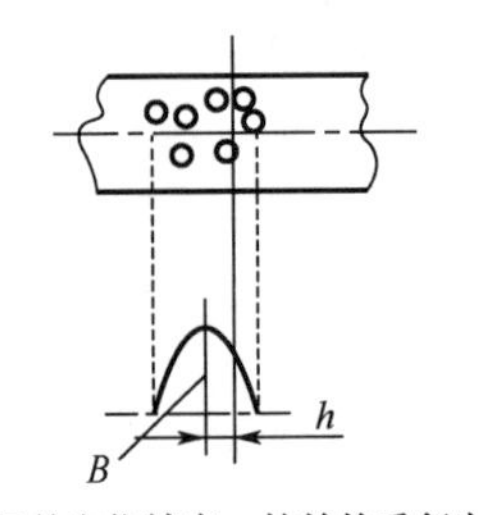

（c） 良好的定位精度，较差的重复定位精度

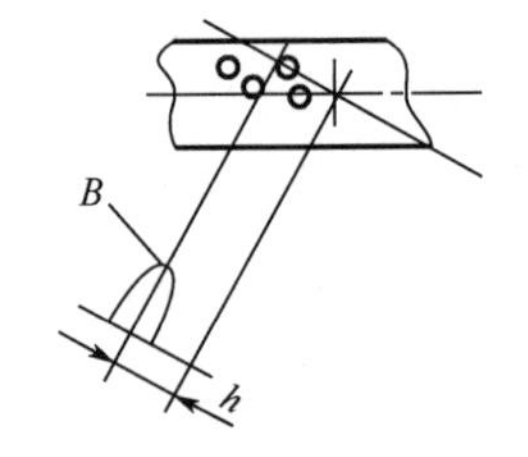

（d）很差的定位精度，良好的重复定位精度

图 2-7　工业机器人定位精度与重复定位精度图例

3．工作范围

工作范围是指机器人手臂末端或手腕中心所能到达的所有点的集合，也叫工作区域。

因为末端操作器的形状和尺寸是多种多样的，为了真实地反映机器人的特征参数，一般工作范围是指不安装末端操作器的工作区域。确定工作范围的形状和大小是十分重要的，机器人在执行某作业时可能因为存在手部不能到达的作业死区而无法完成任务，KUKAKR100 型机器人工作范围如图 2-8 所示。

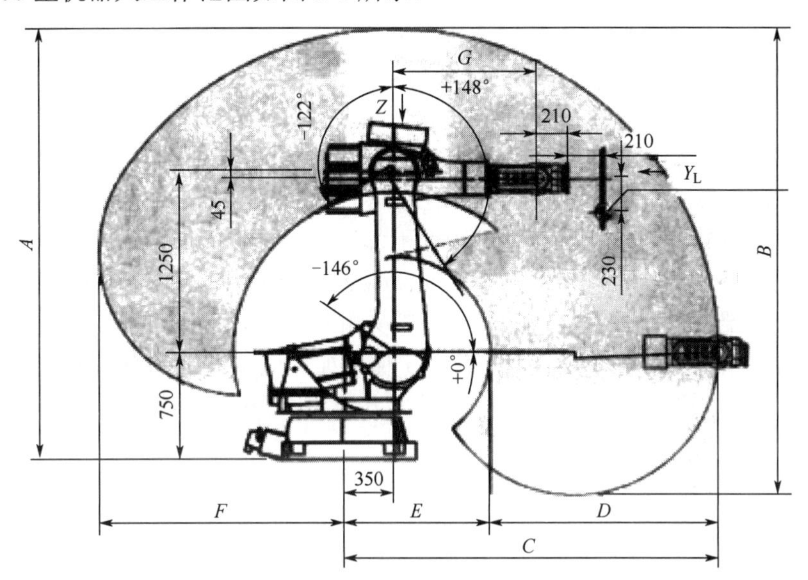

图 2-8　KUKAKR100 型机器人工作范围

4．最大工作速度

最大工作速度，有的厂家指工业机器人自由度上最大的稳定速度，有的厂家指手臂末端最大合成速度，通常在技术参数中会有说明。工作速度越高，工作效率就越高。但是，工作速度越高就要花费更多的时间去升速或降速。

5．承载能力

承载能力是指机器人在工作范围内的任何位置上所能承受的最大质量。承载能力不仅取决于负载的质量，而且与机器人运行的速度、加速度的大小和方向有关。为了安全起见，承载能力这一技术指标是指高速运行时的承载能力。承载能力不仅指负载，也包括机器人末端操作器的质量。

2.1.5　工业机器人的关键技术

不同种类的工业机器人要求的技术关键点有所不同，如应用于汽车零部件焊接生产的弧焊机器人，其关键技术概括如下。

（1）弧焊机器人系统优化集成技术。弧焊机器人采用交流伺服驱动技术及高精度、高刚性的 RV 减速机和谐波减速器，具有良好的低速稳定性和高速动态响应，并且可以实现免维护功能。

（2）协调控制技术。控制多机器人协调运动，既能保持焊枪和工件的相对姿态以满足焊接工艺的要求，又能避免焊枪和工件的碰撞。

（3）精确焊缝轨迹跟踪技术。结合激光传感器和视觉传感器离线工作方式的优点，采用激光传感器实现焊接过程中的焊缝跟踪，提升焊接机器人对复杂工件进行焊接的柔性和适应性，结合视觉传感器离线观察获得焊缝跟踪的残余偏差，基于偏差统计获得补偿数据，并进行机器人运动轨迹的修正，在各种工况下都能获得最佳的焊接质量。

激光加工机器人结构优化设计技术，是采用大范围框架式本体结构，在增大作业范围的同时，保证机器人精度。激光加工机器人的关键技术包括以下方面。

（1）机器人系统的误差补偿技术。针对一体化加工机器人工作空间大、精度高等要求，结合其结构特点，采取非模型方法与基于模型方法相结合的混合补偿方法，完成几何参数误差和非几何参数误差的补偿。

（2）高精度机器人检测技术。将三坐标测量和机器人技术相结合，实现机器人高精度在线测量。

（3）激光加工机器人专用语言实现技术。根据激光加工及机器人作业特点，完成激光加工机器人专用语言的定义与实现。

（4）网络通信和离线编程技术。具有串口、CAN 等网络通信功能，实现对机器人生产线的监控和管理，并实现上位机对机器人的离线编程控制。

（5）高速平稳控制技术。通过轨迹优化和提高关节伺服性能，实现洁净搬运的平稳性。

（6）控制器的小型化技术。考虑洁净室建造和运营成本较高，可采用控制器小型化技术，减少洁净机器人占用的空间。

（7）晶圆检测技术。利用光学传感器，能够通过机器人的扫描，获得卡匣中晶圆有无缺片、倾斜等信息。

2.2 工业机器人在磨抛领域的应用

工业机器人技术正朝着智能化、模块化和网络化的方向发展，其在磨抛领域的应用也日趋广泛。随着制造业中各个行业的工艺水平要求越来越高，对模具加工精度要求也越来越高，在精加工工艺流程步骤中，磨抛工艺理所当然地成为模具精加工工艺的最后一道工序。机器人技术经过一段时间的发展已经变得越来越成熟，机器人在各种应用领域的使用应运而生，机器人辅助模具自由曲面的精加工磨抛技术也应运而生，而模具内腔表面的加工一直是工业研究的重点研究方向。传统的模具磨抛技术对具有异形曲面形状的模具磨抛一般采用的是手工磨抛操作。手工磨抛操作最大的一个缺点就是磨抛的不稳定性，随着磨抛加工时间增加，人的体力会不断被消耗，人的精力和体力都不能保持一个很好的状态，从而使得磨抛加工工人不能像机器一样一直保持着恒定力，加工出来的模具质量参差不齐，磨抛效率也很低。

传统的手工磨抛技术，一方面不仅需要消耗大量的人力、物力，而且在磨抛加工的效率方面也十分低下，同时磨抛过程产生的粉尘、噪声污染会影响工人的健康，对工厂附近环境也造成了一定的影响；另一方面，由于磨抛技术属于精加工领域，比较难上手，熟练且有经验的磨抛工人培养周期较长，培养成本也非常高，所以导致磨抛行业熟练磨抛工人严重短缺。正是由于存在种种难点，磨抛效果一直不尽如人意。因此，基于智能系统的磨抛技术也逐渐成为中国制造业领域中的重点研究对象，在其他制造业领域这些问题更加突出。

2.2.1 工业机器人磨抛技术

机器人磨抛作业是在保证工件的尺寸公差前提下，驱动磨抛工具沿着工件的轮廓运动去除余料的过程。整个作业可以分为两个子任务：一是对工件的轮廓进行跟踪，使工具一直沿着轮廓的方向运动；二是在工件的表面施加适当的磨抛力保证去除余料，并同时避免损坏工件表面和磨抛工具。法向磨抛压力是各磨抛分力中最大的一个，对磨抛过程的影响最显著。法向磨抛力与磨抛工具和工件之间的接触变形量有关，它影响加工质量。切向磨抛力则影响磨抛的动力损耗和磨抛工具的磨损。当磨抛工具的进给速度及工具的自身旋转速度恒定时，切向磨抛力与法向磨抛力成正比。因此，在磨抛工具进给速度和工具的自身旋转速度恒定的条件下，最重要的就是保持法向磨抛力的恒定。

2.2.2 工业机器人磨抛的特点

1. 工业机器人相比数控机床所占的优势

（1）工作空间较大。工业机器人占地空间相对较小而能达到的空间较大，六自由度工业机器人在一定的空间内能达到任意的姿态，有利于采用最适合的姿态进行加工。若在机器人底座下加装导轨或履带，更能大幅增加机器人的工作空间。

（2）加工对象范围广，加工柔性升级空间大。面向不同的加工对象时，工业机器人可以十分方便地更改不同的程序或工具。设计加工方案时，可以根据对象的不同选择将加工工具安装在机器人末端，也可以选择夹持工件而将加工工具固定。

（3）成本相对较低，因此，工业机器人应用于磨抛领域是一大趋势。但是，要将工业机器人成功应用于磨抛领域还需解决不少难题。由于磨抛过程本质上的动态受力特性导致磨抛过程中存在时变的力及扰动，导致机器人很难保证运动的高精度。工业机器人磨抛现场如图 2-9 所示。机器人自身存在的柔性及较低的重复定位精度也会产生磨抛的误差。

图 2-9　工业机器人磨抛现场

2．工业机器人磨抛的难点和关键问题

（1）工业机器人本体刚性不足。工业机器人平均刚度不足 1N/μm，远小于数控机床，数控机床的刚度一般可达 50N/μm 以上。并且，机器人的整体刚度与机器人所处的位姿密切相关，各个方向的刚度也不相同。

（2）工业机器人运动精度较低。由于机器人减速器中的齿轮间隙、关节之间的摩擦力及运动的耦合性等因素影响，工业机器人重复定位精度一般为 0.02～0.08mm，只能满足中低精度运动的要求。

（3）振动分析及控制的稳定性。工业机器人的自然频率一般为 10～20Hz，磨抛过程中工具与工件的反复作用是否会引起共振必须进行分析。因此，必须保证工艺系统的稳定性，避免振动主要是选择合适的磨抛加工参数与条件。

3. 工业机器人磨抛的应用现状

随着机器人技术的逐渐成熟，机器人的应用领域也变得越来越广。在制造业精加工领域应用的机器人也被开发出来，各个国家都相继研发出了自动磨抛机器人，其中比较有代表性的磨抛机器人有以下几种。日本 Fusaomi Nagata 自主研制的自动化磨抛机器系统，该磨抛系统的磨抛对象主要是塑料模具，并在此系统的基础上又开发了一款混合控制的磨抛系统；韩国首尔一家研究所也自主研制了一款五轴自由度磨抛机器人，这款机器人主要是针对磨抛机器人的末端执行器的控制研究；澳大利亚墨尔本大学也相继推出应用于模具磨抛领域的机器人控制终端执行器，对抛光对象、夹具、抛光工具方面做了大量的试验。在之前研究的基础上，西班牙马德里大学自主研发出高灵活性的六轴自由度机器人磨抛系统，在磨抛工艺流程方面进行了大量的数学建模研究，从而进一步了解机器人的磨抛特性问题。

瑞典、韩国、美国等许多国家很早就重视制造业领域的磨抛机器人控制系统关键技术研究，它们先后投入了大量的资金，科学家也研制出许多相关的自动化控制系统和磨抛设备。随着各国对抛光设备的逐渐重视，各国之间的合作也密切起来。伦敦光学实验室与 ZeeKoo 公司强强联合，首次合作就开发出能够适应多种工件材料的磨抛加工机床 IRP200。随着技术的逐渐成熟，IRP200 磨抛加工机床也出现了自己的加强版 IRP600 磨抛加工机床，它主要是针对抛光接触区域直径小于 1mm 的区域，可以实现抛光模具内腔凹凸面的边角。在国际机器人市场上，瑞士 ABB 公司生产的机器人市场应用领域最为广泛，主要应用方面包括磨抛、抛光、机械加工等机器人的集成应用。

对于磨抛工业机器人系统控制技术的研究，各国也存在明显差距。日本在磨抛工业机器人生产和投入使用数量上占据优势。美国在磨抛工业机器人控制技术创新研究处于世界领先地位，不仅在制造业中投入使用，还广泛应用于军事上。目前在磨抛工业机器人系统研究上，美国占据世界领导地位，工业机器人的发展水平处在世界上研究技术的最前沿。

目前，机器人在制造行业发挥着越来越重要的作用，尤其在磨抛基础工序上。从全球工业机器人使用数量看亚洲，中国是亚洲使用工业机器人的第一大国。但我国工业机器人的应用水平尚相对较低，而机器人磨抛的技术实施是市场最大痛点，国内几乎没有哪家机器人公司能为客户提供能够真正实现连续磨抛生产的设备，磨抛的质量也难以达到要求。统计数据显示，中国磨抛机器人企业前三名集中省份分别是广东、上海和浙江，占比分别为 25.6%、20.1%和 10.6%，三者合计占比达到 66.7%。2017 年，中国磨抛机器人企业区域分布情况如图 2-10 所示。

磨抛机器人的市场需求量逐年增长，大部分还是以国外品牌为主。根据权威机构调查结果，目前市场青睐的是能代替传统磨抛的机器人。市场对磨抛机器人需求调查见表 2-4。

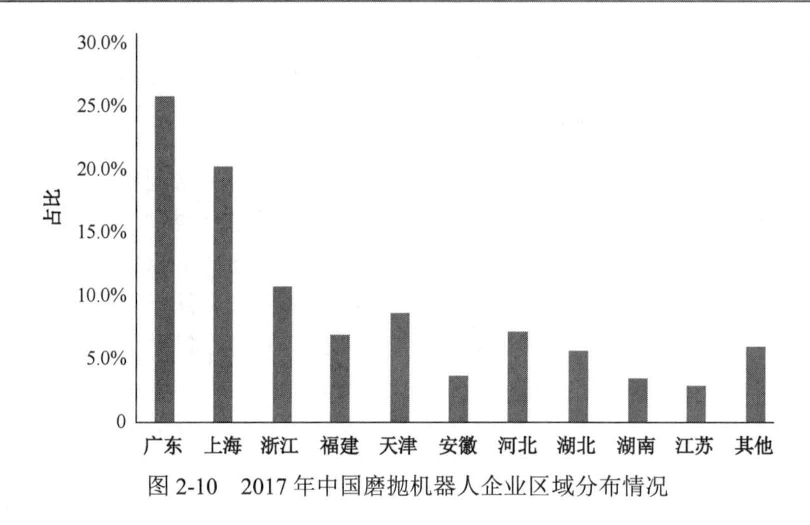

图 2-10　2017 年中国磨抛机器人企业区域分布情况

表 2-4　市场对磨抛机器人需求调查

负　载	精　度	臂　展	可承受价格/台	是否一机多用	其　他
5～16kg	0.05mm	1.5～1.8m	20～80 万元	否	对机器人稳定性精度要求高

4．工业机器人磨抛的应用前景

近几年来，随着“工业 4.0”的提出，中国制造业也提出了“智能制造 2025”，国家对自动化的程度要求越来越高，所以机器人应用到工业上代替人工或者数控机床变得越来越频繁。机器人技术随着科学的进步也得到了更进一步的发展，能够为基于互感器模具的磨抛机器人加工领域的应用提供最基本的理论支持、技术支持和试验经验支持。当今世界，工业机器人的应用领域越来越广泛，在模具磨抛加工领域的研究与应用已经逐渐成为制造业模具加工发展的一大趋势。机器人的机械关节手臂灵活，使它能够像人一样在空间平面上自由灵活地完成磨抛工作。机器人通过自身超强的自学习能力，通过对磨抛工人的磨抛动作观察分析就能够模拟相应的磨抛动作，从而达到机器人替代人工的目的，它也能够从抛光过程中提取出重要磨抛过程参数，比如抛光压力、抛光速度、抛光相对间距等。机器人、磨抛机、夹具、可移动工作台，几者有机结合在一起，可以很好地完成模具的磨抛。与人工磨抛相比，机器人磨抛的优势非常大，所以模具的机器人磨抛关键技术的研究具有非常重要的价值。

目前机器人磨抛行业技术水平仍处于初始发展阶段，开发并推广智能机器人磨抛技术，不仅可以解决目前打磨行业人力成本提升的问题，同时有利于提高企业的打磨环节生产效率，降低工人工作强度，提升企业制造能力和水平，促进全社会的磨抛产业升级。同时对产业链上游的传感器和机器人主机等相关行业也起到了巨大的促进和拉动作用，从而形成机器人行业应用新的增长点，带动企业产品技术向高精度、高稳定性方向迈进。与此同时机器人自动化磨抛技术也将助力终端用户，为航空航天、国防、交通、船舶、重工机械等多个重大行业领域提升自身产品品质、生产效率，实现智能制造，柔性制造推波助澜。

第三章

磨抛机器人系统构建

3.1 机器人自主磨抛系统概况

对于磨抛加工，目前主要的方式有普通磨床、专用磨床、数控磨抛机床及机器人柔性磨抛加工系统。占据技术主流的仍然是磨床类磨抛方法。

国外的磨床技术发展十分迅速，尤其是美国在这方面起步比较早，并且依托 Carborundum、Norton、3M 等公司研制了多种磨床，并把它们应用在汽车车身和发动机关键零件的生产线，大幅度提高了加工质量和效率。德国从 20 世纪中期至今一直致力于砂带磨床的研究与应用，其 LORSER 公司生产的内、外圆磨床都具有相当高的技术含量。在国内，磨床技术研究起步较晚，但是发展较为迅速，重庆三磨海达磨床有限公司研制出了 2M55200-6NC 数控叶片砂带磨床，该系列磨床针对内圆系列、外圆系列、强力磨抛及异形面加工效率较高。但普通磨床主要依靠人工，成品率低，工作环境差，劳动强度大，目前仅存在于一些小作坊，趋于淘汰；而专用磨床适合批量生产；数控磨抛机床成本高，通用性差。

由此可见，传统的磨床技术还存在设备的适用范围小、加工精度不高等很大的缺陷。伴随着快速发展的新技术，磨抛加工技术的发展也面临了新的机遇和挑战，尤其是与智能机器人的结合，极大地增加了系统的智能化，其柔韧性也极大地增加，并且在后期还能够按照人们的需求进行相应的功能扩展，整个系统都是由通用设备组装而成的。目前，针对机器人磨抛系统，主要研究方向集中在提高加工过程的柔性和加工精度等方面。

机器人磨抛加工是一种应用范围很广的加工方式，它有以下优势：加工精度高，能加工的材料范围大，生产效率高，可以实现生产过程的自动化。机器人磨抛加工就是采用磨抛装备进行自动化磨抛，对不同的磨抛工件、磨抛工具、磨抛方式及技术进行研究，搭建满足应用需求的机器人磨抛系统。磨抛加工时，机器人沿着提前规划好的路径按照设定的速度移动末端工具，通过磨抛工具的高速旋转对工件进行磨抛。

这里所说的“磨抛”，一般是指砂轮磨抛和砂带磨抛。砂轮磨抛借助结合在砂轮表面大量的磨粒作为切刃，利用砂轮的旋转运动去除材料。砂带磨抛能根据工件表面的形状，利用砂带自身或张紧装置的柔性，贴合工件进行加工。根据磨抛区的不同，可以将磨抛方式大致分为两类：恒压力磨抛和定进给磨抛。其中，恒压力磨抛是指控制磨抛切入压力为恒定值的磨抛方式，即控制砂轮对工件的压力为恒定值；定进给磨抛是指控制磨抛切入进给速度为恒定值的磨抛方式，即控制垂直于工件表面的磨抛切入进给速度为恒定值。要提升工业机器人磨抛的精度和效果，一方面要设计或采用适合磨抛对象的工业机器人、刀具、夹具及传感器等，另一方面还要根据磨抛的特点及磨抛对象和控制要求采用合适的控制算法和策略。

机器人磨抛系统根据具体的加工工件设计磨抛加工方案。常用的机器人磨抛系统主要有两种（机器人磨抛系统类型参见图 3-1）。第一种是机器人用手抓住工件，然后在砂带机上磨抛；第二种是机器人手持磨抛工具对工件进行移动式的磨抛。两者都是设定一个既定的程序让机器人按照预定的路径进行移动，同时保证移动过程中工件与磨砂带的接触，既不能太大，也不能太小，进而保证加工件的质量，顺利完成加工工序。

（a）机器人抓持着工件

（b）机器人抓持着磨抛工具

图 3-1　机器人磨抛系统类型

一般来说，当工件尺寸较小且磨抛工具尺寸较大时，采用机器人夹持工件、磨抛工具固定的方式；而工件尺寸相对磨抛工具尺寸较大时，采用工件固定而将磨抛工具安装在机器人上的方式。本章主要介绍机器人抓持着磨抛工具，利用砂轮对工件进行磨抛加工。

3.2 磨抛工艺影响因素

模具磨抛后的表面质量会受到磨抛过程中磨抛工艺参数的影响，磨抛工艺参数包括磨抛对象、磨头材质、磨抛压力、磨抛转速、磨抛间距及磨抛工件曲面形状的影响。磨头材质一般包括木材、橡皮、油石、砂纸、砂步丝轮等，这些都广泛应用于各个领域，而且不管选择哪种抛光头介质，随着加工次数的增加，磨头都被消耗，加工效率也会逐次下降。磨抛工艺参数对磨抛工艺都有着十分重要的影响，必须根据不同的磨抛对象、产品的质量光滑度要求合理地选择对应的参数，才能达到最佳抛光效果，提高加工效率，降低加工成本。

1. 磨抛磨头压力选择

磨抛磨头压力即磨头作用力，是在模具表面的法向作用力，作用力的大小直接影响着磨抛加工过程的速度和磨抛质量。若作用力较大，则一次性去除模具表面的杂质较多，但会影响表面的粗糙度。当作用力较小时，虽然能保证模具表面粗糙度，但磨抛效率会降低，增加了磨抛加工的时间，间接增加磨抛的成本。因此，磨抛作用力与模具表面的粗糙度是一对内在矛盾，一般只能根据实际磨抛任务中的需求和磨抛对象灵活选择磨抛磨头压力。

2. 磨抛轨迹路线的间距

磨抛轨迹路线的间距选择决定着磨抛后模具内腔表面的粗糙度，由于磨抛磨头具有很强的磨抛能力，在不考虑其他影响因素的情况下，随着磨抛轨迹间距不断减少，磨抛磨头的每一次加工运动，模具内腔表面的粗糙度都会随之慢慢降低，而且磨抛轨迹间距越小，磨抛磨头磨抛加工的次数就越多，则相对应的模具内腔表面的粗糙度也下降越快，获得的表面粗糙度越高。当轨迹间距减小到一定程度时，模具内腔的粗糙度逐渐放慢直至不再发生变化。这样做既增加了磨抛加工的时间，又增加了磨抛的成本，因此在保证磨抛效果的情况下，合理地确定磨抛轨迹路线的间距也是至关重要的。

3. 磨抛磨头主轴转速

磨抛磨头的主轴转速决定着磨抛加工过程的磨抛效率和磨抛后的模具质量，在磨抛过程中，磨抛磨头的主轴转速越大，表示磨抛速度越快，磨抛效率越高。对于模具表面的磨抛，通过对人工磨抛机的多次实验研究，若转速较小时磨抛效果不明显，在机器人磨抛过程中主轴转速至少取 1 500r/min 以上，但主轴的转速不宜过大，转速过大时磨抛加工过程会产生大量的热量，因来不及发散热量会使模具表面温度上升，从而会影响模具内腔表面的粗糙度，因此要合理选择转速。

4. 磨抛磨头相对行走速度

磨抛磨头相对磨抛对象模具的相对行走速度大小也在一定程度上影响着磨抛的效率和加工后模具表面粗糙度。在加工过程中，加快磨抛头行走的相对速度无疑意味着提高磨抛加工的效率，因而要在保证模具表面粗糙度的前提下适当选择磨抛磨头相对行走的速度。

5. 磨抛介质影响

现在制造业领域磨抛加工过程常用的磨抛介质主要有磨抛石、石棉、磨抛膏等。一般会根据磨抛加工对象组成结构来合理选择磨抛介质，这样不仅能提高磨抛加工的效率，最终磨抛后模具表面粗糙度也会更小。

3.3 机器人自主磨抛系统组成与工作流程和软件设计

3.3.1 机器人磨抛系统组成

一个系统能否正常运行取决于硬件和软件两部分。硬件是系统的基础部分，决定着磨抛机器人性能是否稳定；软件则决定着硬件部分功能能否稳定实现。工业机器人自主磨抛系统整体布局及组成如图 3-2 所示，硬件主要包括三维测量单元、打磨机、抛光机、卸料框、基准检测单元、PLC 端子模块、柔性夹持工具、力/力矩传感器、机器人控制柜、工业机器人、上料架等。机器人系统作为整个磨抛系统的核心，是传感器和末端柔性夹持工具的载体，空间操作范围较大，运动灵活；力/力矩传感器作为力信息采集和反馈的工具，是进行力位混合控制的前提和基础设备；PLC 端子模块作为硬件链路和通信交互的组成部分，分别跟上位机和机器人控制柜连接，承担着信号输入及输出的作用；基准检测单元和三维测量单元作为辅助设备，分别用于产品磨抛前的基准检测和磨抛后的形位尺寸测量，是整体系统不可或缺的部分；研磨及抛光砂轮机作为磨抛装备，砂带的性能及特性与磨抛工艺紧密相关，直接影响最终磨抛精度。

在整个机器人磨抛系统中，机器人扮演着作业承担者和最终控制者的角色。在磨抛上料和卸料的过程中，机器人一般使用示教方式进行编程存储，得到重复化、标准化的机器人运动路径；基准检测单元是进行磨抛加工前必不可少的基准检测操作，用于检测末端磨抛工件装夹完毕后是否存在基准点偏移的情况，是质量保证的第一步；三维测量单元是用于磨抛完成后进行形位测量的，主要检测磨抛外形、整体及局部尺寸是否达标、合格；第七轴地轨起到了贯穿整个系统作业的作用，承担着机器人完成整个流水生产线任务，保证了磨抛作业的可实现性和磨抛控制方案的可行性。

底座：定位、承重、走线和除尘通道于一体，使整个工作流程更集中和高效。

抛光磨头置换台：根据实际磨抛工艺要求放置不同的抛光磨头。

机器人本体：整个单元最主要的执行部分。

磨抛支撑架：异形工件磨抛工作台，含吸盘和除尘装置。

视觉支架：固定工业相机对产品的拍照定位和走线。

控制柜：机器人的大脑部分，中枢纽带传递信息控制机器人完成指定的动作或者作业任务装置。

电柜：整个单元的核心部分，它让磨抛工作台与机器人、视觉系统、耗材换片装置等互通，完美协调，实现磨抛工作。

上料台：可做磨抛平台，并实现上下料的功能。

急停开关：遇到上下料突发意外，可立即终止单元动作，避免伤人和造成不必要的损失。

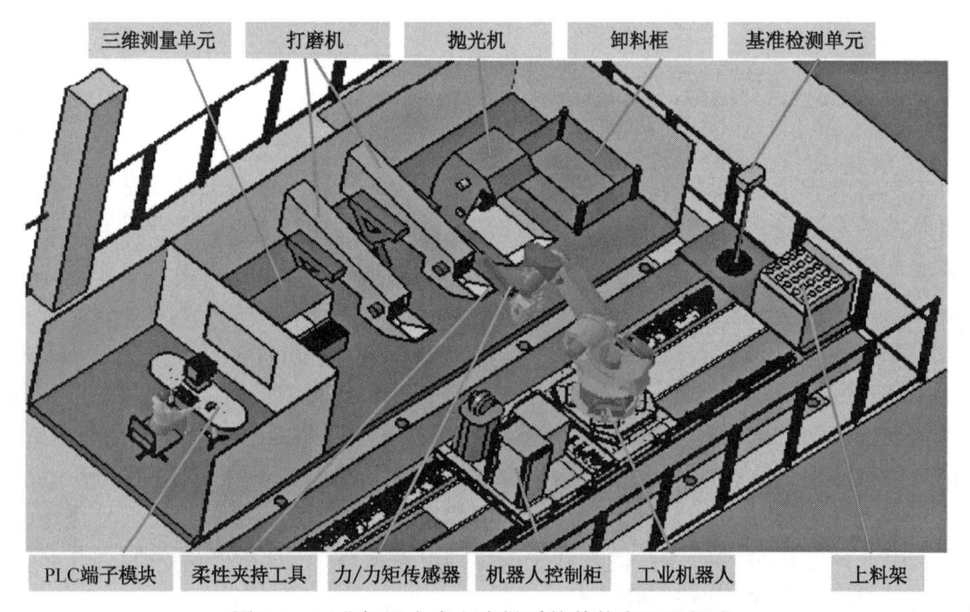

图 3-2　工业机器人自主磨抛系统整体布局及组成

3.3.2 机器人磨抛系统工作流程和软件设计

3.3.2.1 机器人磨抛系统工作流程

机器人磨抛系统整体工作流程会随着不同的任务要求而变化，但一般包含以下流程。

（1）将待磨抛产品的数模导入离线编程软件中，建立产品坐标系，并提取产品曲面信息，包括尺寸、曲率、形状等；

（2）在产品坐标系下，通过选定磨抛工具及磨抛轨迹方式（如环切法、行切法等），软件自动生成磨抛轨迹信息；

（3）观察生成的磨抛轨迹是否合理，若不合理则再次返回修改，反之则将磨抛轨迹信息耦合到机器人上，生成机器人加工程序；

（4）利用软件进行仿真检测，观察机器人在磨抛作业过程中是否存在干涉、碰撞、关节限位等问题。如果存在，人工修改局部不合理区域，以得到最终优化后的机器人加工程序；

（5）生成 NC 代码，并将代码导入到上位机集成控制系统中，与机器人上下料示教程序、基准检测、三维测量运动程序合并成完整的机器人加工程序；

（6）机器人从产品上料架上进行上料；

（7）机器人进行基准检测；

（8）根据基准检测结果修正 NC 加工程序；

（9）磨抛砂轮机进行产品粗磨抛；

（10）磨抛砂轮机进行产品精磨抛；

（11）抛光机进行产品抛光；

（12）机器人夹持产品在激光三维测量单元处检测产品形位信息；

（13）机器人完成卸料；

（14）整个任务结束。

机器人磨抛系统流程图如图 3-3 所示，其他情况均可以在此流程基础上进行调整。

3.3.2.2 磨抛机器人软件设计

软件设计部分是系统能否正常运行的关键，磨抛机器人运动控制系统软件设计分为磨抛机器人软件控制设计和人机交换界面设计，控制软件主要完成工业现场实时数据的采集、抛光、磨抛流程进度的显示等工作。

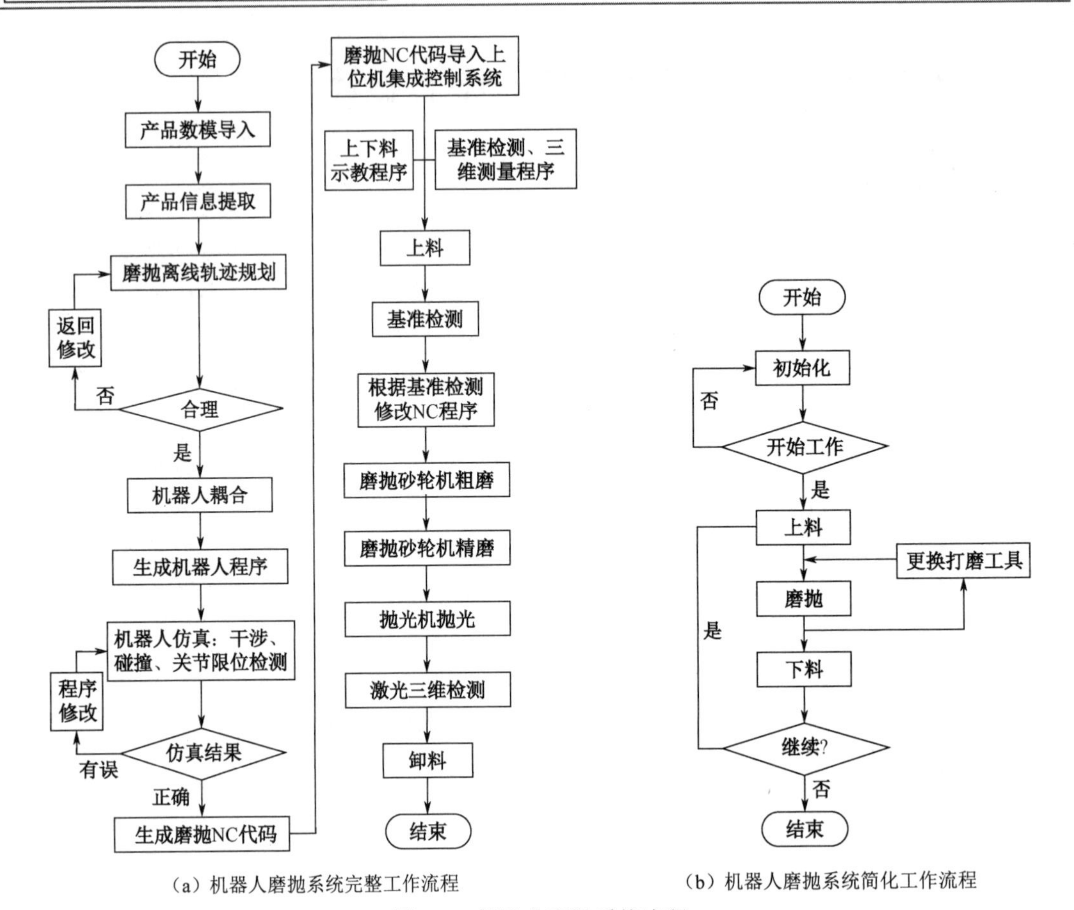

（a）机器人磨抛系统完整工作流程

（b）机器人磨抛系统简化工作流程

图 3-3 机器人磨抛系统流程

1. 磨抛机器人系统主程序设计与实现

磨抛机器人系统开始工作后，首先应对磨抛系统参数进行系统初始化，进入触摸屏的参数设定界面，参数设置包括抛光作用压力、抛光磨头主轴转速、各个电机的转速等，当各个参数设定完毕后，机器人磨抛系统就开始自己判断是否可以开始工作。若判断为是，则进行抛光对象的上料、磨抛、下料等步骤；若判断为否，则返回到系统初始化步骤。模具工件上料步骤包括时间设定、启动传动电机、检测模具工件位置是否到位，若到位则进行磨抛过程，若不到位则进行报警处理。磨抛工作流程包括启动抛光机、启动各个旋转电机，设定抛光作用压力值，设定旋转电机的转速及各参数。下料步骤流程包括模具工件回到起始点、夹紧装置松开、各电机停止工作。主程序设计可参考工作流程（见图 3-3）。

2. 磨抛机器人系统软件设计方案选择

针对不同磨抛任务的功能需求，磨抛系统应具备磨抛运动控制和磨抛轨迹路径规划。

随着科技的不断发展，计算机性价比也不断提高，在普通的 PC 上也能够实现三维建模造型及磨抛轨迹规划，因此用户可以更加直观地看到机器人在模具生产过程中的磨抛机器人运动过程及动作。

（1）磨抛机器人系统软件开发工具。磨抛机器人系统常常采用 Visual C++语言作为系统软件开发语言，这样做主要有两个目的：第一个是磨抛运动过程函数的调用，第二个是完成控制面板的操作界面设计，而且方便调用图形文件和动态链接数据库，以便实现三维实体建模造型和磨抛试验抛光轨迹路径规划。

（2）磨抛机器人实际生产环境的虚拟环境构建。一般采用 OpenGL 技术来完成磨抛对象实体及机器人的三维实体建模，具体实现操作是在模拟环境下对磨抛对象进行光照、贴加纹理等真实生产过程环境的模拟，同时对机器人及抛光对象三维形体进行自由移动、旋转。

（3）使用面向对象设计技术。确定互感器模具的三维实体建模方法，三维实体的几何模型建模主要构建方式有以下几种：第一种建模方式是从构建好的几何模型数据库中直接调用所需要的模型，根据抛光对象的参数来动态获取相应的三维实体模型；第二种建模方式是利用磨抛机器人系统本身带有的三维实体模型建模功能；第三种建模方式是充分利用现有的软件工具来获取模型，利用 AutoCAD 来获取，数据转换接口作为中介将其导入磨抛机器人平台中。机器人三维实体模型采用调用模型数据库的方式来获取，工件三维实体模型采用软件工具的方式来获取。

（4）磨抛机器人抛光轨迹路径规划。磨抛机器人抛光轨迹路径规划技术是磨抛机器人设计的关键技术之一。磨抛轨迹路径规划技术一般采用以下两种方式获取，而这两种方式的本质区别是采用不同手段来获取抛光对象表面数据：一种方式是通过磨抛对象的几何实体的 CAD 模型来直接获取抛光对象表面的图形数据；另一种方式是先通过 3D 成像扫描技术来获取抛光对象表面图形信息，然后根据获取图形数据通过机器人基本转换公式将抛光对象表面数据转换成空间坐标，从而确定磨抛机器人磨抛轨迹路径规划。

（5）磨抛机器人运动。调用机器人运动函数，实现对磨抛机器人的磨抛动作控制。

3.3.2.3 磨抛机器人系统程序

磨抛磨机器人系统程序功能模块由多个模块共同构成，各模块功能各不相同。根据不同的任务需求，设计磨抛机器人系统时，常用到的模块及其功能如下。

（1）DXF 文件模块。DXF 文件模块的目的是生成抛光对象对应的三维实体模型，通过文件接口读取 DXF 文件是其主要方式。

（2）NC 代码模块。该模块对带有抛光对象相关信息代码进行解析，将这些数据转换成空间坐标并连接起来，从而确定磨抛机器人磨抛轨迹。

（3）机器人插补计算模块。该模块根据机器人的功能需求设定相对应的插补运算过程中的精度和步长度，对磨抛机器人抛光轨迹数据进行验证。

（4）磨抛机器人磨抛轨迹图形显示模块。机器人磨抛轨迹能够实时显示在屏幕上，便于实时验证机器人公式计算的正确性。

（5）磨抛机器人基本计算公式转换模块。该模块对进行插补计算后的抛光对象数据进行空间坐标变换。

（6）抛光对象三维实体模型构建。抛光对象工件不是一个规则形状，而是由多个形状共同构成，它包括了标准面和异形曲面，在模型数据库中建立了相应实体模型的参数化函数。通过利用这些模型函数快速地完成机器人和工件的三维实体模型的构建。

（7）抛光运动仿真。它提供运动控制的交互环境，可以通过设置相关环境参数最真实地模拟实际抛光生产工业条件。

（8）运动控制。根据磨抛机器人抛光轨迹路径规划来实现对实验磨抛机器人的运动控制。

3.3.2.4 人机交互界面设计

在触摸屏的界面里可直接调整磨抛机器人的运行参数，监控设备运行状况。设备运行中出现的报警信息会在触摸屏上以弹窗的方式显示，以提醒操作者注意。操作界面设计时应从简洁性和操作方便性两方面出发。操作界面设计主要包括主界面、自动界面、手动操作界面、参数设置界面、I/O监控界面、历史报警界面，各个界面具体功能如下。

（1）开机界面：开机通电后，即进入开机界面，单击进入主界面。

（2）主界面设计：主界面显示抛光对象和抛光工具的放置情况、产品规格类型的选择、磨抛系统的工作状态、磨抛的生产周期，能够直观地观察磨抛系统的准备情况。

（3）手动操作界面：它至少由四部分组成，分别为上料台、机器人、磨抛台和磨抛耗材快换台。上料台部分包括上料台的旋转、上料门的开启和关闭；机器人部分包括快换夹头的松开和夹紧、气动磨头的开启和关闭、吸盘抽真空的启动和关闭；磨抛台部分包括磨台抽真空的开启和关闭；磨抛耗材快换台部分包括耗材气缸的夹紧和松开、顶升气缸的上升和下降、托盘的上升和下降。

（4）视觉处部分：负责视觉影像的检测与显示，视觉防护打开和关闭。

（5）参数设置界面：参数设置界面包括伺服参数和动作执行检测参数两部分参数设置。伺服参数包括伺服上升速度和下降速度，伺服加速度和减速度；动作检测参数包括上料台的旋转时间、抽真空执行时长、气缸执行时长、报警蜂鸣时长等参数设置。

（6）I/O 监控界面：I/O 监控界面主要是监控磨抛机器人设备在磨抛过程中的运行状况，主要包括托盘上升是否到位、磨头到位检测装置、磨头松开到位装置、磨头夹紧装置、单位总气压检测装置、自动启动和停止装置。

（7）历史报警界面：磨抛机器人设备在运行中出现的报警信息会在触摸屏上以弹窗的方式显示，以提醒操作者注意，报警信息主要包括故障编号、故障原因、发生故障的时间和日期。

3.4 磨抛机器人系统控制

3.4.1 机器人控制

工业机器人设备驱动包括电气驱动、液压驱动和气动驱动。磨抛机器人的关节驱动一般选用电气驱动方式。磨抛机器人电动伺服驱动系统，是为了实现磨抛过程需要的运动轨迹。要选择合适的驱动电机，需要考虑其功率、扭矩惯量和调速范围。这些参数的计算可以根据磨抛系统模块针对工件的磨抛工艺测出的磨抛头转速、对工件的进给力得出。电机的合适与否直接影响机器人系统稳定性。机器人驱动方式多选用交流伺服电机驱动。如今，交流伺服电动机驱动器广泛应用于磨抛工业机器人中，是因为它具有转矩转动惯量比高、无电刷及换向等一系列突出的优点。

3.4.2 辅助系统控制

编程逻辑控制器（PLC）相当于机器人的大脑，支配磨抛工业机器人本体完成各种磨抛动作。PLC 控制器相当于一种用于工业控制的计算机，由电源、中央处理单元、储存器、输入/输出接口电路、计数定位功能模块和通信模块构成。PLC 采用一类可编程的储存器，执行面向用户的多种指令，通过数字或模拟信号的输入和输出，控制多种工业操作。由于 PLC 编码控制器具有抗干扰能力强、操作方便、编程简单等优点，本书的全自动磨抛工业机器人磨抛系统模块及其他辅助工装系统模块均选用 PLC 编码控制器，以确保自动化生产线生产过程的稳定性。

在全自动磨抛生产作业过程中，会有众多模拟量依靠 PLC 控制监测。一般选用具有良好的抗振动冲击性能和高性价比，比较贴切实际应用，能控制磨抛系统及辅助工装的编辑工具，目前多采用 S7-300 最新的编程控制软件 STEP7V5.5SP2，用户可以直接在 STEP7 上进行硬件组态和编写程序。编程设备通过编程电缆与 PLC 中的 CPU 模块进行连接，然后将组态信息和运行程序下载到 PLC 的 CPU 中，进行程序的调试；调试成功后，PLC 就可按照既定的程序执行任务。程序编写基本步骤如图 3-4 所示。

磨抛工作在机器人的运动程序中实现，通过程序编译，磨抛机器人控制系统输出数字信号，控制 PLC 中程序的调用。调用指令包含在机器人主运动程序中，通过 PLC 接收机器人信号控制磨抛工具的转速；机器人控制柜示教机器人在工作空间内运动，利用在线或离线编程控制机器人运动程序。在这个过程中磨抛机器人实现真空抓取磨抛工件，并放到磨抛台上，根据工艺需要自动更换磨抛砂布，待磨抛完成后，抓取工件放置到输送带上，最终实现对工件的全自动磨抛。机器人磨抛系统结构如图 3-5 所示。

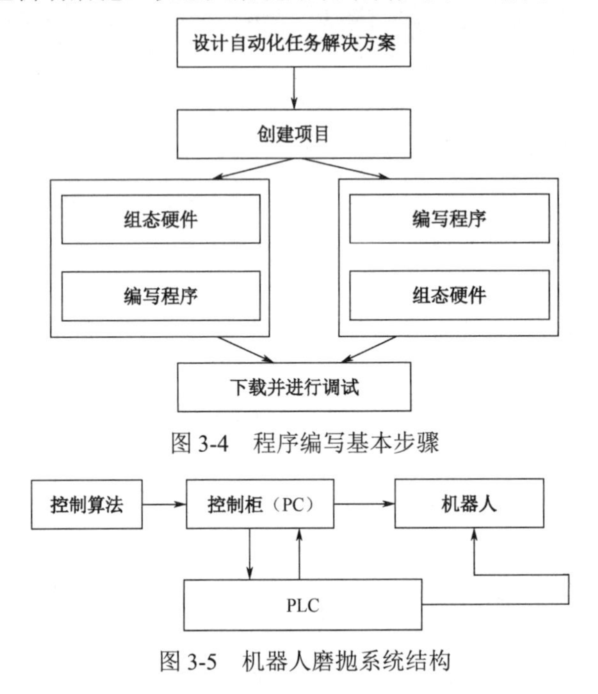

图 3-4　程序编写基本步骤

图 3-5　机器人磨抛系统结构

3.4.3　以太网通信

S7 协议是 SIEMENS S7 系列产品之间通信使用的标准协议，其优点是通信双方无论是在同一 MPI 总线上，还是在同一 PROFIBUS 总线上或同一工业以太网中，都可通过 S7 协议建立通信连接，使用相同的编程方式进行数据交换，这与使用何种总线或网络无关。S7 通信按组态方式实现双边通信。本节简要介绍在 STEP7 V5.5 环境下，S7-300 集成 PN 口的 CPU 基于工业以太网的 S7 双边通信的组态步骤，用于实现与 S7-300 CPU 之间的 S7 通信。

3.5　磨抛机器人感知系统

3.5.1　力觉系统

在机器人进行磨抛作业的加工过程中，机器人末端会与外界环境（包括磨抛机砂带、飞机装配工装型架、机翼外蒙皮等）相接触，在其他影响因素确定的前提下，为了保证最终作业质量，需要保持一定的期望力。由于对机器人进行位置控制时存在一定的误差，因此单独进行位置控制易出现末端与环境脱节或过度挤压碰撞等危险现象，一般的机器人自身不存在力控制功能，无法进行柔顺控制，所以在位置控制基础上通过三维力/力矩传感器作为引入力反馈，从而形成力/位混合控制。力觉系统在机器人磨抛过程中的作用示意图如图 3-6 所示。在机器人磨抛过程中末端产品与磨抛机砂带表面接触后，通过手腕力觉传感器的力反馈控制，控制机器人末端位置发生改变，从而保证一定的磨抛期望力。

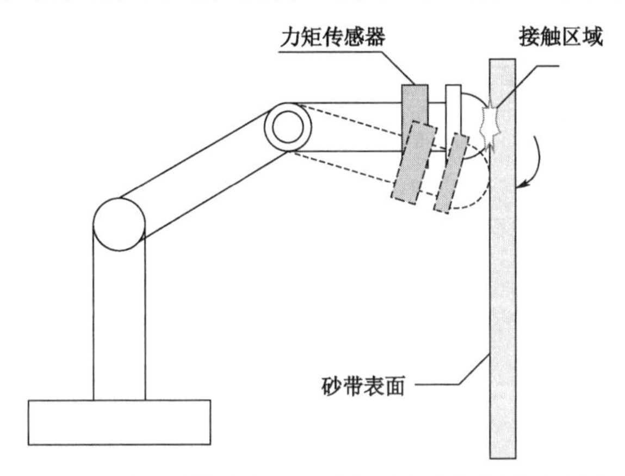

图 3-6　力觉系统在机器人磨抛过程中的作用示意图

为了使磨抛系统能够完成高精度的力检测功能，实时检测磨抛力与扭矩的变换，需要为磨抛系统配备多分量动态力传感器（Multi-axial Force and Torque Transducer）。该传感器可实时测量六个自由度上的力和力矩值(F_x,F_y,F_z,T_x,T_y,T_z)，一般安装于应用工具的后方，通过一根小口径、高柔性、长寿命的电缆与其配套的电子设备连接。可根据不同防护等级定制不同型号的产品供用户进行选择。

在力传感器方面，最具代表性的是 ATI 公司的产品。ATI 公司专注于生产机器人末端执行器，所生产的力/力矩传感器安全系数高，接近零噪声失真，输出频率可高达 28.5kHz，可以与多种接口连接。选择磨抛用力传感器应考虑以下几个方面。

（1）整体重量较轻巧，结构紧凑，要结合实际加工的零件、机器人情况考虑。

（2）力传感器的力敏元件的刚度要适宜，既要使扰动快速衰减，又要减少工具的定位误差。

（3）尽量避开磨抛时的激振频率。

xBang 自主研发的六维力/力矩传感器，如图 3-7 所示。

在机器人磨抛作业过程中，机器人末端工具与磨抛工件接触后，因受力的作用，传感器内部的弹性元件发生变形，从而产生应变或位移，传递给与之相连的半导体应变片，促使其电阻率发生变化，输出的电信号也就随作用力的变化而变化，通过传感器与上位机之间的以太网通信协议，最终，力值由上位机显示软件显示。传感器力信息交互结构如图 3-8 所示。

图 3-7　xBang 自主研发的六维力/力矩传感器

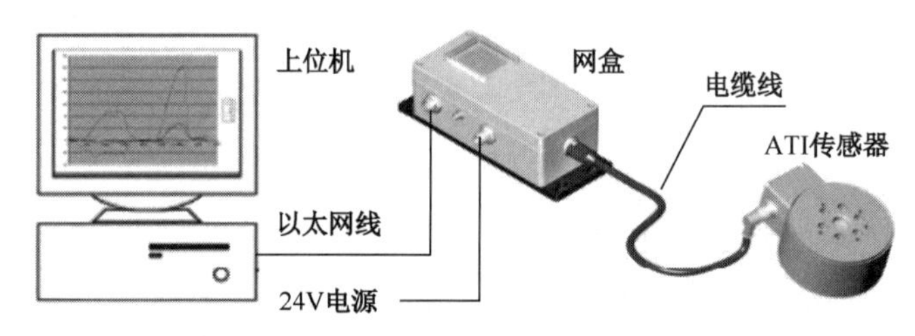

图 3-8　传感器力信息交互结构

3.5.2　视觉系统

视觉系统是用机器代替人眼来做测量和判断的。视觉系统是指通过机器视觉产品将被摄取目标转换成图像信号，传送给专用的图像处理系统，根据像素分布、亮度和颜色等转变成数字信号。图像系统对这些信号进行各种运算来抽取目标的特征，进而根据判别的结果来控制现场的设备动作。

机器视觉系统提高了生产的柔性和自动化程度。在一些不适合人工作业的危险工作环境或人工视觉难以满足要求的场合，常用机器视觉来替代人工视觉。同时在大批量工业生产过程中，用人工视觉检查产品质量效率低且精度不高，用机器视觉检测方法可以大大提高生产效率和生产的自动化程度。机器视觉易于实现信息集成，是实现计算机集成制造的基础技术，可以在最快的生产线上对产品进行测量、引导、检测和识别，并能保质、保量地完成生产任务。

一个典型的机器视觉系统包括照明、相机和镜头，本书将在第五章着重介绍磨抛机器人视觉系统。

第四章

磨抛机器人控制系统

工业机器人的控制系统类似于人的大脑，是工业机器人的指挥系统，它控制驱动系统，使执行机构按照要求工作。因此，控制系统的性能直接影响机器人的整体性能。本章先介绍工业机器人的控制系统的概况，之后针对在磨抛过程中使用的控制方法进行详细说明。

4.1 工业机器人控制系统概述

1. 工业机器人控制系统的基本原理

为了使机器人能够按照要求去完成特定的作业任务，需要以下四个过程。

（1）示教过程。利用计算机可以接收的方式，告诉机器人去做什么，给机器人作业命令。

（2）计算与控制。这是机器人控制系统的核心部分，负责整个机器人系统的管理、信息获取及处理、控制策略的制定和作业轨迹的规划等任务。

（3）伺服驱动。根据不同的控制算法，将机器人控制策略转化为驱动信号，驱动伺服电机等驱动部分，实现机器人的高速、高精度运动，去完成指定的作业。

（4）传感与检测。通过传感器的反馈，保证机器人正确地完成指定作业，同时也将各种姿态信息反馈到机器人控制系统中，以便实时监控整个系统的运动情况。

2. 工业机器人控制系统的特点

工业机器人控制系统是以机器人的单轴或多轴运动协调为目的的控制系统。其控制结构比一般自动机械的控制复杂得多。与一般伺服系统或过程控制系统相比，工业机器人控制系统有如下特点。

（1）传统的自动机械是以自身的动作为重点，而工业机器人的控制系统更着重本体与操作对象的相互关系。无论用多高的精度控制手臂，机器人必须能夹持并操作物体到达目的位置。

（2）工业机器人的控制与机构运动学及动力学密切相关。机器人手足的状态可以在各种坐标下描述，还能根据需要选择不同的基准坐标系，并进行适当的坐标变换。需要求解运动学中的正、逆问题，除此之外，还要考虑惯性、外力（包括重力）及哥氏力、向心力的影响。

（3）即便一个简单的工业机器人，至少也有3～5个自由度。每个自由度一般包含一个伺服机构，它们必须协调起来，组成一个多变量控制系统。

（4）描述机器人状态和运动的数学模型是一个非线性模型，随着状态的不同和外力的变化，其参数也在变化，各变量之间还存在耦合。因此，不仅要利用位置闭环，还要利用速度甚至加速度闭环。系统中经常使用重力补偿、解耦和基于传感信息的控制盒最优 PID 控制等方法。

4.2 工业机器人控制系统的组成及分类

4.2.1 工业机器人控制系统的组成

工业机器人的控制系统一般分为上、下两个控制层次。上级为组织级，其任务是将期望的任务转化成运动轨迹或适当的操作，并随时检测机器人各部分的运动及工作情况，处理意外事件；下级为实时控制级，它根据机器人动力学特性及机器人当前运动情况，综合得出适当的控制命令，驱动机器人机构完成指定的运动和操作。

工业机器人控制系统主要包括硬件和软件两部分。硬件主要有传感装置、控制装置和关节伺服驱动部分。软件主要指控制软件，包括运动轨迹规划算法和关节伺服控制算法等动作程序。

一个完整的工业机器人控制系统包括以下几部分。

（1）控制计算机。它是控制系统的调度指挥机构。

（2）示教盒。它用来示教机器人的工作轨迹和参数设定，以及一些人机相互操作，拥有独立的 CPU 及存储单元，可与主计算机之间实现信息交互。

（3）操作面板。它由各种操作按键、状态指示灯构成，只完成基本功能操作。

（4）硬盘和存储机器人工作程序的外部存储器。

（5）数字和模拟量的输入和输出，各种状态和控制命令的输入和输出。

（6）打印机接口。它记录需要输出的各种信息。

（7）传感器接口。它用于信息的自动检测，实现机器人柔顺控制。

（8）轴控制器。它一般包括各关节的伺服控制器，完成机器人各关节位置、速度和加速度控制。

（9）辅助设备控制。它主要用于机器人辅助设备的控制。

（10）通信接口。它主要实现机器人和其他设备的信息交换。

不同类型的控制系统，其组成情况也不相同。图 4-1 所示为非伺服控制系统，图 4-2 所示为伺服控制系统。

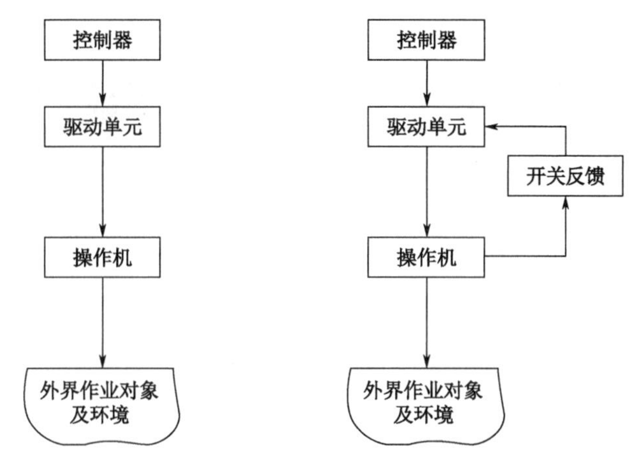

（a）开环非伺服控制系统　（b）带开关反馈的非伺服控制系统

图 4-1　非伺服控制系统

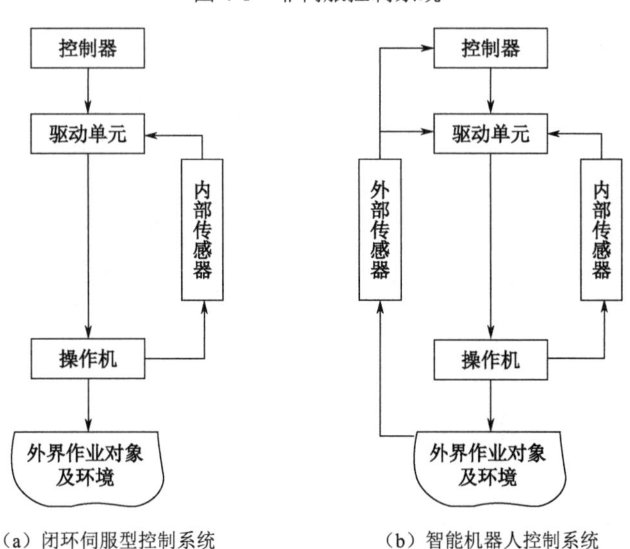

（a）闭环伺服型控制系统　（b）智能机器人控制系统

图 4-2　伺服控制系统

4.2.2 工业机器人控制系统的分类

工业机器人控制系统的分类没有统一的标准。按照运动坐标控制的方式可以分为关节空间运动控制和直角坐标空间运动控制；按照控制系统对工作环境变化的适应度可以分为程序控制系统、适应性控制系统和人工智能控制系统；按照同时控制机器人的数目可以分为单控制系统和群控制系统。除此之外，按照运动控制方式还可以分为位置控制、速度控制和力控制三类。

4.3 工业机器人的控制方法和策略

工业机器人是一个十分复杂的多输入、多输出非线性系统，它具有时变、强耦合和非线性的动力学特征，因而带来了控制的复杂性。下面介绍几种在工业机器人技术中常用的控制策略，如变结构控制、模糊控制、神经网络控制、自适应控制和鲁棒控制。各种控制策略的应用范围不同，变结构控制使控制带宽和控制精度达到最优折中，自适应控制补偿参数不确定性，鲁棒控制补偿非参数不确定性，神经网络技术成功应用于各种机器人的运动规划、模糊控制、简化控制算法等。

4.3.1 变结构控制

20 世纪 60 年代，苏联学者 Emelyanov 提出了变结构控制。变结构控制是对具备不定性动力学系统进行控制的一种重要方法。变结构系统是一种非连续反馈控制系统，其主要特点是它在一种开关曲面上建立滑动模型，称为“滑模”。变结构控制的基本思想是先在误差系统的状态空间中找到一个超平面，使超平面内的所有状态轨迹都收敛于零。然后，通过不断切换控制器的结构，使得误差系统的状态能够到达该平面，进而沿该平面滑向原点。

考虑下面相变量形式的单输入 n 阶时，不变系统状态方程式如下：

$$\begin{cases} x_1' = x_1 \\ x_2' = x_2 \\ \quad\vdots \\ x_n' = -\sum_{i=1}^{n} a_i x_i - bu \end{cases} \tag{4-1}$$

变结构控制具有以下不连续形式：

$$u(x)=\begin{cases}u^{+}(x), & 当s(x)>0\\ u^{-}(x), & 当s(x)<0\end{cases} \tag{4-2}$$

其中，$u^{+}(x)\neq u^{-}(x)$，并且控制律的选择要满足式（4-2）给出的到达条件，即

$$\lim_{u(x)\to 0^{+}} s'(x)<0,\ \lim_{u(x)\to 0^{-}} s'(x)>0 \tag{4-3}$$

而函数 $s(x)$ 称为切换函数，这里定义为状态变量的线性函数，即

$$s(x)=c_1x_1+c_2x_2+\cdots+c_{n-1}x_{n-1}+x_n \tag{4-4}$$

在 n 维相空间中，变结构控制的结构超平面为

$$c_1x_1+c_2x_2+\cdots+c_{n-1}x_{n-1}+x_n=0 \tag{4-5}$$

由于状态方程（4-1）为相变量形式，所以为了保证滑动模态阶段的稳定性，对于参数 $c_1,c_2,\cdots,c_{n-1}$ 的选择只需使特征方程 $\lambda^{n-1}+c_{n-1}\lambda^{n-2}+\cdots+c_2\lambda+c_1=0$ 的所有特征根均具有负实部即可。在滑动模态阶段，通过切换函数 $s(x)$ 可以得到

$$x_n=-c_1x_1-c_2x_2-\cdots-c_{n-1}x_{n-1} \tag{4-6}$$

进而可以得出滑动模态阶段的状态方程：

$$\begin{cases}x_1'=x_1\\ x_2'=x_2\\ \quad\vdots\\ x_n'=-\sum\limits_{i=1}^{n}a_ix_i-bu\end{cases} \tag{4-7}$$

可以看出，n 阶状态方程（4-1）在滑动模态阶段的动态行为可以由 $n-1$ 阶的状态方程式（4-7）来完全表征，并且此时系统的动态特征是完全独立于系统参数的。

当系统状态穿越滑模面 $s(x)=0$ 进入 $s(x)<0$ 时，将使控制量 $u(x)$ 从 $u^{+}(x)$ 变化为 $u^{-}(x)$，而到达式（4-3）的条件，使系统状态又迅速穿越滑模面进入 $s(x)>0$，从而形成了滑动运动。

从上面的分析可以看出：变结构控制系统实际上是将具有不同结构的反馈控制系统按照一定逻辑切换变化得到的，并且具备了原来各个反馈控制系统并不具有的渐近稳定性。我们称这类组合系统为变结构系统（VSC）或变结构控制系统（VSCS）。

变结构控制系统对于系统参数的时变规律、非线性程度及外界干扰等不需要精确的数学模型，只需要知道它们的变化范围，就能对系统进行精确的轨迹跟踪控制。

变结构控制设计比较简单，便于理解和应用，具有很强的健壮性，主要表现在滑模运动方程对于扰动的不变性。只要选择了正确的足够大的控制信号，那么在任何扰动下，无论状态轨迹从哪一个初始状态出发，都能可靠地到达滑模。但变结构控制系统存在抖振的缺陷，这在一定程度上影响了变结构控制的应用。

4.3.2 模糊控制

模糊控制系统的控制对象可以是实际的闭环控制、专家系统或任何类型的人机系统，其中决策部分由近似推理完成。近似推理是根据客观实际情况及已有的规则获取未知信息的过程。这一基本思想可以追踪到 Zadeh 在 1973 年所做的工作。在获得输入变量取值的可能性分布后，由复合推理给出输出变量取值的可能性分布。Zadeh 所进行的工作具有开创性，提供了利用模糊逻辑理论完成复杂系统控制的可能性。

为了促使模糊控制理论在实际系统控制中得到成功应用，需要对其进行简化，以减少计算量。这一部分工作由英国学者 Mamdani 在 1974 年完成。从此以后，出现了模糊控制理论众多的成功应用范例。

图 4-3 是模糊控制系统结构图。由图可知，模糊控制器由模糊产生器、知识库、模糊逻辑决策、模糊消除器及被控过程组成。

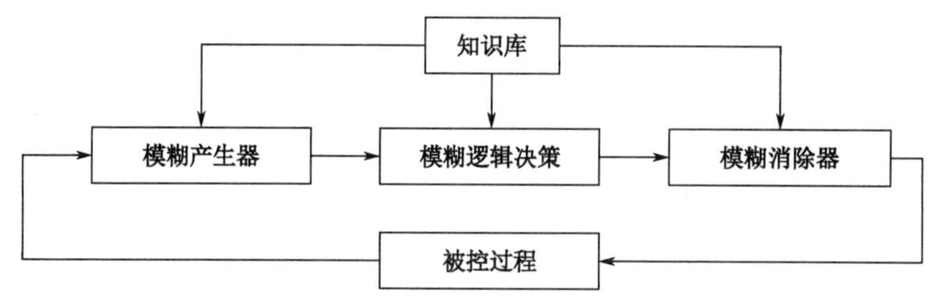

图 4-3 模糊控制系统结构图

1. 模糊产生器

模糊产生器的作用是将一个确定的点 $x \subset U$ 映射为 U 上的一个模糊集合。模糊产生器有两种方式。

（1）单值模糊产生器，A 为模糊单值，即：

$$u_A = \begin{cases} 1, & x' = x \\ 0, & x' \neq x \end{cases} \tag{4-8}$$

（2）非单值模糊控制器。当 $x' = x$ 时，$u_{\mathrm{A}}(x') = 1$；当 x' 远离 x 时，$u_{\mathrm{A}}(x') = 1$，从 1 开始衰减。

2. 模糊条件命题及模糊规则

在模糊控制器中，模糊系统的动态特性用一组反映专家经验知识的语言型规则描述。专家经验一般具有“如果……则”的形式，同时，规则的前件命题和后件命题一般由模糊集合来表示。这一规则形式有时也被称为模糊条件命题。在大多数文献中，模糊控制规则是模糊条件命题，它定义了前件中的条件命题及后件中的控制量取值。模糊控制规则提供了一种方便简洁的表述专家经验知识的方法。而在模糊条件命题的前件条件命题和后件结论命题中，可能涉及多个变量，这种情况下的模糊控制系统就称为多输入多输出（MIMO）的模糊控制系统。例如，对于具有两个输入变量和一个输出变量（MISO）的模糊逻辑系统，模糊控制规则具有如下形式：

如果 x 是 A_i，y 是 B_i，则 z 是 C_i。其中 x,y 和 z 是语言变量，分别为被控过程的两个状态变量及一个控制量；A_i,B_i 和 $C_i(i=1,2,\cdots,n)$ 分别是语言变量 x,y 和 z 在相应论域 U,V,W 的取值。

3. 模糊消除器

在模糊控制系统中，模糊消除器的任务是将模糊控制量映射到确定的非模糊的可操作控制量。模糊消除器的目的是把 V 上的一个模糊集合 F 映射为一个确定的点 $y \subset V$，其中确定点 y 最能代表模糊控制量的可能性分布 F 的特性。模糊消除器在模糊控制中起着十分重要的作用，但遗憾的是，当前不存在选择去模糊化的系统方法。Zadeh 首先提出了这一问题，并提出了一些有效的解决方法。现在，常用的去模糊化方法有取最大值、最大值平均、中心平均和质心法 4 种。

4. 模糊控制器的设计

设计模糊控制器的主要工作包括以下方面。

（1）确定模糊产生器。

（2）生成概念数据库。

① 选择输入、输出变量；

② 确定输入、输出变量的取值范围；

③ 确定模糊集合隶属度函数的形式；

④ 输入、输出论域的模糊划分，包括每一语言变量语言值个数、模糊集合的形态及位置参数。

（3）生成控制规则库。

① 确定模糊规则的具体形式；

② 由专家知识给出模糊规则，或根据样本数据提取模糊规则；

③ 模糊规则的完备性、协调性及规则的相互干扰。

（4）策逻辑。

① 定义模糊蕴涵算子的具体形式，定义模糊命题连接词“与”和“或”的具体形式；

② 定义复合推理算子的具体形式。

（5）确定模糊消除器。

4.3.3 神经网络控制

人工神经网络是利用物理器件来模拟生物神经网络的某些结构和功能。人工神经元模型如图 4-4 所示，人工神经网络模型如图 4-5 所示。

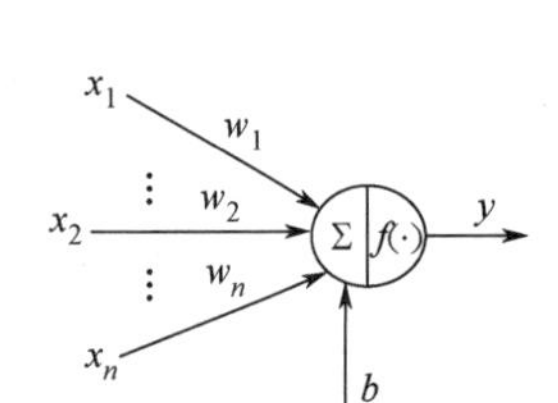

图 4-4　人工神经元模型

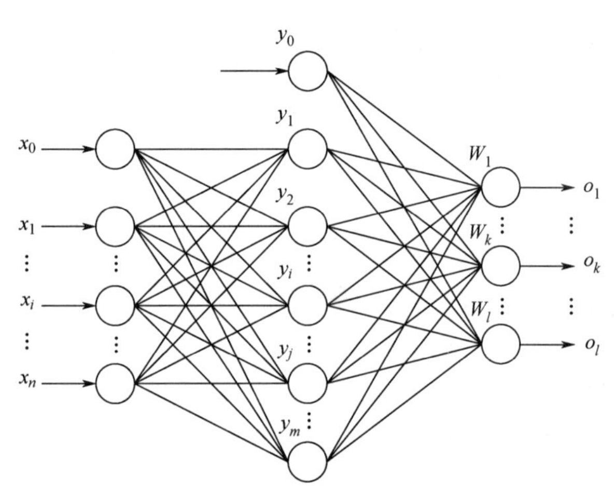

图 4-5　人工神经网络模型

人工神经网络模型是一个并行和分布式的信息处理网络结构，由许多个神经元组成，每个神经元都有一个单一的输出，可以连接很多其他的神经元，其输入有多个连接通路，每个连接通路对应一个连接权系数。人工神经网络对生物神经网络的模拟包括两个方面，一是在结构和实现机理上进行模拟；二是从功能上进行模拟，即尽可能使人工神经网络具有生物神经网络的某些功能特性，如学习、识别和控制等。在控制领域主要利用人工神经网络的第二类模拟功能。

神经网络具有以下特性。

（1）神经网络具有非线性逼近能力。由于神经网络具有任意逼近非线性映射的能力，因此，神经网络在用于非线性系统的过程控制时，具有更大的发展前途。

（2）神经网络具有并行分布处理能力。神经网络具有高效并行结构，可以对信息进行高速并行处理。

（3）神经网络具有学习和自适应功能，能够根据系统过去的记录，找出输入、输出之间的内在联系，从而求得问题的答案。这一处理过程不依靠对问题的先验知识和规则，因此，神经网络具有较好的自适应性。

（4）神经网络具有数据融合能力，可以同时对定性数据和定量数据进行操作。

（5）神经网络具有多输入和多输出网络结构，可以处理多变量问题。

（6）神经网络的并行结构便于硬件的实现。

在上述诸多特性中，对于控制系统，最有意义的是神经网络的非线性逼近能力。

4.3.4 自适应控制

自适应控制的方法就是在运行过程中不断测量受控对象的特性，根据测得的特征信息使控制系统按照最新的特性实现闭环最优控制。自适应控制主要分为模型参考自适应控制和自校正自适应控制。

1．模型参考自适应控制

模型参考自适应控制的作用是使系统的输出响应趋近于某种指定的参考模型。指定参考模型可选为一稳定的线性定常系统：

$$\boldsymbol{y}' = \boldsymbol{A}_m \boldsymbol{y} + \boldsymbol{B}_m \boldsymbol{r} \tag{4-9}$$

式中，$\boldsymbol{y}$ 为 $2n$ 参考模型状态向量，$\boldsymbol{r}$ 为 $2n$ 参考模型输入向量。

$$\boldsymbol{A}_m = \begin{bmatrix} 0 & I \\ -A_1 & -A_2 \end{bmatrix}, \quad \boldsymbol{B}_m = \begin{bmatrix} 0 \\ A_1 \end{bmatrix}$$

式中，$\boldsymbol{A}_m$ 为含有 $\bar{\omega}_1$ 项的 $n \times n$ 阶对角矩阵；$\boldsymbol{B}_m$ 为含有 $2\xi_1\bar{\omega}_1$ 项的 $n \times n$ 阶对角矩阵。

图 4-6 所示为模型参考自适应控制的基本原理。其中，机器人动力学模型是非线性、时变的微分方程。对每一个自由度所设定的参考模型是一个线性的二阶定常微分方程。自适应控制就是根据机器人每一关节的输出与参考模型的输出之间的偏差自动调节机器人闭环的反馈增益，以使其闭环工作特性尽可能地与参考模型具体体现的特性相当。但是这种控制是建立在假定机器人参数的变化过程与参考模型及机器人本身的时间响应相比要慢，且是在比其反馈增益的调整也要慢的前提之下进行的，同时还要求进行独立的稳定性分析。

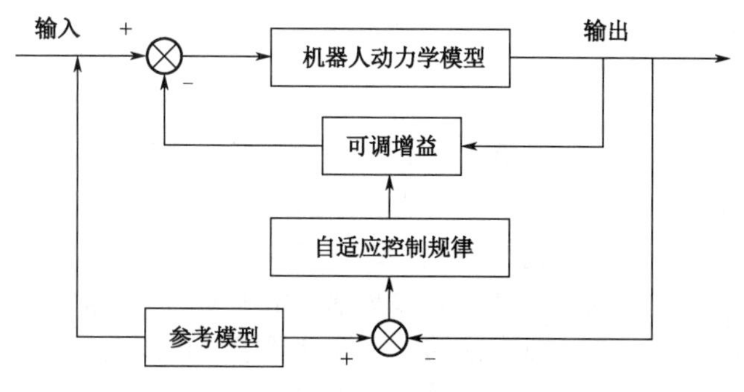

图 4-6 模型参考自适应控制的基本原理

2. 自校正自适应控制

机器人自校正自适应控制是把机器人状态方程在目标轨迹附近线性化，形成离散摄动方程，用递推最小二乘法辨识摄动方程中的系统参数，并在每个采样周期更新和调整线性化系统的参数和反馈增益，以确定所需的控制力。

图 4-7 所示是自校正调节器的原理。通常系统模型是未知的，因而用一个假设闭环线性模型来代替此未知系统（对机器人来讲，此假设的线性模型的形式可由机器人动力学模型的线性化得到）。通过对实际系统输入和输出的采样，用一个递推形式的辨识器辨识系统的参数，在每一个采样周期，把辨识器得到的最新的参数值通过特定的控制，综合出适当的控制器参数；然后将新得到的控制量输入系统和参数辨识器，以便计算下一次的控制量。参数的辨识可用各种递推方法进行，如最小二乘法、广义最小二乘法、极大似然法等。自校正控制器的设计通常有两种方法，即最优设计方法（包括最小方差法和广义最小方差法）和极点配置设计方法。

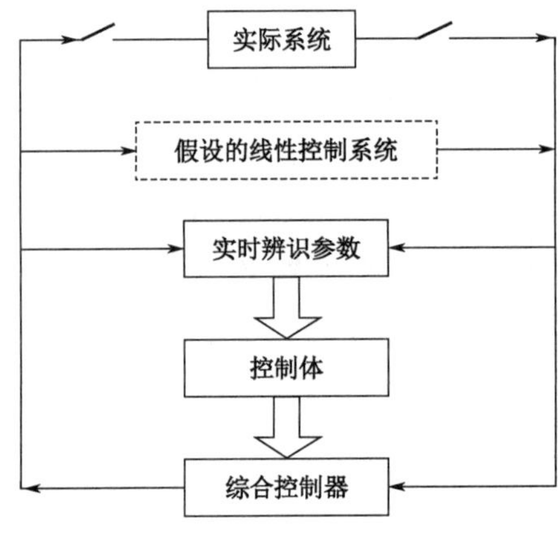

图 4-7 自校正调节器的原理

4.3.5 鲁棒控制

鲁棒控制的研究始于 20 世纪 50 年代。一个控制系统是鲁棒的，或者说一个控制系统具有健壮性，就是指这个控制系统在某一类特定的不确定性条件下具有稳定性、渐近调节和动态特性保持不变的特性，即这一控制系统具有承受这一类不确定性影响的能力。

鲁棒控制的基本特征是用一个结构和参数都固定不变的控制器，保证即使不确定性对系统的性能品质影响程序最恶劣时也能够满足设计要求。机器人的不确定性分为两大类：不确定的外部干扰 d 和模型误差 Δ 。Δ 受系统本身状态的激励，同时又反过来作用于系统的动态特性。机器人系统的各种参数误差、降阶处理及建模时忽略的动态特性等，都可以用Δ来描述。一般假设Δ属于一个可描述集，如增益有界且上阶已知等。对于不确定的干扰信号也是如此，d可以是不可检测的信号，但必须属于可描述集。鲁棒控制器就是基于这些不确定性的描述参数和标称系统的数学模型设计的。一般来说，鲁棒控制可以在不确定因素的一定变化范围内，保证系统稳定和维持一定的性能指标，它是一种固定控制，比较容易实现。鲁棒控制系统的设计是以一些最差的情况为基础的，因为一般系统并不工作在最优状态，它对控制器的实时性要求比较严格。

4.4 工业机器人的位置控制

4.4.1 位置控制问题

工业机器人位置控制的目的，是要使机器人各关节实现预先规划的运动，最终保证工业机器人终端沿预定的轨迹运行。

图 4-8 所示为机器人控制系统方框图，表示了机器人本身、控制系统和轨迹规划器之间的关系。工业机器人接收控制系统发出的关节驱动力矩矢量$\boldsymbol{\tau}$信号，接收装于机器人各关节上的传感器和估值器测出的关节位置矢量$\boldsymbol{\theta}$和关节速度矢量$\hat{\boldsymbol{\theta}}$信号，再反馈到控制器上，这样就由反馈控制构成了机器人的闭环控制系统。

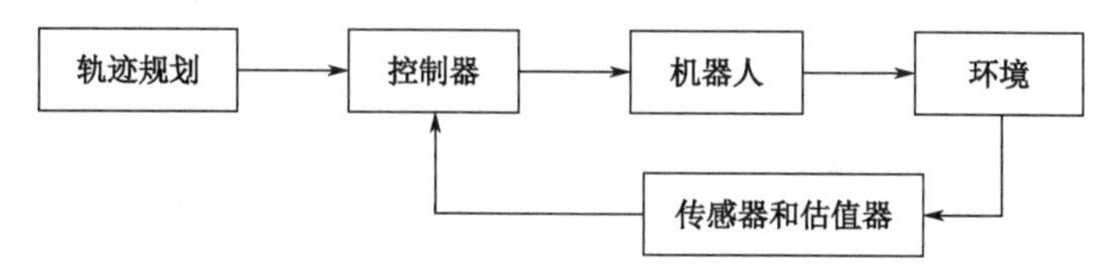

图 4-8　机器人控制系统方框图

设计这样的控制系统，其核心问题是保证所得到的闭环系统能满足一定的性能指标要求，其最基本的准则是系统的稳定性。所谓系统是稳定的，是指它在实现所规划的路径轨迹时，即使存在一定的干扰，其误差仍然能保持在较小的范围之内。

机器人位置控制的目的就是要使机器人的各关节或末端执行器的位姿能够以理想的动态品质跟踪给定轨迹或稳定在指定的位姿上。设计控制系统的主要目标是系统的稳定性和动态品质的性能指标。

机器人的位置控制基本结构主要有三种形式：关节空间控制结构、直角坐标空间控制结构和复合控制结构，分别如图 4-9（a）、图 4-9（b）、图 4-9（c）所示。

在图 4-9（a）中，$q_{\mathrm{d}}=[q_{\mathrm{d1}},q_{\mathrm{d2}},\cdots,q_{\mathrm{dn}}]^{\mathrm{T}}$是期望的关节位置矢量；$q'_{\mathrm{d}}$和$q''_{d}$是期望的关节速度矢量和加速度矢量；$q$和$q'$是实际的关节位置矢量和速度矢量；$\tau=[\tau_1,\tau_2,\cdots,\tau_n]^{\mathrm{T}}$是关

节驱动力矩矢量；$\boldsymbol{\mu}_1$ 和 $\boldsymbol{\mu}_2$ 是相应的控制矢量。

在图 4-9（b）中，$\omega_d=[p_d^T,\omega_d^T]^T$ 是期望的工具位姿。其中，$p_d=[x_d,y_d,z_d]$ 表示期望的工具位置；ψ_d 为表示期望的工具姿态。$\omega_d'=[v_d^T,\omega_d^T]^T$，其中 $v_d'=[v_{dx},v_{dy},v_{dz}]^T$ 是期望的工具线速度；$\omega_d'=[\omega_{dx},\omega_{dy},\omega_{dz}]^T$ 是期望的工具角速度。ω_d'' 是期望的工具加速度；ω_d 与 ω_d' 表示实际工具的位姿和速度。

关节空间控制结构如图 4-9（a）所示，该控制结构期望轨迹是关节的位置、速度和加速度，因而易于实现关节的伺服控制。但在实际应用中通常采用直角坐标系来规定作业路径、运动方向和速度，而不用关节坐标。这时，为了跟踪期望的直角轨迹、速度和加速度，需要先将机器人末端的期望轨迹经过逆运动学计算变换为在关节空间表示的期望轨迹，再进行关节位置控制，即复合控制结构，如图 4-9（c）所示。

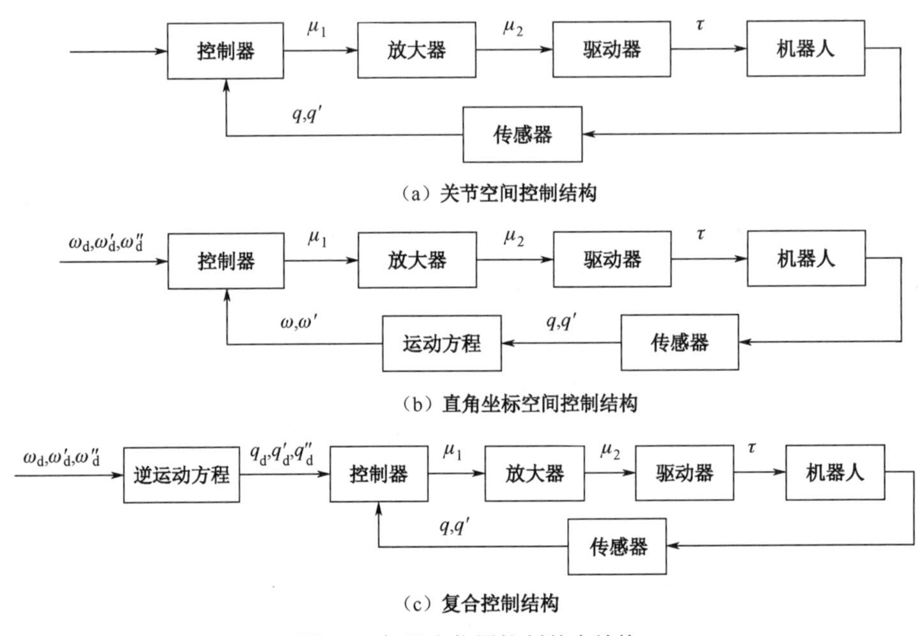

图 4-9　机器人位置控制基本结构

4.4.2　位置控制模型

首先讨论如图 4-10 所示的质量-弹簧-阻尼系统。质量为 m 的物体作单自由度运动，假设物体运动时除了受到弹簧力作用，还受到与速度成正比的摩擦阻力的作用。若取坐标系原点位于系统平衡的位置，则该系统的运动方程为：

$$mx''+bx'+kx=0 \tag{4-10}$$

其解依赖于初始条件，如初始位置和初始速度。在一般情况下，上述方程表示的二阶系统的响应并不理想，难以达到临界阻尼状态。如果在系统上增加一个驱动器，利用驱动器在 X 方向为物体施加任意大小的力，带驱动器的质量-弹簧-阻尼系统如图 4-11 所示，则此时系统的运动方程为：

$$mx'' + bx' + kx = f \tag{4-11}$$

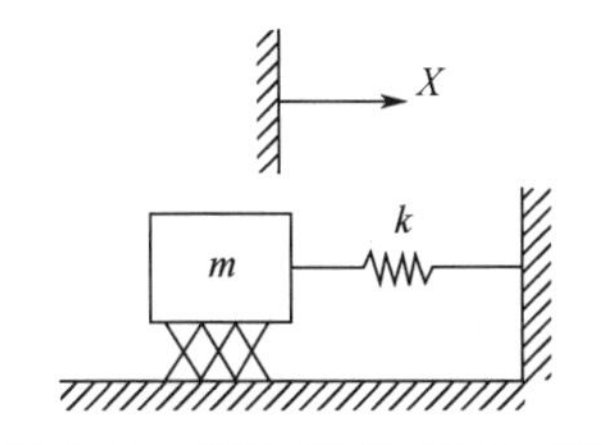

图 4-10 质量-弹簧-阻尼系统

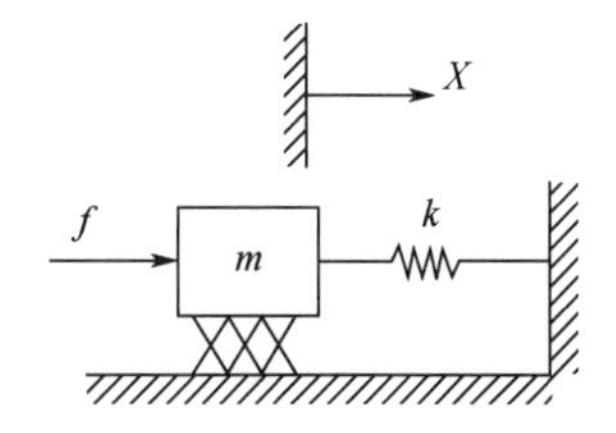

图 4-11 带驱动器的质量-弹簧-阻尼系统

因此，位置控制问题就是建立一个合适的控制器，使物体在驱动力的作用下，即使系统存在随机干扰力，也能使物体始终维持在预期位置上。

1. 定点位置控制

如果能利用传感器检测出物体的位置和运动速度，并且假设控制系统能利用这些信息，则可按下述的控制规律来计算驱动器应该施加于物体上的力，即：

$$f = k_p x - k_v x' \tag{4-12}$$

式中，k_p, k_v 为控制系统的位置和速度增益（简称控制增益）。

实际上，驱动器采用式（4-12）的控制规律，将力作用在图 4-11 所示的系统上，就形成了实际的闭环系统。此时，系统的运动方程为：

$$mx'' + b^* x' + k^* x = 0 \tag{4-13}$$

式中，$b^* = b + k_v$，$k^* = k + k_p$。

由式（4-13）可以看出，适当地选择控制系统的增益 k_p, k_v，可以得到所希望的任意二阶系统的品质，抑制干扰力，并使物体保持在预定的位置上。通常，系统具有指定的刚度 k^*，这时所选的增益应使系统具有临界阻尼，即：

$$b^* = 2\sqrt{mk^*} \tag{4-14}$$

这种控制系统称为位置调节系统，它能够控制物体保持在一个固定的位置上，并具有抗干扰能力。

2. 轨迹跟踪位置控制

在工业机器人的控制中，不仅要求受控物体定位在固定位置，而且要求它能跟踪指定的目标轨迹，即控制物体沿一条由时间函数 $x_d(t)$ 所给定的轨迹运动。假设给定轨迹 $x_d(t)$ 充分光滑，存在一阶和二阶导数 $x_d'(t), x_d''(t)$，并且利用轨迹规划器可产生全部时间 t 内的 x_d，

x_d', x_d'' 由于某一时刻物体的实际位置 $x(t)$、速度 $x'(t)$ 可以由位置传感器和速度传感器分别测得，这样，伺服误差 $e = x_d - x$，即目标轨迹与实际轨迹之差也可以计算得到。因此，轨迹跟踪的位置控制规律可选为：

$$f = x_d'' + k_v e' + k_v e \tag{4-15}$$

将上述控制规律与无阻尼、无刚度的单位质量系统运动方程 $f = mx'' + x''$ 联立可得到：

$$x'' = x_d'' + k_v e' + k_v e \tag{4-16}$$

即得到系统运动的误差方程为：

$$e'' + k_v e' + k_v e = 0 \tag{4-17}$$

由于选择了恰当的控制规律式（4-15），因此导出了系统误差空间的二阶微分方程式（4-17）。通过选择恰当的 k_p,k_v，可以很容易地确定系统对于误差的抑制特性。当 $k_v^2 = 4k_p$ 时，可以使这个二阶系统处于临界阻尼状态，没有超调，使误差得到最快的抑制。

4.5 工业机器人的力及力-位置控制

在进行装配或抓取物体等作业时，工业机器人末端操作器与环境或作业对象的表面接触，除了要求准确定位，还要求使用适度的力或力矩进行工作，这时就要采取力/力矩控制方式。力/力矩控制是对位置控制的补充，这种方式的控制原理与位置伺服控制原理基本相同，只不过输入量和反馈量不是位置信号，而是力/力矩信号，因此，系统中装有力/力矩传感器。有时也利用接近觉、触觉等功能进行适应式控制。

4.5.1 力控制的柔顺性

按照传统机器人的概念，如果要保证机器人在自由空间操作时具有较高的位置控制精度，则应该使机器人尽量具有较高的位置伺服刚度和机械结构刚度。但是，当机器人在某个接触环境上操作时，希望它能具有很好的柔顺性，以产生任意需要的作用力。机器人能够对环境顺从的能力称为柔顺性（compliance）。总体来说，机器人柔顺性可分为被动柔顺性和主动柔顺性两类。

1. 被动柔顺性

机器人借助一些辅助的柔性机构，使其操作机在与环境接触时能够对外部作用力产生自然的顺从。但采用被动柔顺装置进行作业时，存在以下问题。

（1）无法根除智能机器高刚度与高柔顺性之间的矛盾。

（2）被动柔顺装置的专用性强，适应能力差，使用范围受到限制；智能机器加上被动柔顺装置，本身并不具备控制能力，却给智能机器控制带来了极大的困难，尤其在既需要控制作用力又需要严格控制定位的场合中更为突出。

（3）无法使智能机器本身产生对力的反应动作，成功率较低等，这都是被动柔顺方法的不足之处。

因此，为克服被动柔顺性存在的不足，主动柔顺控制应运而生，并且成为智能机器研究的一个主要方向。

2．主动柔顺控制

机器人利用力的反馈信息采用一定的控制策略去主动控制作用力，称为主动柔顺。主动柔顺控制也就是力控制。

实现主动柔顺控制的方法主要有两种，一种为阻抗控制，另一种为力和位置混合控制。阻抗控制不是直接控制期望的力和位置，而是通过控制力和位置之间的动态关系来实现柔顺功能。

4.5.2 力控制系统的组成

力控制的最佳方案是以独立的形式同时控制力和位置，通常采用力/位混合控制。机器人实现力控制，需要有力传感器，在大多情况下使用六维（三个方向的力、三个方向的力矩）力传感器，大致有三种方案构成力控制系统。

1．以位移控制为基础

图 4-12 所示是以位移控制为基础的力控制系统框图。这一方案的特点是，在位置闭环之外再加上一个力闭环。图中 P,Q 分别为位置和广义力给定输入，力/位移变换的功能是将力输出误差转换为对应的位移指令。

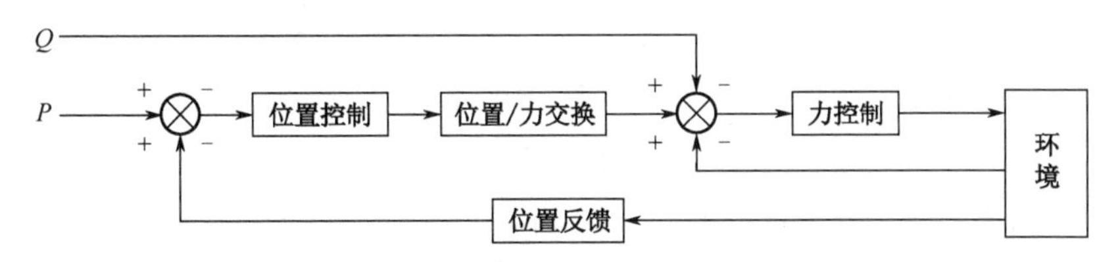

图 4-12 以位移控制为基础的力控制系统框图

由图 4-12 可知，位移控制作为系统的内环，力控制作为系统的外环，因此系统的稳定性同时与位移闭环和力闭环有关。位移输出和力输出都由同一个控制器实现，常难以同时满足两方面的控制要求。

2．以广义力控制为基础

该方案的特点是在力闭环的基础上再加上位置环，如图 4-13 所示的以广义力控制为基础的力控制系统框图。

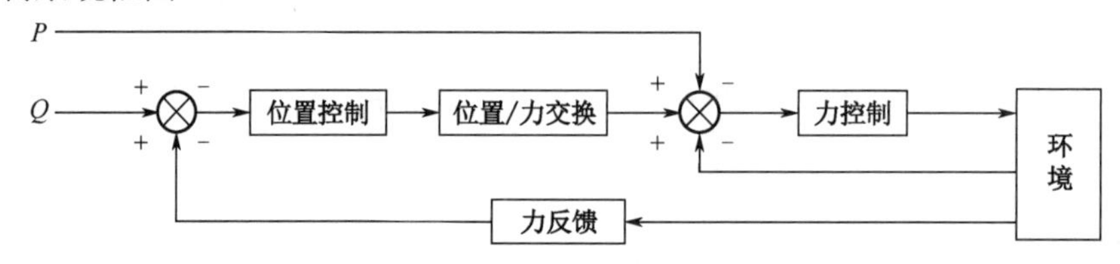

图 4-13　以广义力控制为基础的力控制系统框图

与图 4-12 方案比较，该方案可以避免在位移闭环下一个位移增量引起过大的力增量，不足之处是力输出和位移输出仍然都是由同一个控制器来实现的。

4.5.3　力控制的基本原理

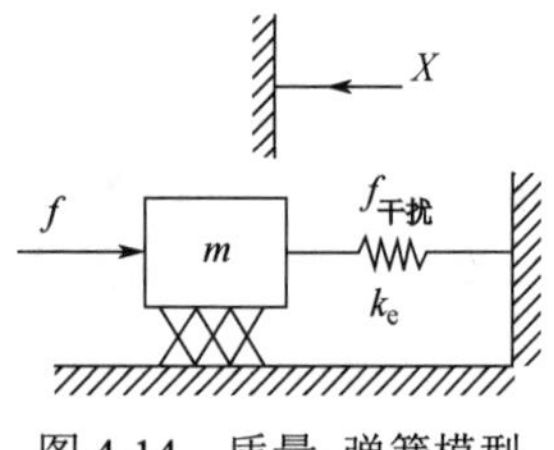

图 4-14　质量-弹簧模型

当工业机器人手爪与环境相接触时，会产生相互作用的力。一般情况下，在考虑接触力时，必须设计某种环境模型。为使概念明确，用类似于位置控制的简化方法，使用很简单的质量-弹簧模型来表示受控物体与环境之间的接触作用。质量-弹簧模型如图 4-14 所示。

假设系统是刚性的，质量为 m，而环境具有的刚度为 k_e，现在来讨论这个质量-弹簧系统的力控制问题。用 f_b 表示未知的干扰力，它可能是摩擦力，也可能是机械传动的阻力。作用在弹簧上的力，也就是希望得到控制并作用在环境上的力，用 f_e 表示，且：

$$f_e = k_e x \tag{4-18}$$

描述这一物理系统的方程为：

$$f = mx'' + k_e + f_b \tag{4-19}$$

如果用作用在环境上的控制变量 f_e 表示，则为：

$$f = mk_e^{-1} f_e'' + f_e + f_b \tag{4-20}$$

利用控制规律分解的方法，选定：

$$f_a = mk_e^{-1} f_e,\ f_\beta = f_e + f_b \tag{4-21}$$

从而得到伺服规律，即：

$$f = mk_e^{-1}(f_d'' + k_{vf}e_f' + k_{pf}e_f) + f_e + f_b \tag{4-22}$$

式中，$e_f = f_b - f_e$ 为期望力 f_b 与环境中用力传感器测出的力 f_e 之间的差值（称为力误差）；

k_{vf} 及 k_{pf} 为力控制系统的增益系数。

联立式（4-20）和式（4-22），可得到闭环系统误差方程，即

$$e_f'' + k_{vf}e_f' + k_{pf}e_f = 0 \tag{4-23}$$

但是，由于影响 f_b 的因素很多，难以预测，因此，由式（4-22）表示的伺服规则并不可行。当然，在制定伺服规则时，可去掉这一项，得到简化的伺服规则，即

$$f = mk_e^{-1}(f_d'' + k_{vf}e_f' + k_{pf}e_f) + f_e \tag{4-24}$$

当环境刚度 k_e 较大时，也可以用期望力 f_d 取代式（4-22）中 $f_e + f_b$ 这一项。此时，伺服控制规则变为

$$f = mk_e^{-1}(f_d'' + k_{vf}e_f' + k_{pf}e_f) + f_d \tag{4-25}$$

有关稳态误差分析表明，该规则是较好的伺服系统规则，既简单实用，又可使稳态误差较小。

4.5.4 力控制应用的伺服规则

在实际应用中，力控制的伺服规则与式（4-25）表示的规则有些不同。在一般情况下，力轨迹是恒定的，即要求接触力控制在某个常数值，而很少把它设置为任意的时间函数。这样，控制方程中导数项 $f_d''=f_d'=0$ 。而另一个实际问题是检测出的力有时存在很大的噪声，如果根据检测出的 f_e，用数值微分的方法求 f_e'，则会使系统的噪声很大。由于 $f_e = k_e x'$，可以用测得系统质量块的速度 x' 来计算环境作用力的导数 $f_e' = k_e x'$ 。这是比较实用的做法，因为速度检测技术已经比较成熟。

在考虑了这两个实际情况之后，可以把由式（4-25）表示的伺服规则写为

$$f = m(k_e^{-1}k_{pf}e_f - k_{vf}x') + f_d \tag{4-26}$$

由式（4-26）可以看出，系统的速度信号 x' 构成了一个反馈增益为 k_{vf} 的速度反馈内回路，通过调整 k_{vf} 可以改变阻尼比，从而改善了系统的动态能力。同时，反馈信号 f_e 和前馈信号 f_d 也能减小系统的误差。

4.5.5 工业机器人的速度控制

对工业机器人的运动控制来说，在进行位置控制的同时，还要进行速度控制。例如，在连续轨迹控制方式的情况下，工业机器人按预定的指令，对控制运动部件的速度和实行加/减速，以满足运动平稳、定位准确的要求。为了实现这一要求，机器人形成的速度-时间曲线，如图 4-15 所示。由于工业机器人是一种工作情况（行程负载）多变、惯性负载大的机械，要处理好快速与平稳的矛盾，必须控制启动加速和停止前的减速这两

个过渡运动段。

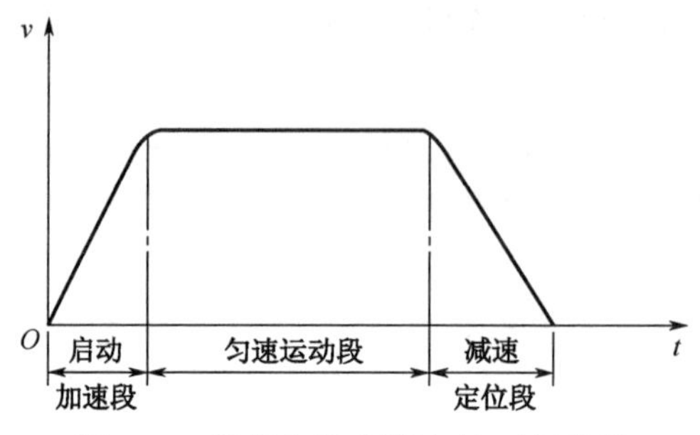

图 4-15　机器人形成的速度-时间曲线

4.5.6　工业机器人力-位置混合控制

在 1981 年，M.H.Raibert 和 J.J.Craig 提出了机器人的力-位置混合控制，位置和力混合控制的系统框图如图 4-16 所示，其中，P 和 Q 分别为位置和广义力的给定输入。

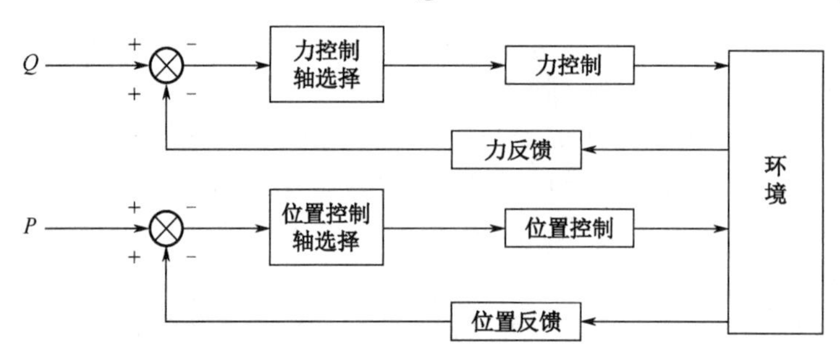

图 4-16　位置和力混合控制的系统框图

力-位置混合控制方案由两大部分组成，分别为位置/速度控制和力控制，如图 4-17 所示。

1．位置-速度控制部分

位置-速度控制部分由位置和速度两个通道构成。位置通道以末端期望的笛卡儿空间位置 x_d 作为给定输入，位置反馈由关节位置利用运动学计算获得。利用雅可比矩阵，将笛卡儿空间的位姿偏差转换为关节空间的位置偏差，经过 PI 运算后作为关节控制力或力矩的一部分。速度通道以末端期望的笛卡儿空间速度 x_d' 作为给定输入，速度反馈由关节速度利用雅可比矩阵计算获得。同样的，速度通道利用雅可比矩阵，将笛卡儿空间的速度偏差转换为关节空间的速度偏差。然后，经过比例计算，其结果作为关节控制力或力矩的一部分。$\boldsymbol{C}_{\mathrm{p}}$ 为位置-速度控制部分各个分量的选择矩阵，用于对各个分量的作用大小进行选择，表现在机器人末端为各个分量的柔顺性不同。位置-速度控制部分产生的关节控制力或力矩，如式（4-27）所示。力-位置混合控制如图 4-17 所示。

$$\tau_{\mathrm{p}} = (K_{\mathrm{pp}} + K_{\mathrm{pt}} / s)\boldsymbol{J}^{-1}\boldsymbol{C}_{\mathrm{p}}(x_{\mathrm{d}} - T(\boldsymbol{q})) + K_{\mathrm{pd}}\boldsymbol{J}^{-1}\boldsymbol{C}_{\mathrm{p}}(x'_{\mathrm{d}} - \boldsymbol{J}\boldsymbol{q}') \tag{4-27}$$

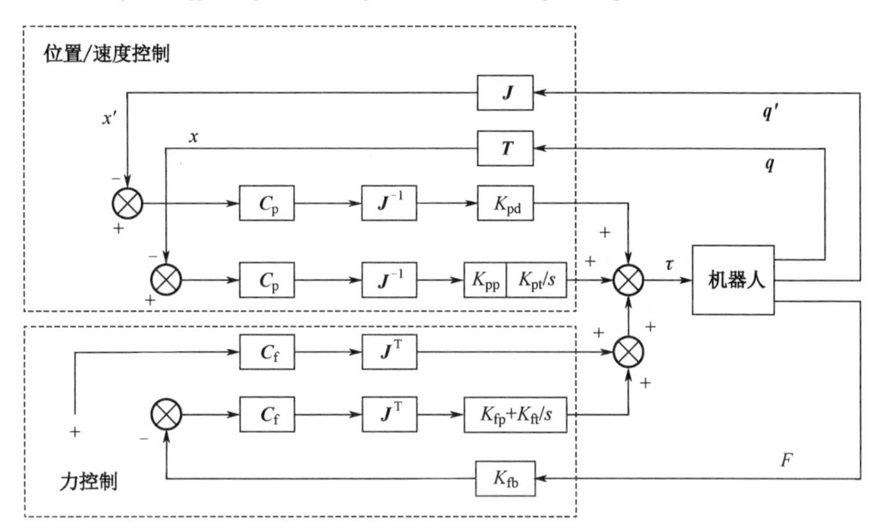

图 4-17　力-位置混合控制

其中，$\boldsymbol{\tau}_{\mathrm{p}}$ 为位置-速度控制部分产生的关节空间力或力矩；x_{d} 为期望位置；$\boldsymbol{T}$ 为机器人的运动学方程，即基坐标系到末端坐标系的变换矩阵；$\boldsymbol{q}$ 是关节位置矢量；$\boldsymbol{J}$ 是雅可比矩阵；K_{pp} 是位置通道的比例系数；K_{pt} 是位置通道的积分系数；x'_{d} 为期望速度；$\boldsymbol{q}'$ 为关节速度矢量；K_{pd} 是速度通道的比例系数。

2. 力控制部分

力控制部分由 PI 和力前馈两个通道构成。PI 通道以机器人末端期望的笛卡儿空间广义力 F_{d} 作为给定，力前馈由力传感器测量获得。利用雅可比矩阵，将笛卡儿空间的力偏差转换为关节空间的力偏差，经过 PI 运算后作为关节控制力或力矩的一部分。力前馈通道直接利用雅可比矩阵将 F_{d} 转换到关节空间，作为关节控制力或力矩的一部分。力前馈通道的作用是加快系统对期望力 F_{d} 的响应速度。$\boldsymbol{C}_{\mathrm{f}}$ 为力控制部分各个分量的选择矩阵，用于对各个分量的作用大小进行选择。力控制部分产生的关节空间力或力矩，如式（4-28）所示。

$$\boldsymbol{\tau}_{\mathrm{f}} = (K_{\mathrm{fp}} + K_{\mathrm{ft}} / s)\boldsymbol{J}^{\mathrm{T}}C_{\mathrm{f}}(F_{\mathrm{d}} - K_{\mathrm{fb}}F) + F_{\mathrm{d}}\boldsymbol{J}^{\mathrm{T}}\boldsymbol{C}_{\mathrm{f}} \tag{4-28}$$

其中，$\boldsymbol{\tau}_{\mathrm{f}}$ 为力控制部分产生的关节控制力或力矩；F_{d} 为期望的机器人末端在笛卡儿空间的广义力；F 为机器人末端当前的广义力；$K_{\mathrm{fb}}F$ 为测量得到的广义力；K_{fb} 是力通道的比例系数；K_{ft} 是力通道的积分系数。

机器人关节空间的力或力矩是位置-速度控制部分和力控制部分产生的力或力矩之和：

$$\tau = \tau_{\mathrm{p}} + \tau_{\mathrm{f}} \tag{4-29}$$

力-位置混合控制方案的缺点是自适应能力和健壮性较差，当机器人的参数或外界工作环境发生变化时，系统的控制性会变弱。

4.6 磨抛机器人的控制策略

当机器人末端执行器进入约束运动状态后，即工具与工件间的接触稳定后，需要利用力传感器实时监测、分析处理磨抛的各个分力，进而得到法向磨抛力、工件轮廓的法向力。在此基础上，还需结合磨抛的特点，采用合适的控制策略使法向磨抛力保持恒定，并在工业机器人上实现。本节对这些问题做了深入分析及研究。

4.6.1 磨抛机器人的控制策略概述

4.6.1.1 磨抛机器人控制需求分析

在产品表面磨抛加工作业中，影响磨抛质量的主要因素有转速、损耗特性、磨抛次数、磨抛压力、磨抛量、磨抛进给速率、磨头或砂带类型等，如图 4-18 所示。弄清这些因素的影响规律是对磨抛加工过程进行控制的前提。

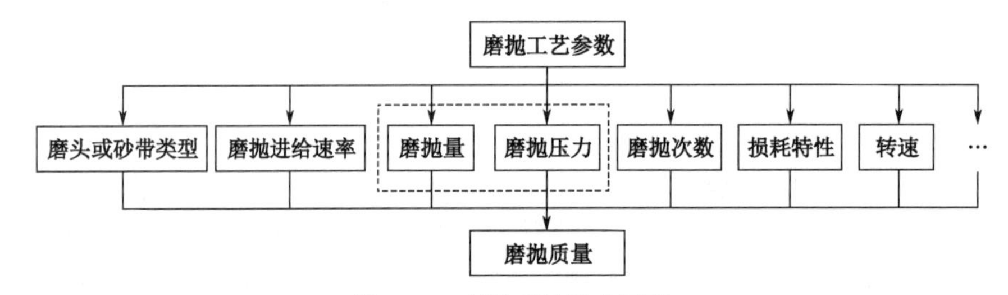

图 4-18　磨抛质量影响因素

在产品磨抛加工过程中，磨抛量是主要影响因素之一，而砂带柔性及机器人定位误差对磨抛量存在影响，由于切削量与磨抛压力之间呈现强耦合关系，所以控制磨抛压力就能实现对磨抛量的误差补偿。同时，在其他工艺参数确定的情况下，为了最大限度地保证磨抛质量，磨抛压力是控制的核心。

4.6.1.2 工业机器人磨抛控制算法概述

磨抛控制算法可以大致分为两类：常规控制算法和智能类控制算法。常规控制算法主要包括力/位混合控制、阻抗控制等。智能类控制算法包括自适应控制、学习类算法、鲁棒控制等。

国外研究方面，Mason,Raibert 和 Craig E 提出的力/位混合控制方法把操作空间任意作业任务要求分解为力控制和位置控制，通过雅可比矩阵关系分配到各个关节控制器上去实现，而操作空间力和位置控制关系则由一个选择矩阵来实现。N.Hogan 提出的阻抗控制方法将机器人末端与环境作用后的总位移反馈到期望的速度和位移上，调整了机械手的阻抗，实现了对期望位移和速度的跟踪。T.A.Lasky 和 T.C.Hsi 提出了力跟踪阻抗控制的方法，内环为常规的阻抗控制器，外环为轨迹修正控制器，并对控制算法的稳定性做了理论分析，仿真结果表明该方法性能良好。Jatta F，Legnani G 和 Vision A 等人详细分析了铣削过程中测量力/力矩与切削力之间的关系，利用测量的力信息估计轮廓表面参数，以及自主设计的去毛刺刀具，对法向速度进行了补偿，实现了对未知轮廓的去毛刺。Jinno M, Ozaki F 和 Yoshimi T 等人提出了工具力矩控制的方法，将力/力矩信号转换为位置修正信号，提高了机器人位置控制的精度，并将该力控制方法应用于磨抛、倒角、去毛刺。

国内研究方面，李正义提出了一种机器人力/位混合控制方法，力包括力和力矩，位置包含位置及姿态。此外还提出了一种基于 Kalman 状态观测器的机器人力控制方法，解决了控制过程中系统干扰影响的问题。张庆伟等人提出了基于速度伺服的力/位混合的控制策略，将机器人与环境之间的作用力反馈为速度，再通过机器人雅可比矩阵转化成关节空间的速度增量，仿真结果表明了该方法的有效性。谭福生、葛景国针对磨抛的特点，提出了 PI 和基于规则的控制策略，通过测量力与参考力的差值改变机器人的位置和速度，实现加工过程中力的恒定。詹建明针对研磨机器人提出了主被动结构力外环柔顺控制，通过确定机器人系统的刚度矩阵，建立了力偏差与位置之间的关系，并同时利用工具的被动柔顺性，实现了作用力的恒定。

除了以上研究，国外 Hamelin P，Beaudry J 和 Richard P 等人提出了滑模控制的方法，改善了机器人的轨迹跟踪精度，增强了对磨抛过程中产生的干扰的鲁棒性。Ulrich BJ，Liu L 和 Elbestawi A 等人对机器人刚性盘式磨抛进行了研究，建立了整个机器人磨抛工艺过程的模型，并提出了增益延迟模块整定 PID 控制参数，并进行了实验验证。Buckmaster D，Newman W 和 Somes S 针对并联机器人磨抛涡轮叶片的情形，采用自然导纳/位置混合（hybrid NAC/position control）控制，利用选择矩阵将约束运动空间分为两个相互正交的子空间，实现了机器人的柔顺运动。Surdilovic D，Zhao H 和 Schreck G 等人利用离线编程的方法生成机器人加工（磨抛、抛光）轨迹，并采用实时速度路径管理器，根据实际的位置偏差调节机器人的法向速度，以避免轨迹出现较大的波动。

4.6.2 六维力信息的测量处理

要实时控制磨抛过程中的作用力，就必须通过力传感器对其进行监测。力传感器获得的初始新信号为电压信号，需通过静态标定确定电压信号与实际作用力/力矩值之间的线性关系，并消除零点漂移的影响。当工具重力较大且重心到力传感器中心的距离不可忽略不计时，工具重力将明显影响测量结果，这就必须对测量的力/力矩值进行工具重力/力矩补偿。当力信息受到的干扰严重时，还必须进行滤波及其他处理。因此，需要建立一个测量处理系统解决上述问题。

4.6.2.1 力传感器力/力矩静态标定

力传感器的静态标定分为零点漂移补偿和力、力矩/电压的系数标定两部分。力传感器完整的系数标定应验证各轴间的耦合系数，但由于各轴相互之间的干扰很小，实验采用的力传感器垂直方向的力的相互干扰小于 1%，因此本节只对各轴的力、力矩/电压系数进行静态标定。

1. 零点漂移补偿

当力传感器处于空载状态时，受温度、电源电压等的影响，读取的力/力矩信息并不一定严格为零。如果不处理，就会给后续计算带来偏差。零点漂移补偿有两种方法：硬件调节补偿和软件算法设置补偿。

硬件调节补偿：在空载时，调节变送器中的电位器直到力传感器的读数为“0V”。

软件算法设置补偿：设空载时力传感器力/力矩读数为$[\boldsymbol{U}_{f0},\boldsymbol{U}_{r0}]$，负载时力传感器力/力矩读数为$[\boldsymbol{U}_{fl},\boldsymbol{U}_{rl}]$，补偿后的测量值为$[\boldsymbol{U}_{mf},\boldsymbol{U}_{mr}]$，则有关系：

$$\begin{bmatrix}\boldsymbol{U}_{mf}\\ \boldsymbol{U}_{mr}\end{bmatrix}=\begin{bmatrix}\boldsymbol{U}_{fl}\\ \boldsymbol{U}_{rl}\end{bmatrix}-\begin{bmatrix}\boldsymbol{U}_{f0}\\ \boldsymbol{U}_{r0}\end{bmatrix} \tag{4-30}$$

这样，补偿后的测量值就消除了零点漂移的影响。为使补偿更准确，可读取多次、多个时间点的空载力传感器力/力矩读数，并取平均值作为$[\boldsymbol{U}_{f0},\boldsymbol{U}_{r0}]$。

2. 力、力矩/电压的系数标定

力传感器力的标定只需要通过实验测量出力/电压的系数即可：

$$F_m = K_f \cdot U_{mf} \tag{4-31}$$

式中，U_{mf}为测量的电压值，F_m为对应的测量的力值。

而由于力矩的大小与力臂的长短有关，因此，力矩的标定不仅需要测量出力矩/电压的系数K_r，还需要确定力臂的零位值L_0。

$$\boldsymbol{M}_{rm} = K_r \cdot U_{mr}(L_0 + l_i) \tag{4-32}$$

式中，U_{mr}为测量的电压值，$\boldsymbol{M}_{rm}$为对应的测量的力矩值，l_i为作用力到传感器面板表面的距离。力矩标定实验示意图如图 4-19 所示。

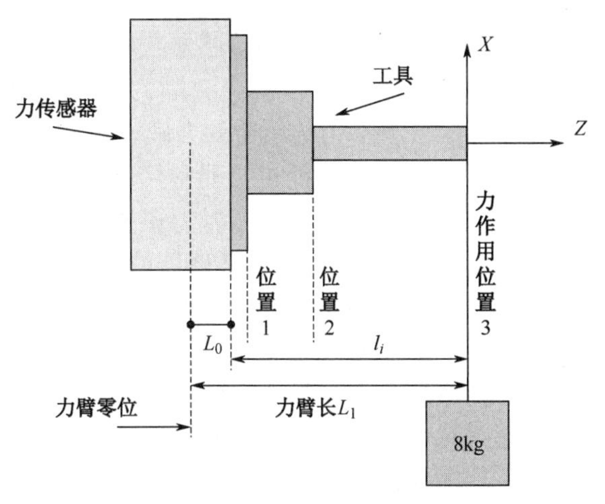

图 4-19 力矩标定实验示意图

设力作用位置 1、2、3 处的力臂长分别为L_1、L_2、L_3，质量块的重力为G_m，测量电压值为U_1、U_2、U_3，单位电压力矩系数为K_r，则可得：

$$\begin{cases} U_1 \cdot K_r = G_m \cdot L_1 \\ U_2 \cdot K_r = G_m \cdot L_2 \\ U_3 \cdot K_r = G_m \cdot L_3 \end{cases} \tag{4-33}$$

两两相减可得：

$$\begin{cases} (U_2 - U_1) \cdot K_r = G_m \cdot (L_2 - L_1) \\ (U_3 - U_2) \cdot K_r = G_m \cdot (L_3 - L_2) \end{cases} \tag{4-34}$$

式中，$L_2 - L_1$ 和 $L_3 - L_2$ 可测量，于是可以计算得到两个K_r的计算值K_{rc1}和K_{rc2}。将力传感器绕其 Z 轴旋转 180°，使 X 轴反向，可计算得到的另外两个的计算值K_{rc3}和K_{rc4}。将所有得到的值取平均值作为最终的电压力矩系数，即：

$$K=\frac{1}{4}\sum_{i=1}^{4} K_{rci} \tag{4-35}$$

将K_u值代入式(4-32)可以得到力臂值，由此得到力臂的零位位置。将系数结果式(4-35)代入式（4-31）、式（4-32），根据测量的电压值U_{mf}、U_{mr}及力臂l_i，就可以得到实际作用力/力矩值。

4.6.2.2 工具重力/重力矩补偿

利用安装在机器人末端的力传感器进行力/力矩的测量，当机器人处于不同的姿态，而工具重力较大且重心到力传感器中心的距离不可忽略时，工具重力将明显影响测量结果，这就必须对测量的力/力矩值进行工具重力/力矩补偿。

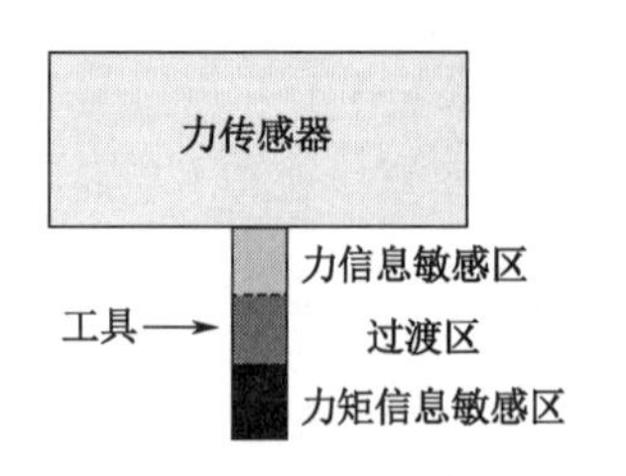

图 4-20　力传感器受力敏感区域示意图

利用力传感器获取工具与工件之间的作用力时，同等大小的力会因为作用的位置不同而导致读数不同。力传感器受力敏感区域示意图如图 4-20 所示。当作用力的位置非常接近力传感器时，由于作用的力臂接近于零，所以力矩的读数几乎为零（当读数没有零点漂移时），传感器的读数变化主要体现在力信息上；当作用力的位置离力传感器较远时，作用力力臂不可忽略，传感器的读数变化主要体现在力矩信息上；中间区域属于过渡区，作用力对力信息、力矩信息均有较大影响。

实验用的磨抛工具离力传感器中心较远，测量力信号对磨头的实时受力不敏感时，不能直接用力信号进行反馈计算。而通过实验发现，力矩信号对磨头的实时受力敏感，并且测量值相对于实际受力值呈线性变化，所以用测量力矩值反馈计算。

在不同的机器人位姿下，磨抛工具的重力对力传感器的测量力、力矩值的影响不同，必须进行补偿。本节只分析工具的重力矩补偿。

工具的重力矩补偿分析如图 4-21 所示。

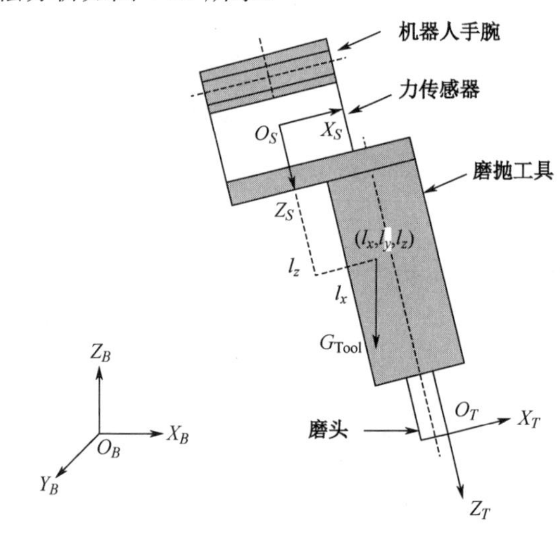

图 4-21　工具的重力矩补偿分析

设磨抛工具重力大小为 G_{Tool}，则磨抛工具的重力 F_{G} 在基坐标系中可表示为 $F_{\text{G}}^{\text{B}}=[0,0,-G_{\text{Tool}}]$，设力传感器坐标系 $\{S\}$ 相对于基坐标系 $\{B\}$ 的变换为 T_{BS}，磨抛装置的重力 F_{G} 变换到传感器坐标系为：

$$F_{\text{G}}^{\text{S}}=R_{\text{SB}}F_{\text{G}}^{\text{B}} \tag{4-36}$$

式中，R_{SB} 为 T_{SB} 的旋转变换部分，即

$$T_{SB}=T_{BS}^{-1},\ T_{BS}=\begin{bmatrix} R_{SB} & ps \\ 0 & 1 \end{bmatrix} \tag{4-37}$$

式中，$ps=(ps_x,ps_y,ps_z)^T$ 为力传感器坐标系到基坐标系的位移。

设通过实验测得的磨抛工具重心在力传感器坐标系为(l_x,l_y,l_z)，则磨抛工具重力在力传感器坐标系形成的力矩为：

$$\begin{bmatrix} m_x^s \\ m_y^s \\ m_z^s \end{bmatrix}=\begin{bmatrix} 0 & -l_z & l_y \\ l_z & 0 & -l_x \\ -l_y & l_x & 0 \end{bmatrix}(F_G^S)^T \tag{4-38}$$

则补偿测量值的力矩值应为：

$$\boldsymbol{M}_c=(m_x,m_y,m_z)^T \tag{4-39}$$

环境对磨抛工具的作用力/力矩 $\boldsymbol{F}_E$ 为：

$$\boldsymbol{F}_E=\begin{bmatrix} F_m \\ \boldsymbol{M}_{rm} \end{bmatrix}-\begin{bmatrix} F_G^S \\ M_c \end{bmatrix} \tag{4-40}$$

式(4-40)中，F_m和$\boldsymbol{M}_{rm}$ 为通过力传感器测量的力和力矩值。结合式(4-38)～式(4-40)，已知机器人当前力传感器的位姿 T_{SB}、工具的重心在力传感器坐标系下的坐标(l_x,l_y,l_z)及工具的重力大小 G_{Tool}，就可以计算出测量值的补偿量。当环境与磨抛工具未接触时，它们之间相互作用力/力矩应为零，可以利用这一特殊情况计算出工具的重心在力传感器坐标系下的坐标(l_x,l_y,l_z)。

4.6.2.3 力信号处理

由力传感器直接采集来的信号中，可能包含一些高频干扰信号、畸变点等，必须经过一些处理才能使用。

1. 滤波

滤波的作用是让电信号通过某种类型的电子网络，利用电子网络滤去某些无用的频率成分，保留信号中有用的频率成分。由于采样、控制系统为离散时间系统，因此一般采用数字滤波器。由于工业上的干扰信号大多为高频噪声，因此可以采用低通数字滤波器。

数字滤波器的设计一般采用先设计理想模拟滤波器，再转化为数字滤波器的方法。常用的归一化后的一阶、二阶巴特沃斯低通滤波器原型分别为：

$$H_{L0}^1=\frac{1}{s+1} \tag{4-41}$$

$$H_{L0}^2=\frac{1}{s^2+\sqrt{2}s+1} \tag{4-42}$$

$$H_{\mathrm{L}} = H_{\mathrm{L0}}(s / \omega_{\mathrm{c}}) \tag{4-43}$$

式（4-43）中，$\omega_{\mathrm{c}} = 2\pi f_{\mathrm{c}}$ 为截止角频率，f_{c} 为截止频率。将式（4-41）和式（4-42）代入式（4-43）有：

$$H_{\mathrm{L0}}^{1} = \frac{\omega_{\mathrm{c}}}{s + \omega_{\mathrm{c}}} \tag{4-44}$$

$$H_{\mathrm{L0}}^{2} = \frac{\omega_{\mathrm{c}}^{2}}{s^{2} + \sqrt{2}\omega_{\mathrm{c}} s + \omega_{\mathrm{c}}^{2}} \tag{4-45}$$

离散化方法若采用 Tustin 法，即

$$s = \frac{2}{T_{\mathrm{s}}} \cdot \frac{z-1}{z+1} \tag{4-46}$$

式（4-46）中，T_{s} 为离散化的采样时间，则分别可得 H_{L}^{1} 与 H_{L}^{2} 为：

$$H_{\mathrm{L}}^{1} = \frac{b_0 + b_1 z^{-1}}{1 + a z^{-1}} \tag{4-47}$$

式（4-47）中，$a_1 = \dfrac{\omega_{\mathrm{c}} T_{\mathrm{s}} - 2}{\omega_{\mathrm{c}} T_{\mathrm{s}} + 2}$，$b_0 = \dfrac{\omega_{\mathrm{c}} T_{\mathrm{s}}}{\omega_{\mathrm{c}} T_{\mathrm{s}} + 2}$，$b_1 = \dfrac{\omega_{\mathrm{c}} T_{\mathrm{s}}}{\omega_{\mathrm{c}} T_{\mathrm{s}} + 2}$

则

$$H_{\mathrm{L}}^{2} = \frac{b_0 + b_1 z^{-1} + b_2 z^{-2}}{1 + a_1 z^{-1} + a_2 z^{-2}} \tag{4-48}$$

式(4-48)中，$a_1 = \dfrac{2\omega_{\mathrm{c}}^2 T_{\mathrm{s}}^2 - 8}{\mathrm{den}}$，$a_2 = \dfrac{2\omega_{\mathrm{c}}^2 T_{\mathrm{s}}^2 - 2\sqrt{2}\omega_{\mathrm{c}} T_{\mathrm{s}} + 4}{\mathrm{den}}$，$b_0 = \dfrac{\omega_{\mathrm{c}}^2 T_{\mathrm{s}}^2}{\mathrm{den}}$，$b_1 = \dfrac{2\omega_{\mathrm{c}}^2 T_{\mathrm{s}}^2}{\mathrm{den}}$，$b_2 = \dfrac{\omega_{\mathrm{c}}^2 T_{\mathrm{s}}^2}{\mathrm{den}}$

则

$$\mathrm{den} = \omega_{\mathrm{c}}^2 T_{\mathrm{s}}^2 + 2\sqrt{2}\omega_{\mathrm{c}} T_{\mathrm{s}} + 4$$

由此可知，给定低通滤波器的截止频率，就可以通过式（4-47）、式（4-48）算出一阶、二阶数字低通滤波器的系数。由此种类型的数字滤波器的表达式可知，最终滤波的输出值不但与当前时刻的信号值、前面时刻的信号值有关，而且与前面时刻的滤波输出值有关。因此，滤波器的阶数不宜太高，以避免前面时刻的信号值对滤波输出值影响过大，并带来一定的延时。

2. 其他处理方式

（1）去畸变点

滤波能减小一定的畸变作用，但不能消除。可以根据经验设置单个周期内力信息的最大变化范围，若当前采样时刻的力信息与前一时刻的力信息相比，变化幅度超过了最大变化范围，则把此时刻的力信息舍弃或替换掉。

（2）力信息模糊化处理

利用模糊隶属的对应关系，将力信息转化为模糊输入语言值“大”“中”“小”等，这可以在一定程度上减轻对原来数值的依赖程度。

（3）力信息稳定区间

当利用力传感器获取的电压信号在正常的读取误差区间内波动时，将其视作稳定或某一定值。

（4）减少系统的电磁干扰

测量系统的信号为电信号，电源电压波动、电磁干扰等对其影响非常大。通过分析干扰的成分来源，可以对应采取降低电磁干扰的电路设计、合适的接线设计、接地设计及外壳屏蔽等措施，尽量降低干扰。

本节介绍了六维力传感器的力信息处理系统。通过对测量力/力矩信号的静态标定，消除了信号零点漂移的影响，并确定了测量的电压信号与作用力/力矩值之间的线性关系：通过力/力矩补偿算法，消除了工具重力/力矩对测量力/力矩值的影响；通过滤波等处理方式，消除了噪声等干扰对测量值的影响。

4.6.3 磨抛的机理及磨抛受力分析

4.6.3.1 磨抛的机理

磨抛时，工件表面被砂轮表面的磨粒切削形成磨屑。根据磨粒与工件的作用过程，可将磨抛分为滑擦、耕犁及切削三个阶段。

磨粒与工件刚开始接触的阶段属于滑擦阶段。由于磨粒刃口较钝且切削作用力较小，工件的表面只发生弹性变形，故磨粒只在工件表面进行滑擦（滑动和摩擦）运动，这就是磨粒切入过程中的滑擦阶段，对应图 4-22 中的滑擦区。

随着磨粒继续切入工件，磨粒作用在工件表面法向上的力增大到某一临界值后，工件的表面将产生塑性变形，磨粒的挤压使表面受挤压的材料向两边塑性流动，在工件的表面耕犁出了沟槽，沟槽两侧则微微凸起，这就是磨粒切入过程中的耕犁（刻画）阶段，对应图 4-22 中的耕犁区。

当磨粒继续进一步切入工件，并且切削厚度增至某一临界值后，切削作用力超过了材料的断裂极限，材料在磨粒挤压作用下发生滑移，形成了切屑而流出，即切削阶段，对应图 4-22 中的切削区。

在工具表面，由于磨粒的形状大小、分布位置和磨粒突出高度各不相同，其中少部分较钝或突出高度较小的磨粒未能与工件充分接触，只能起到滑擦或耕犁作用，而不能形成切削，所以磨抛过程是滑擦、耕犁、切削作用的综合复杂过程。

磨抛表面的生成如图 4-23 所示。磨抛过程中存在的弹塑性变形，导致磨粒切刃在切削过程中与工件的实际加工表面生成曲线、实际磨抛作用曲线、理论磨抛作用曲线并不完全重合。在磨粒切刃与工件的相互作用过程中，由于工艺系统并不是完全刚性的，因此存在弹性退让，导致理论磨抛作用曲线深于实际磨抛作用曲线，实际磨抛作用曲线深于实际加工表面生成曲线。这是磨抛残余、磨抛精度降低的重要原因。

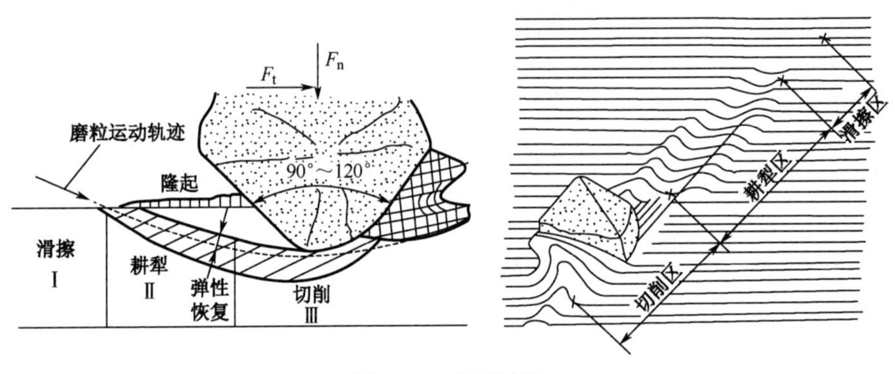

图 4-22　磨抛过程

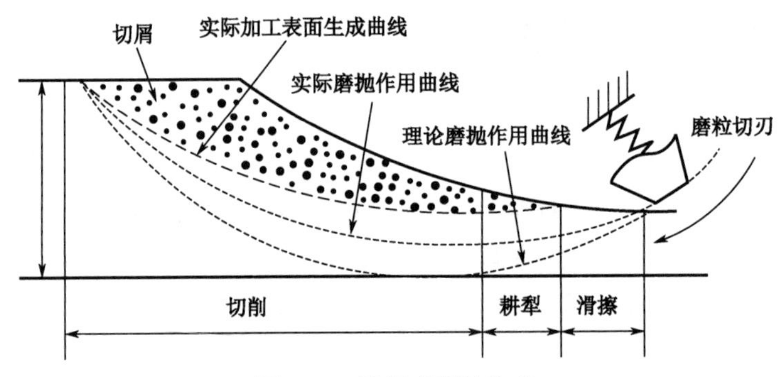

图 4-23　磨抛表面的生成

4.6.3.2　磨抛受力分析

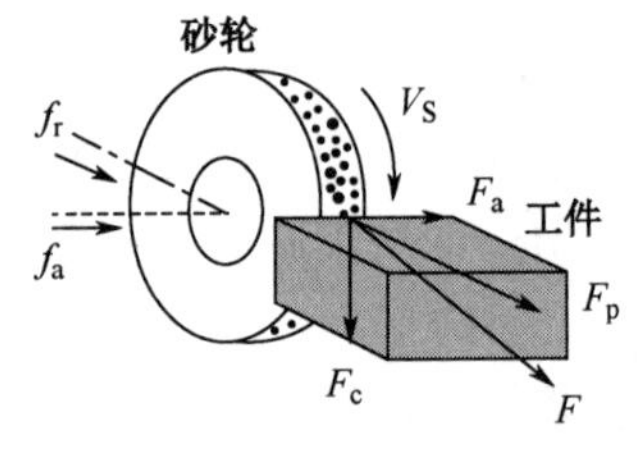

图 4-24　磨抛受力分析

1. 磨抛力及磨抛功率

磨抛力是磨抛过程中砂轮和工件作用力的总和，它分为切削力和摩擦力。总的磨抛力可以分解为三个相互垂直的分力来研究。磨抛受力分析如图 4-24 所示，F 为总的磨抛力，轴向磨抛力为 F_a，切向磨抛力为 F_c，法向磨抛力为 F_p。砂轮的旋转速度为 V_S，砂轮的径向进给速度为 f_r；轴向进给速度为 f_a。

则有：

$$F = F_a + F_p + F_c \tag{4-49}$$

式中，F_a 为总磨抛力在砂轮轴线上的分力；F_c 直接影响着磨抛的功耗；F_p 数值上最大，它与砂轮、磨粒及磨抛工艺系统的刚性有关。

研究表明，径向磨抛力 F_p 为最主要的磨抛作用力，当进给速度、磨抛条件一定时，轴向磨抛力为 F_a、切向磨抛力为 F_c 均与径向磨抛力 F_p 成正比，有经验公式：

$$\begin{aligned} F_a &= kF_c,\ \ 0.1 \leqslant k \leqslant 0.2 \\ F_p &= \lambda F_c \end{aligned} \tag{4-50}$$

式中的系数 λ 与工件的材质、砂轮的材料、磨抛条件等有关，λ 称为磨抛力比值，一般材料的取值范围为 1.6～3.2，具体数值可查阅切削参数手册。磨抛力比值是磨抛加工中的一个重要参数，它可以间接地反映砂轮磨粒的锋利情况。

在磨抛过程中，由于影响磨抛力的因素非常多，还难以用解析的方法建立一个统一的理论公式，用来计算不同磨抛条件下磨抛力的值。目前使用比较多的公式，都是在不同磨抛条件下，通过实验测出磨抛力的一系列数值，通过对数据的处理和分析得出经验公式。由于实验条件的不同，各个公式均有其一定的局限性，只能用来作为初步估计。下面给出一种计算磨抛分力的经验公式作为参考：

$$F_c = \frac{\sigma' b a_e}{V_S}, F_p = \frac{\lambda \sigma' b a_e}{V_S} \tag{4-51}$$

式中，σ' 为比例常数，它代表垂直于切削方向上单位切削面积所受的力；b 为磨抛的宽度；a_e 为砂轮磨抛切入深度。实际上，对磨抛力的解析分析十分困难，一般采用实验测量的方法确定磨抛力的表达式。选定几个影响磨抛力大小的主要因素，采用实验设计的方法可以求出各因素的影响因子值：

$$F_p = k_0 V_S^{-\beta} a_e^{\alpha} \tag{4-52}$$

另外，磨抛的功率 P_c 可以通过下式计算：

$$P_c = \frac{F_c \cdot V_S}{1\,000}(\text{kW}) \tag{4-53}$$

2. 磨抛力测量分析

当砂轮的中心不在力传感器的中心线上时，需要分析测量得到的力信息与实际作用力的关系。当砂轮与工件的作用点距离力传感器的中心较远时，力传感器测量的力信息不能反映真实的作用力，需通过测量力矩信息计算实际作用力。

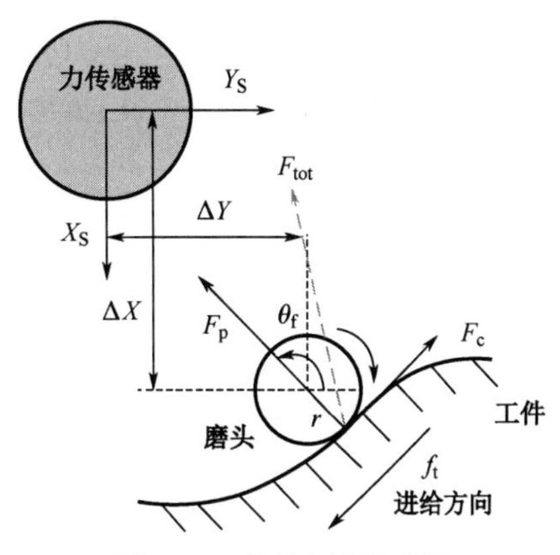

图 4-25 磨抛力测量分析

为分析方便，先考虑力传感器截面与砂轮截面在同一平面内的情形。磨抛力测量分析如图 4-25 所示，设砂轮在力传感器坐标系 $\{S\}$ 偏移的位移为 $(\Delta X, \Delta Y)$，径向磨抛压 F_p，切向磨抛压力为 F_c，总的磨抛力为F_{tot}，砂轮半径为r，径向磨抛压力F_p与力传感器坐标系Y_S轴的夹角为θ_f。进给方向为f_t，假设只存在图 4-25 所示平面内的进给，则有关系：

$$\begin{aligned}\boldsymbol{M}_{rmz}^{S} &= (F_p \cdot \cos\theta_f + F_c \cdot \sin(\theta_f - \frac{\pi}{2}))(\Delta Y + r\sin(\theta_f - \frac{\pi}{2})) - \\ &(F_p \cdot \sin(\theta_f - \frac{\pi}{2}) + F_c \cdot \cos(\theta_f - \frac{\pi}{2}))(\Delta X + r\cos(\theta_f - \frac{\pi}{2}))\end{aligned} \tag{4-54}$$

式中，M_{rmz}^{S}为力传感器测得的绕Z_S轴的力矩。化简可得：

$$M_{rmz}^{S} = (F_p \cdot \sin\theta_f - F_c \cdot \cos\theta_f)(\Delta Y - r\cos\theta_f) + (F_p \cdot \cos\theta_f + F_c \cdot \sin\theta_f)(\Delta X + r\cos\theta_f) \tag{4-55}$$

当力传感器截面与砂轮截面平行但不在同一平面内时，设砂轮在力传感器坐标系$\{S\}$下偏移的位移为$(\Delta X, \Delta Y, \Delta Z)$，同理可得：

$$\begin{aligned}\boldsymbol{M}_{rmx}^{S} &= (F_p \cdot \sin(\theta_f - \frac{\pi}{2}) - F_c \cdot \cos(\theta_f - \frac{\pi}{2}))\Delta Z \\ \boldsymbol{M}_{rmy}^{S} &= -(F_p \cdot \cos(\theta_f - \frac{\pi}{2}) + F_c \cdot \sin(\theta_f - \frac{\pi}{2}))\Delta Z\end{aligned} \tag{4-56}$$

由于只增加了力传感器坐标系$\{S\}$下Z_S方向上的位移ΔZ，则$\boldsymbol{M}_{rmz}^{s}$大小不变。化简式（4-54）并结合式（4-53），可得力传感器测得的力矩信息为：

$$\begin{bmatrix}\boldsymbol{M}_{rmx}^{S} \\ \boldsymbol{M}_{rmy}^{S} \\ \boldsymbol{M}_{rmz}^{S}\end{bmatrix} = \begin{bmatrix}-(F_p \cdot \cos\theta_f + F_c \cdot \sin\theta_f)\Delta Z \\ (-F_p \cdot \sin\theta_f + F_c \cdot \cos\theta_f)\Delta Z \\ (F_p \cdot \sin\theta_f - F_c \cdot \cos\theta_f)(\Delta Y - r\cos\theta_f) + (F_p \cdot \cos\theta_f + F_c \cdot \sin\theta_f)(\Delta X + r\cos\theta_f)\end{bmatrix} \tag{4-57}$$

由式（4-56）可知，力传感器测量得到的三个力矩分量均含有径向磨抛压力F_p、切向磨抛压力F_c及夹角θ_f。当进给速度、磨抛条件一定时，切向磨抛力F_c与径向磨抛力F_p成正比，将式（4-50）代入式（4-56）并整理，可得：

$$\begin{bmatrix}\boldsymbol{M}_{rmx}^{S} \\ \boldsymbol{M}_{rmy}^{S} \\ \boldsymbol{M}_{rmz}^{S}\end{bmatrix} = \begin{bmatrix}-(F_p \cdot \cos\theta_f + F_c \cdot \sin\theta_f)\Delta Z \\ -(F_p \cdot \sin\theta_f + F_c \cdot \cos\theta_f)\Delta Z \\ F_p(\Delta Y\sin\theta_f + \Delta X\cos\theta_f) + F_c(\Delta X\sin\theta_f - \Delta Y\cos\theta_f + r)\end{bmatrix} \tag{4-58}$$

由式（4-58）可知，当磨抛的进给速度恒定时，力传感器测量的力矩值与径向磨抛压力F_p成正比。当夹角θ_f恒定，即砂轮与工件表面的夹角保持恒定时，测量力矩值的变化只与F_p的大小有关。因此，在这种特殊的条件下，若能使测量力矩值为恒定值，则保证了磨抛力的恒定。

对于砂轮离力传感器距离很近的情形，直接将磨抛力投影到力传感器即可得测量值：

$$\begin{bmatrix}F_{mx}^{S} \\ F_{my}^{S} \\ F_{mz}^{S}\end{bmatrix} = \begin{bmatrix}-F_p \cdot \sin\theta_f + F_c \cdot \cos\theta_f \\ F_p \cdot \cos\theta_f + F_c \cdot \sin\theta_f \\ 0\end{bmatrix} \tag{4-59}$$

3．轮廓法向估计

由上一小节的分析可知，要保持磨抛力的恒定，关键在于保持测量力矩值以及 $F_{\rm p}$ 与力传感器坐标系 $Y_{\rm S}$ 轴的夹角 $\theta_{\rm f}$ 恒定。因此，有必要对 $\theta_{\rm f}$ 进行理论分析。

常用的工业机器人一般为示教再现方式，在这种方式下，可以在示教的过程中保持砂轮相对工件的姿态恒定。但这种方式只能保证工具在示教点的姿态精度，不能保证工具在相邻示教点之间的插补点的姿态精度。在这种情况下，要实现恒力磨抛，必须示教足够多的点，并且保证这些点的姿态精度。这大大增加了操作人员的示教难度和花费时间，降低了生产效率。ϕ角的定义图如图 4-26 所示。

由式（4-56）可知：

$$\boldsymbol{M}_{\rm rmx}^{\rm S}=-\frac{F_{\rm p}}{\lambda}(\lambda\cos\theta_{\rm f}+\sin\theta_{\rm f})\Delta Z=-F_{\rm p}\Delta Z\csc\phi\sin(\theta_{\rm f}+\phi) \tag{4-60}$$

式中，$\phi=\arctan(\lambda)$，ϕ 角的定义如图 4-26 所示。

同理可得：

$$\boldsymbol{M}_{\rm rmy}^{\rm S}=F_{\rm p}\Delta Z\csc\phi\cos(\theta_{\rm f}+\phi)$$

结合式（4-58）和式（4-59），有：

$$\tan(\theta_{\rm f}+\phi)=-\frac{\boldsymbol{M}_{\rm rmx}^{\rm S}}{\boldsymbol{M}_{\rm rmy}^{\rm S}} \tag{4-61}$$

即：

$$\theta_{\rm f}=\arctan\left(-\frac{\boldsymbol{M}_{\rm rmx}^{\rm S}}{\boldsymbol{M}_{\rm rmy}^{\rm S}}\right)-\phi \tag{4-62}$$

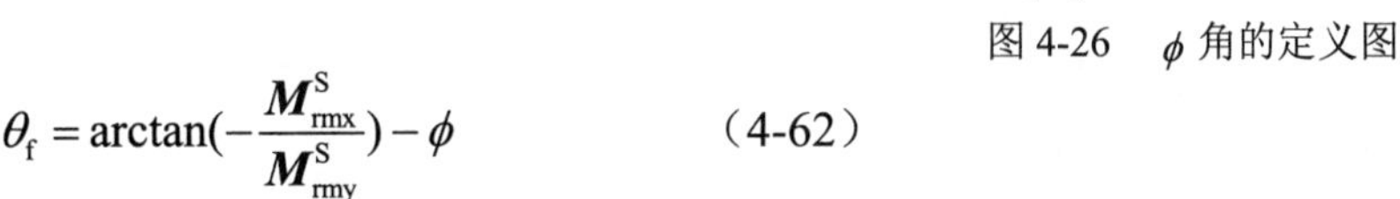

图 4-26　ϕ 角的定义图

由式（4-62）可知，只要获得了测量的力矩分量 $\boldsymbol{M}_{\rm rmx}^{\rm S}$、$\boldsymbol{M}_{\rm rmy}^{\rm S}$ 及磨抛力比值 λ，就可以计算出夹角 $\theta_{\rm f}$。这样，就可以通过测量的力矩信息值，实时估计出工件轮廓的法向，从而实现位姿的实时调整。

对于砂轮离力传感器距离很近的情形，可以直接采用力信息估计工件轮廓的法向，由式（4-59）可得：

$$\begin{bmatrix}F_{\rm mx}^{\rm S}\\F_{\rm my}^{\rm S}\\F_{\rm mz}^{\rm S}\end{bmatrix}=F_{\rm p}\csc(\phi)\begin{bmatrix}\cos(\theta_{\rm f}+\phi)\\\sin(\theta_{\rm f}+\phi)\\0\end{bmatrix} \tag{4-63}$$

由式（4-63）可得：

$$\theta_{\rm f}=\arctan\left(-\frac{F_{\rm my}^{\rm S}}{F_{\rm mx}^{\rm S}}\right)-\phi \tag{4-64}$$

式中，ϕ 角的定义同上。在这种情况下，可以通过式（4-64）利用力信息估计轮廓的法向，实现实时的姿态调整。

特别地，当砂轮未开启而进行轮廓跟踪运动时，虽然不存在切向磨抛力 F_c，但由于摩擦力 F_{fric} 的存在，且摩擦力 F_{fric} 与法向的接触压力 F_p 成正比，这时的摩擦力 F_{fric} 也可以视作切向磨抛力 F_c，此时有：

$$F_{fric}=\mu_f F_p,\quad \phi=\arctan(\frac{1}{\mu_f}) \tag{4-65}$$

这时 ϕ 角类似于摩擦角，其大小等于摩擦角的余角。

4.6.3.3 面向磨抛的力/位混合控制策略

机器人每一个操作任务都可以分为多个子任务，这些子任务都是根据工具与环境之间的接触状态来定义的。当机器人与环境接触作用时，对于每一个子任务的位形，可以定义一个广义曲面，它具有两类约束：垂直于表面的位置约束和正切于表面的力约束。根据这两类约束，可以将工具可能的运动自由度划分为两个相互正交的集合，再根据不同的规则分别对这两个集合进行控制。在有自然力约束的方向上，必须对机器人进行位置控制；在有自然位置约束的方向上，必须进行力控制。

1. 力/位混合控制理论

力/位混合控制理论定义了两个互补的、相互正交的空间，即力空间和位置空间，这实现了对力和位置的同时控制。在力空间和位置空间下，可以单独地控制力或位置，而两个空间则根据约束关系通过选择矩阵 $\boldsymbol{S}$ 、$\boldsymbol{I}-\boldsymbol{S}$ 分别确定，完整的力/位混合控制方法原理框图如图 4-27 所示。

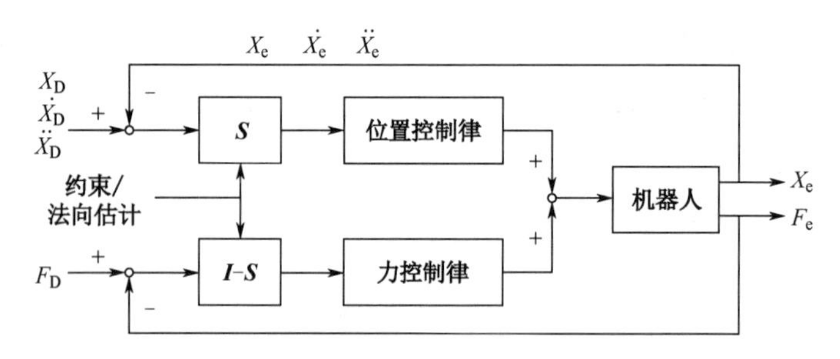

图 4-27　完整的力/位混合控制方法原理框图

其中，X_D 及其一阶和二阶导数分别为期望的工具笛卡儿空间位移、速度、加速度；F_D 为期望力；X_e 及其一阶和二阶导数分别为工具笛卡儿空间实际的位移、速度、加速度；F_e 为工具与环境之间的笛卡儿空间相互作用力。$\boldsymbol{S}$ 为对角型选择矩阵，对角线上的元素为 1 或 0，它通过约束关系确定：当约束为自然力约束需要进行位置控制时，对应元素取 1；反之则取 0。$\boldsymbol{I}-\boldsymbol{S}$ 也是对角型选择矩阵，$\boldsymbol{S}$ 与 $\boldsymbol{I}-\boldsymbol{S}$ 相互正交，二者决定了每一个自由度的控制模式。当约束关系已知时，可以直接通过约束模型计算选择矩阵 $\boldsymbol{S}$ 和 $\boldsymbol{I}-\boldsymbol{S}$；当约束关系未知时，可以通过上一节的方法利用力信息估计轮廓的法向，从而计算出选择矩阵 $\boldsymbol{S}$ 和 $\boldsymbol{I}-\boldsymbol{S}$。

力/位混合控制的实现有两种方式。

（1）关节力矩控制方式。将控制量全部转化成关节力矩形式。其中，位置控制部分先将工具笛卡儿空间期望位移 X_{D}、速度 $\dot{X}_{\mathrm{D}}$、加速度 $\ddot{X}_{\mathrm{D}}$，首先通过位置控制律计算出控制输出位移 X_{p}、速度 $\dot{X}_{\mathrm{p}}$，然后通过逆运动学计算转化为关节空间的位移 θ_{p}、速度 $\dot{\theta}_{\mathrm{p}}$、加速度 $\ddot{\theta}_{\mathrm{p}}$，最后通过机器人动力学方程转化为关节力矩 $\boldsymbol{\tau}_{\mathrm{p}}$。力控制部分则先将笛卡儿空间下的期望力 F_{D} 通过雅可比转置矩阵 $\boldsymbol{J}^{\mathrm{T}}$ 转化为期望关节力矩 $\boldsymbol{\tau}_{\mathrm{D}}$，再通过力控制律计算出控制输出 τ_{f}。$\boldsymbol{\tau}_{\mathrm{p}}$ 与 $\boldsymbol{\tau}_{\mathrm{f}}$ 的和则为关节力矩模式下的控制力矩。力/位混合控制关节力矩控制方式实现如图 4-28 所示。

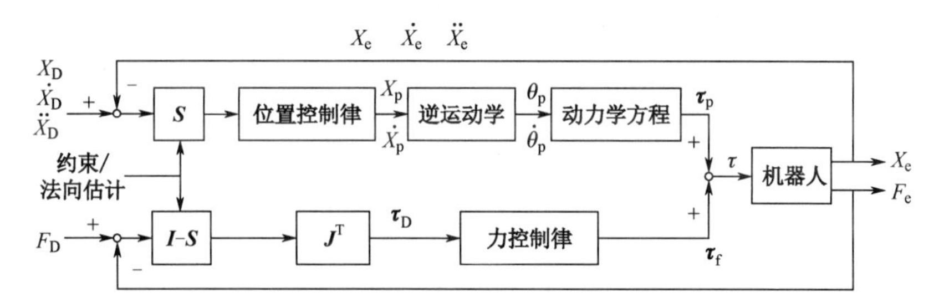

图 4-28 力/位混合控制关节力矩控制方式实现

（2）关节位置控制方式。将控制量全部转化成关节位移形式。其中，力控制通过力控制算法将笛卡儿空间期望力 F_{D} 转化为笛卡儿空间位移 X_{f}、速度 $\dot{X}_{\mathrm{f}}$，与位置控制律的输出量 X_{p}、$\dot{X}_{\mathrm{p}}$ 叠加后，通过逆运动学转化为关节空间量 θ_{c}、$\dot{\theta}_{\mathrm{c}}$ 进行控制。力/位混合控制关节位置控制方式实现如图 4-29 所示。

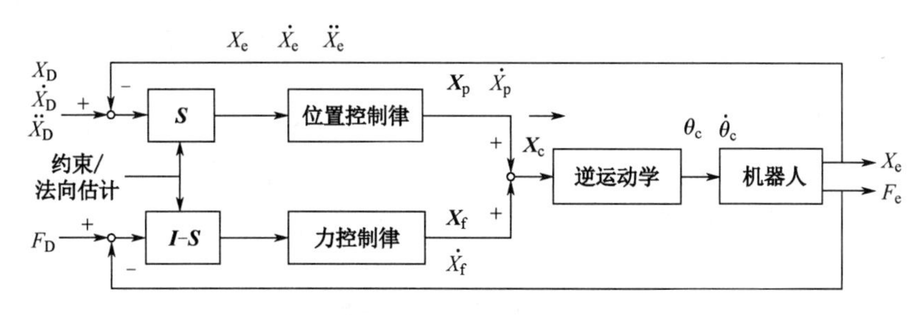

图 4-29 力/位混合控制关节位置控制方式实现

比较两种实现方式可知，方式（1）涉及机器人动力学计算，控制方法实现难度很大。大多数工业机器人是基于关节位置控制方式，因此本书采用方式（2）实现力/位混合控制。

在通常情况下，位置控制律采用包含 PD 控制的控制器，以得到更快的系统响应速度；力控制律一般采用包含 PI 控制的控制器，它形式简单，容易离散化实现；没有稳态误差，能消除较大的力偏差，能得到更理想的输出作用力等优势。

当笛卡儿空间采用位置控制模式时，控制方法如下：

$$\begin{cases} \boldsymbol{X}_{\mathrm{p}}=X_{\mathrm{D}}+k_{\mathrm{pp}}(X_{\mathrm{D}}-X_{\mathrm{e}})+k_{\mathrm{pd}}s(X_{\mathrm{D}}-X_{\mathrm{e}}) \\ \boldsymbol{X}_{\mathrm{f}}=k_{\mathrm{fp}}(F_{\mathrm{D}}-F_{\mathrm{e}})+k_{\mathrm{fi}}\dfrac{1}{s}(F_{\mathrm{D}}-F_{\mathrm{e}}) \\ \boldsymbol{X}_{\mathrm{c}}=\boldsymbol{X}_{\mathrm{p}}+\boldsymbol{X}_{\mathrm{f}} \end{cases} \tag{4-66}$$

再由 $\boldsymbol{X}_{\mathrm{c}}$ 利用运动学逆解可以得到关节角位移 θ_{c}。在式（4-66）中，$\boldsymbol{X}_{\mathrm{c}}$、$\boldsymbol{X}_{\mathrm{p}}$ 等均为六维矢量，k_{pp}、k_{pd} 为位置 PD 控制的系数，k_{fp}、k_{fi} 为力 PI 控制的系数。

当笛卡儿空间采用速度控制模式时，控制方法如下：

$$\begin{cases} \dot{X}_{\mathrm{p}}=\dot{X}_{\mathrm{D}}+k_{\mathrm{pp}}(\dot{X}_{\mathrm{D}}-\dot{X}_{\mathrm{e}})+k_{\mathrm{pd}}s(\dot{X}_{\mathrm{D}}-\dot{X}_{\mathrm{e}}) \\ \dot{X}_{\mathrm{f}}=k_{\mathrm{fp}}(F_{\mathrm{D}}-F_{\mathrm{e}})+k_{\mathrm{fi}}\dfrac{1}{s}(F_{\mathrm{D}}-F_{\mathrm{e}}) \\ \dot{X}_{\mathrm{c}}=\dot{X}_{\mathrm{p}}+\dot{X}_{\mathrm{f}} \\ \dot{\theta}_{\mathrm{c}}=J^{-1}\dot{X}_{\mathrm{c}} \end{cases} \tag{4-67}$$

2. 力控制方法仿真

由于机器人位置控制已经很完善，并且切向速度一般恒定，因此主要注意对法向接触力的控制。本节只分析力控制的仿真。

机器人末端与环境作用的模型

根据机器人与环境相互作用的原理，机器人磨抛系统的柔性主要来自力传感器-工具的柔性，因此可以将机器人、工件视作刚性体，简化后的机器人与环境作用的模型如图 4-30 所示。

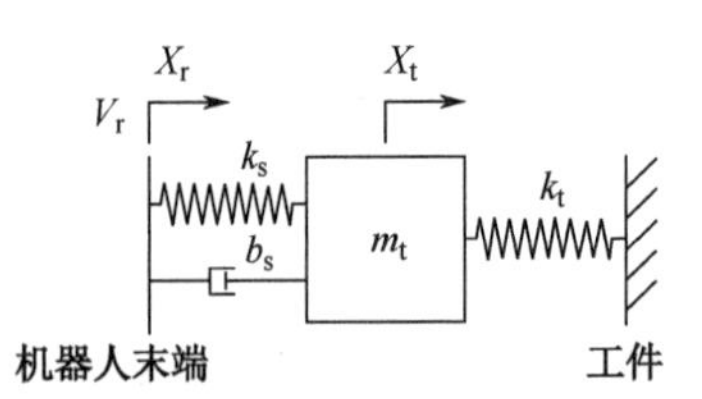

图 4-30　简化后的机器人末端与环境作用的模型

在图 4-30 中，X_{r}、V_{r} 分别为机器人末端的位移、速度；k_{s}、b_{s} 分别为力传感器元件的弹性系数、阻尼系数；X_{t} 为工具的位移；m_{t} 为工具质量；k_{t} 为工具的刚度系数。可以得到传递函数为：

$$\frac{X_{\mathrm{t}}(s)}{X_{\mathrm{r}}(s)}=\frac{b_{\mathrm{s}}s+k_{\mathrm{s}}}{m_{\mathrm{t}}s^2+b_{\mathrm{s}}s+k_{\mathrm{s}}+k_{\mathrm{t}}} \tag{4-68}$$

对于力传感器测量力 F_{m}，有：

$$F_{\mathrm{m}}=k_{\mathrm{s}}(X_{\mathrm{r}}-X_{\mathrm{t}}) \tag{4-69}$$

则有：

$$F_{\mathrm{m}}(s)=k_{\mathrm{s}}[X_{\mathrm{r}}(s)-X_{\mathrm{t}}(s)] \tag{4-70}$$

结合式（4-68）、式（4-70），即得：

$$\frac{F_{\mathrm{m}}(s)}{X_{\mathrm{r}}(s)}=\frac{k_{\mathrm{s}}m_{\mathrm{t}}s^2+k_{\mathrm{s}}k_{\mathrm{t}}}{m_{\mathrm{t}}s^2+b_{\mathrm{s}}s+k_{\mathrm{s}}+k_{\mathrm{t}}} \tag{4-71}$$

由此可知，机器人末端速度与测量力的关系为：

$$\frac{F_{\mathrm{m}}(s)}{V_{\mathrm{r}}(s)}=\frac{k_{\mathrm{s}}m_{\mathrm{t}}s^2+k_{\mathrm{s}}k_{\mathrm{t}}}{s(m_{\mathrm{t}}s^2+b_{\mathrm{s}}s+k_{\mathrm{s}}+k_{\mathrm{t}})} \tag{4-72}$$

3．参数模糊自调整策略

模糊控制能根据人工经验规则，结合推理方法，得到不同的输出量，从而得到不同的控制参数。模糊自适应调整 PID 控制参数原理框图如图 4-31 所示。

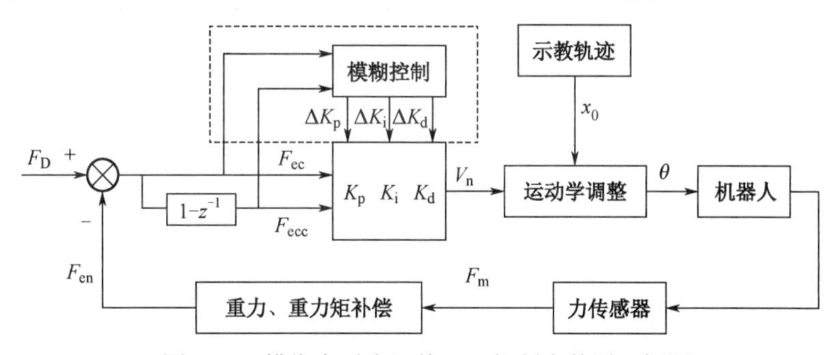

图 4-31　模糊自适应调整 PID 控制参数原理框图

在图 4-31 中，F_{D} 为期望磨抛力；F_{m} 为力传感器测量的力数据经过重力、重力矩补偿以后的数值，即实际接触力；F_{ec} 为期望力与实际接触力的差值，即力误差；F_{ecc} 为当前时刻力误差与上一时刻力误差的差值，即力误差的变化量；模糊控制的输入为力误差 F_{ec} 和力误差变化量 F_{ecc}，经模糊推理后的输出量为 ΔK_{p}、ΔK_{i}、ΔK_{d}，即 PID 系数的调整量；V_{n} 为 PID 控制的输出，即机器人末端在工具坐标系下的调整速度；x_0 为示教轨迹；θ 为经过运动学计算后机器人控制器发给六个关节的角度。

从系统的稳定性、响应速度、超调量和稳态精度等各方面综合考虑，K_{p}、K_{i}、K_{d} 的作用如下。

K_{p}：加快系统的响应，提高系统的调节精度。K_{p} 越大，系统响应速度越快，调节精度越高，但易超调或不稳定。K_{p} 越小，响应速度越慢，调节精度越差，调节时间越长。

K_{i}：消除系统的稳态误差。K_{i} 越大，稳态误差消除越快，但容易引起超调。K_{i} 越小，稳态误差难以消除。

K_{d}：改善系统的动态特性，抑制偏差的变化。K_{d} 过大，将使响应过程提前制动，延长调节时间，降低系统抗干扰性。K_d 过小，抑制偏差变化的能力变差。

从上述分析可得模糊自适应调整 PI 控制参数的规则，见表 4-1 和表 4-2。

表 4-1　ΔK_p 调整模糊规则表

	NB	NM	NS	ZO	PS	PM	PB
NB	PB	PB	PM	PM	PS	ZO	ZO
NM	PB	PB	PM	PS	PS	ZO	NS
NS	PM	PM	PM	PS	ZO	NS	NS
ZO	PM	PM	PS	ZO	NS	NM	NM
PS	PS	PS	ZO	NS	NS	NM	NM
PM	PS	ZO	NS	NM	NM	NM	NB
PB	ZO	ZO	NM	NM	NM	NB	NB

表 4-2　ΔK_i 调整模糊规则表

	NB	NM	NS	ZO	PS	PM	PB
NB	NB	NB	NM	NM	NS	ZO	ZO
NM	NB	NB	NM	NS	NS	ZO	ZO
NS	NB	NM	NS	NS	ZO	PS	PS
ZO	NM	NM	NS	ZO	PS	PM	PM
PS	NM	NS	ZO	PS	PS	PM	PB
PM	ZO	ZO	PS	PS	PM	PB	PB
PB	ZO	ZO	PS	PM	PM	PB	PB

表中，语言值 NB、NM、NS、ZO、PS、PM、PB 分别表示负大、负中、负小、零、正小、正中、正大。

输入输出量模糊化方法有两种：F_{ec} 模糊语言值特征点分别为{-10,-6,-3,0,3,6,10}，采用三角形、梯形隶属函数，F_{ec} 的隶属度函数图如图 4-32 所示；F_{ecc} 模糊语言值特征点分别为{-15,-10,-5,0, 5,10,15}，采用三角形、梯形隶属函数，F_{ecc} 的隶属度函数图如图 4-33

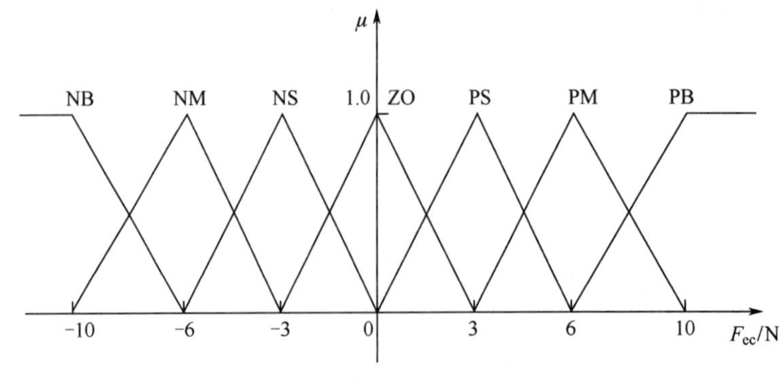

图 4-32　F_{ec} 的隶属度函数图

所示；ΔK_p 模糊语言值特征点分别为{0.09,−0.06,−0.03,0,0.03,0.06,0.09}，采用三角形、梯形隶属函数，ΔK_p 的隶属度函数图如图 4-34 所示；ΔK_i 模糊语言值特征点分别为{−0.09,−0.06,−0.03,0,0.03,0.06,0.09}，采用三角形、梯形隶属函数，ΔK_i 的隶属度函数图如图 4-35 所示。

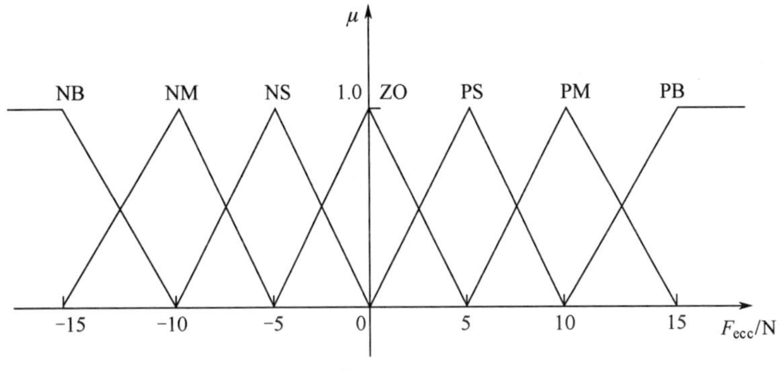

图 4-33　F_{ecc} 的隶属度函数图

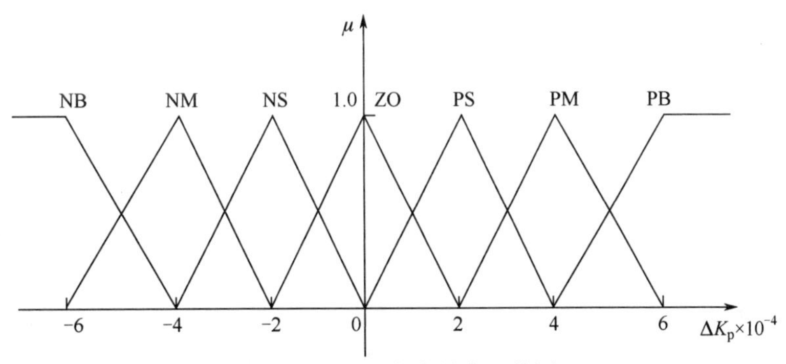

图 4-34　ΔK_p 的隶属度函数图

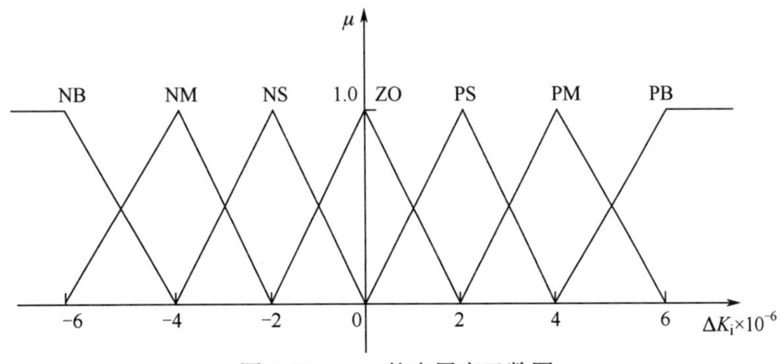

图 4-35　ΔK_i 的隶属度函数图

加入模糊控制以后，响应的峰值略有增大，但收敛速度明显加快，加快了 3～4 个周期，证明了改进后控制方法的有效性。

以上内容对磨抛加工的机理进行了理论分析，对磨抛力的原理、测量进行了深入分析。在此基础上，提出了基于力/力矩信息的轮廓法向估计方法，并结合磨抛加工的特点，总结出了常规的力/位混合控制策略及其在工业机器人上的具体实现方式。针对控制参数难以确定及优化问题，引入了模糊控制的方法对其进行自动调整优化，简化了参数的调整过程。

4．基于力传感器的力控制策略

从开始研究主动柔顺到现在，经过几十年的发展，逐渐演化出阻抗控制、力/位混合控制和智能控制等几个大类。传统的工业机器人控制系统不具备力控制的功能，而且在与环境的接触过程中，由于工业机器人采用位置控制方式，因此一点小的误差也可能导致力控制失败，甚至损坏机器人。基于上述原因，本节将介绍几类主动柔顺理论，并讨论在此基础上如何在工业机器人上实现。

4.6.4 阻抗控制

1．阻抗控制理论

通过建立机器人末端的位置或速度和末端作用力之间的关系，并根据反馈的位置误差、速度误差或刚度来调整机器人动作以达到控制力的目的的控制算法称为阻抗控制，可以看出，阻抗控制不直接控制机器人对环境的作用力，阻抗控制根据与约束面接触时的力跟位置或速度的要求来确定一个柔顺矩阵 $\boldsymbol{K}_{\rm f}$ ，使得 $\partial X = \boldsymbol{K}_{\rm f} f$ 。

以力和速度建立的控制关系为例，阻抗控制结构框图如图 4-36 所示。从力控制的角度来看，希望 $\boldsymbol{K}_{\rm f}$ 中的元素越大越好，因为响应较快会使系统更柔；而从位置或速度控制的角度来看，则希望 $\boldsymbol{K}_{\rm f}$ 中的元素越小越好，这样会使系统刚度大一些。可见力控制和位置控制的目标是相互矛盾的，因此，如何确定 $\boldsymbol{K}_{\rm f}$ 中的元素就成了阻抗控制的难点。

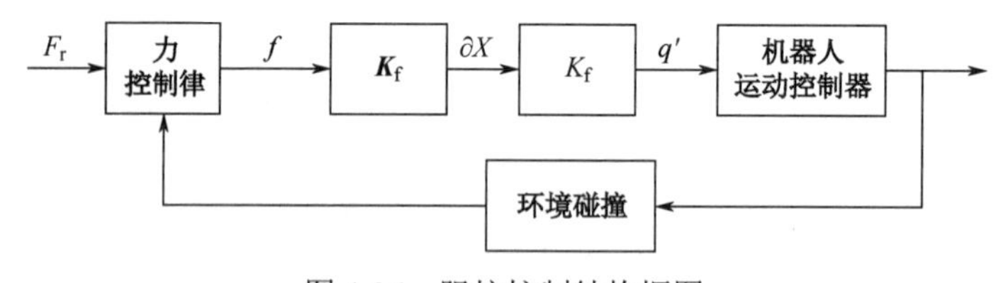

图 4-36　阻抗控制结构框图

2．阻抗控制实验设计

（1）系统模型描述。

实验所使用的直角坐标机器人如图 4-37 所示。根据图 4-38 所示的探针模型，把传感器和轴端组合成一个刚性的整体，并假设其和机器人末端之间的弹性系数和阻尼系数分别为k_1和c_1；另一方面，轴与平面接触的过程可以假设成阻尼-弹簧模型，设其弹性系数和阻尼系数分别为k_2和c_2，则机器人末端简化后的系统模型如图 4-39 所示。

图 4-37　实验所使用的直角坐标机器人

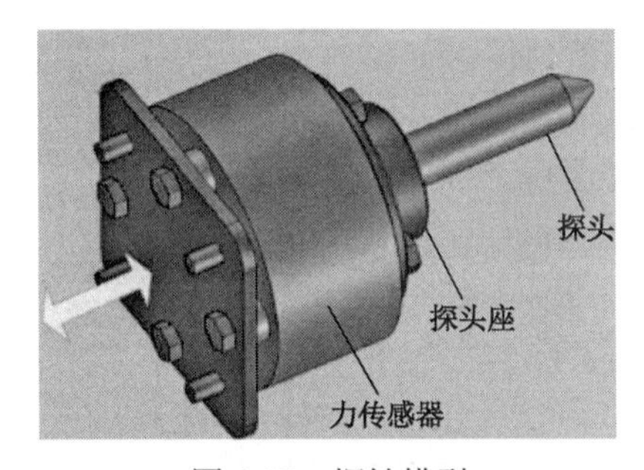

图 4-38　探针模型

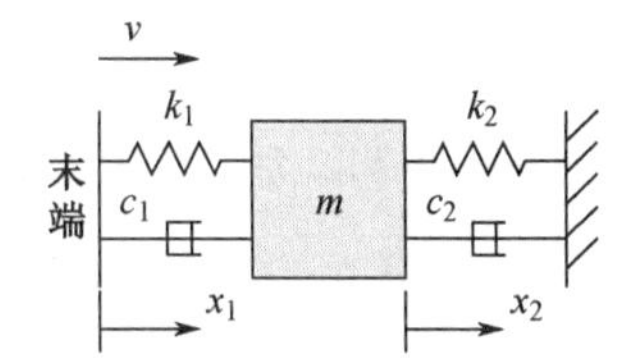

图 4-39　机器人末端简化后的系统模型

假设探头的质量为m，x_1和x_2分别是机器人末端和探头往约束平面方向移动的距离，则x_1和x_2之间的传递函数为：

$$\frac{x_2(s)}{x_1(s)}=\frac{c_1 s+k_1}{ms^2+(c_1+c_2)s+(k_1+k_2)} \tag{4-73}$$

另一方面，由于传感器的测量值为$F_\alpha=k_1(x_1-x_2)$，因此整个系统环境的传递函数为：

$$G(s)=\frac{F_\alpha(s)}{X_1(s)}=\frac{k_1(ms^2+c_2 s+k_2)}{ms^2+(c_1+c_2)s+(k_1+k_2)} \tag{4-74}$$

（2）力控制算法设计。

由于直角坐标机器人的关节旋转速度与机器人末端在笛卡儿空间的移动速度成正比，故它们之间的关系为：

$$x'=\frac{l}{2\pi n}q' \tag{4-75}$$

式中，l为直角坐标机器人轴上的螺距；n为电机到轴的齿轮传动比；x'表示机器人在笛卡儿空间上的速度；q'表示机器人的关节旋转速度，即电机的转动速度。

磨抛机器人的力控制模型如图 4-40 所示。若系统的控制周期远大于电机的伺服周期，即 $T_c \gg T_s$，这时机器人的伺服系统近似于一个二阶系统：

$$H(s) \approx \frac{\omega_f^2}{s^2 + 2s\omega_f} \tag{4-76}$$

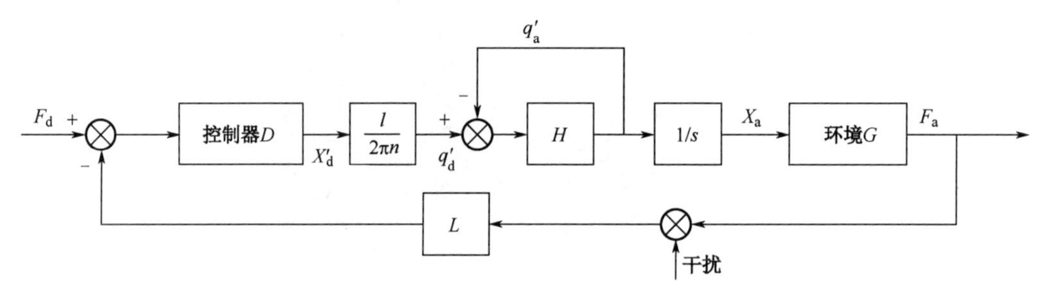

图 4-40　磨抛机器人的力控制模型

根据图 4-40 的控制模型，电机伺服系统的回路可写成：

$$W(s) = \frac{H(s)}{1 + H(s)} = \frac{\omega_f^2}{(s + \omega_f)^2} \tag{4-77}$$

另一方面，力传感器返回的数据一般是夹杂着噪声的，因此，在力传感器反馈回路上需要加入一个滤波器，如选用低通滤波器：

$$L(s) = \frac{a}{s + a} \tag{4-78}$$

根据图 4-40 的磨抛机器人的力控制模型，整个系统的闭环传递函数为：

$$\frac{F_a(s)}{F_d(s)} = \frac{\frac{1}{s} \cdot \frac{1}{2\pi n} D(s)W(s)G(s)}{1 + \frac{1}{s} \cdot \frac{1}{2\pi n} D(s)W(s)G(s)L(s)} \tag{4-79}$$

其中，$D(s)$ 为控制器的表达式，可见此系统为 I 型系统，在阶跃输入下，系统能实现无误差输出。而 $D(s)$ 可分为 P 控制和 PD 控制两种情况。

（1）P 控制。

P 控制的控制律为

$$x_d' = k_p F_e \tag{4-80}$$

即：

$$K_f = k_p \tag{4-81}$$

这时利用根轨迹图，可以分析出系统能保持稳定时所在 k_p 的范围。

（2）PD 控制。

PD 控制的控制律为

$$x'_{\mathrm{d}} = k_{\mathrm{p}} F_{\mathrm{e}} + k_{\mathrm{d}} F_{\mathrm{e}}' \tag{4-82}$$

即：

$$K_{\mathrm{f}} = k_{\mathrm{p}} + k_{\mathrm{d}} s \tag{4-83}$$

这时相当于为系统增加了一个零点，给定 $k_{\mathrm{p}}=\lambda k_{\mathrm{d}}$，可得到根轨迹图，并分析出系统能保持稳定时 k_{p} 的范围。

从上面分析可以看出，在此系统中使用 PD 控制比使用 P 控制更有优势，PD 控制能让系统获得更大的增益，并且使系统变得更加稳定。

第五章

磨抛机器人视觉系统

为机器人创建视觉系统，如视觉自主引导机器人、现场识别、定位机器人等，可提高机器人的灵活性。本章将讨论什么是机器视觉，以及机器视觉的主要任务是什么。同时，我们也将探索机器视觉与其他相关领域之间的关系，而这些相关领域有一个共同的特点——都使用图像处理技巧。

5.1 机器视觉简介

5.1.1 机器视觉

视觉是人类最强大的感知方式，它为我们提供了关于周围环境的大量信息，从而使我们可以在不需要进行身体接触的情况下，直接和周围环境进行智能交互。离开视觉，我们将丧失许多有利条件，因为通过视觉，我们可以知道物体的位置和一些其他的属性，以及物体之间的相对位置关系。因此，不难理解，为什么从数字计算机出现以后，人们就不断地尝试将视觉感知赋予机器。

机器视觉的大部分进展都是在工业应用中取得的。在工业应用中，视觉环境是可以被控制的，并且机器视觉系统所面临的任务是明确、清晰的。这方面的一个典型例子是，我们使用视觉系统来指导机器臂抓取传送带上的零件，视觉系统使机器制造更加灵活，它可以用来指导机器臂处理一些工作。机器视觉系统抓取如图 5-1 所示。

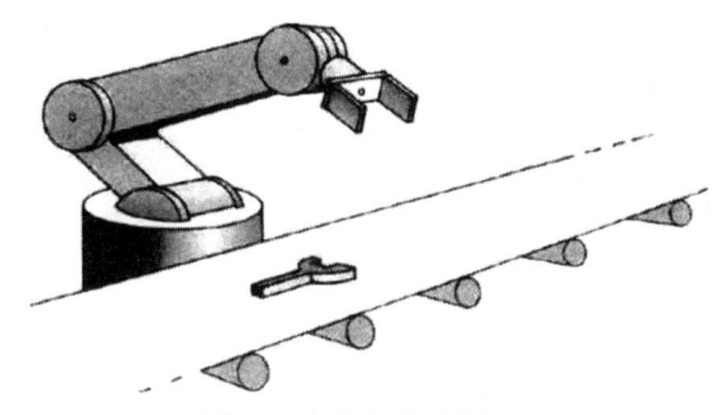

图 5-1　机器视觉系统抓取

在通常情况下，我们无法建立一个“通用”的机器视觉系统。相反，我们将致力于构建一个在可控环境中处理特殊任务的系统或者模块。这些模块最终可以成为一个多用途系统中的一部分。对于实际应用中的问题，我们会关心其速度和花费。在实际应用中，我们所需要处理的数据量往往是十分巨大的，而我们的计算能力往往是有限的，这使我们常常难以在这些因素之间寻找到一种令人满意的平衡。

5.1.2　机器视觉的任务

机器视觉系统用于分析图像，生成一个对被成像物体（或场景）的描述。这些描述必须包含关于被成像物体的某些方面的信息，而这些信息将用于实现某些特殊的任务。因此，我们把机器视觉系统看作与周围环境进行交互的大的实体的一部分。视觉系统可以看作关于场景的反馈回路中的一个单元，而其他的单元则用来做决策，以及执行这些决策。

机器视觉系统的输入是图像或者图像序列，而它的输出是一个描述。这个描述需要满足下面两个准则：

（1）这个描述必须和被成像物体（或场景）有关；

（2）这个描述必须包含完成指定任务所需要的全部信息。

第一个准则保证了这个描述在某种意义上依赖于视觉输入，而第二个准则保证了视觉系统的输出信息是有用的。

机器视觉系统的目的是生成一个关于被成像物体（或场景）的符号描述。这个描述将用于指导机器人系统与周围环境进行交互。从某种意义上讲，视觉系统所要实现的任务可以看作成像的逆过程。机器视觉系统如图 5-2 所示。

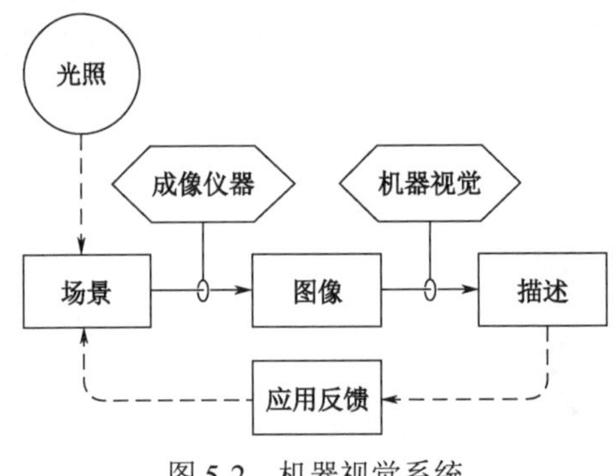

图 5-2　机器视觉系统

对物体的描述并不是唯一的。根据许多不同的观点，在不同的细节层次上，我们都可以构造出对物体的不同描述。因此，我们无法对物体进行“完整的”描述。幸运的是，我们可以避开这个潜在的哲学陷阱，而只考虑针对某一特殊任务的某种有效描述。也就是说，我们所需要的并不是关于被成像物体的所有描述，而只是那些有助于我们进行正确操作的描述。

我们可以通过一个简单的例子来弄清楚这个观点。我们仍然以前面讨论的任务为例，即指导机器臂抓取传送带上的零件。零件在传送带上的位置及零件的朝向都是任意的，并且几种不同类型的零件将同时在传送带上传输，而这些不同的零件将被装配在不同的设备上。当零件经过装在传送带上方的摄像机时，物体的图像将会输入机器的视觉系统。在这个例子中，视觉系统所要给出的描述很简单，即零件的位置、朝向及种类。我们可能只需要使用几个数字，就能够将这个描述表示清楚。但在其他一些例子中，我们可能需要使用复杂的符号系统，才能将这些描述表达清楚。

我们也可能碰到这样的情况，反馈回路对于机器并不是“封闭”的，人们将对视觉系统输出的描述做进一步解释。对于这种情况，上面提出的两个准则仍然需要满足，只是在这种情况下，我们更加难以确定视觉系统是否成功地解决了给定的视觉问题。

5.1.3　机器视觉与其他领域的关系

有三个领域是和机器视觉紧密联系在一起的，它们分别是图像处理、模式分类和场景分析（三个邻域和机器视觉关系参见图 5-3）。

机器视觉的“原始范例”包括图像处理、模式分类和场景分析。对于机器视觉的任务，它们中的每一个都提供了许多有用的技术，但是，它们的核心问题都不是从图像中获得符号描述的。

图像处理主要根据已有图像产生一张新的图像。图像处理所使用的技术，大部分来自线性系统理论。图像处理所产生的新的图像，可能经过了噪声抑制、去模糊、边缘增强等操作。但是，它的输出结果仍然是一张图像，因此，其输出结果仍然需要人来对其进行解释。正如我们将要在后面讨论的内容，例如，理解成像系统的局限性，设计机器视觉处理模块，以及图像处理技术等。

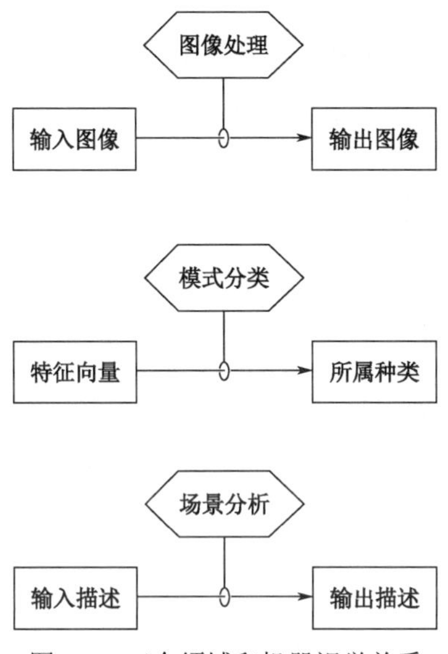

图 5-3　三个领域和机器视觉关系

模式分类的主要任务是对“模式”进行分类。这些“模式”通常是一组用来表示物体属性的给定数据（或者关于这些属性的测量结果），如物体的高度、质量等。尽管分类器的输入并不是图像，但是模式分类技术往往可以有效地用于对视觉系统所产生的结果进行分析。识别一个物体，就是将其归为已知类中的某一类。但是需要注意的是，对物体的识别只是机器视觉系统众多任务中的一个。在对模式分类的研究过程中，我们得到了一些对图像进行测量的简单模型，但是这些技术通常将图像看作一个关于亮度的二维模式。因此，对于以任意姿态出现在三维空间中的物体，我们通常无法直接使用这些模型来进行处理。

场景分析关注于将从图像中获取的简单描述转化为一个更加复杂的描述。对于某些特定的任务，这些复杂描述会更加有用。这方面的一个经典例子是对线条图进行解释（线条图参见图 5-4）。这里，我们需要对一张由几个多面体构成的图进行解释。该图是以线段集（一组线段）的形式给出的。在我们能够用线段集来对线条图进行解释之前，首先需要确定这些由线段所勾勒出的图像区域是如何组合在一起（从而形成物体）的。此外，我们还需要知道物体之间是如何相互支撑的。这样，从简单的符号描述（线段集）中，我们获得了复杂的符号描述（包括图像区域之间关系，以及物体之间的相互支撑关系）。注意，在这里，我们的分

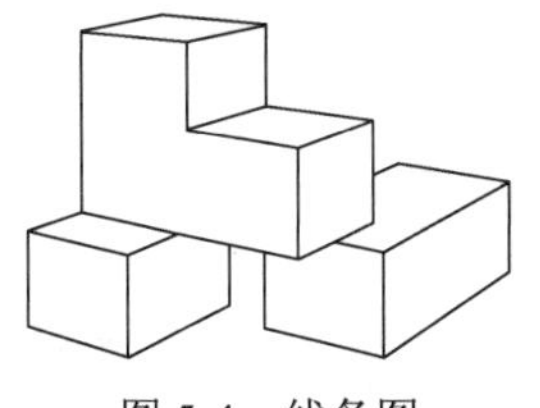

图 5-4　线条图

析和处理并不是从图像开始的，而是从对图像的简单描述（线段集）开始的。因此，这并不是机器视觉的核心问题。

5.2 机器人视觉系统的设计

5.2.1 视觉系统的组成

机器人的诞生和机器人学的建立及发展，是人类科技在20世纪取得的重大成就之一。目前，全世界已有100多万个机器人，而且销售额每年增长20%以上，机器人技术得到了空前发展。而且，机器人的发展也标志着国家综合技术实力和水平的提升，许多国家已将机器人纳入国家高新技术发展计划。随着机器人应用范围的不断扩大，机器人已在各个领域被使用。

机器人视觉系统的出现，赋予了机器人类似人类视觉系统的功能，使其部分地拥有了智能化。更多的学者开始研究智能机器人，使其像人类一样可以双腿行走，而且可以在不平整的地面上行走，有的智能机器人具有视觉和触觉功能等。可以说，智能机器人将是机器人技术未来发展的方向。

本节以移动坐标机器人携带相机作为研究对象。将单目相机传感器和激光传感器固定在移动坐标机器人上，并对视觉系统进行标定，利用单目相机传感器获取周围环境信息，利用激光传感器获取产品的深度信息，再将两种传感器获取的信息融合，得到精确的目标产品空间坐标偏差，将位置偏差传递给机器人，引导机器人移动到指定的目标位置，完成操作。此机器人视觉系统是由机器人系统和视觉系统两部分组成的。机器人视觉定位系统组成如图5-5所示。

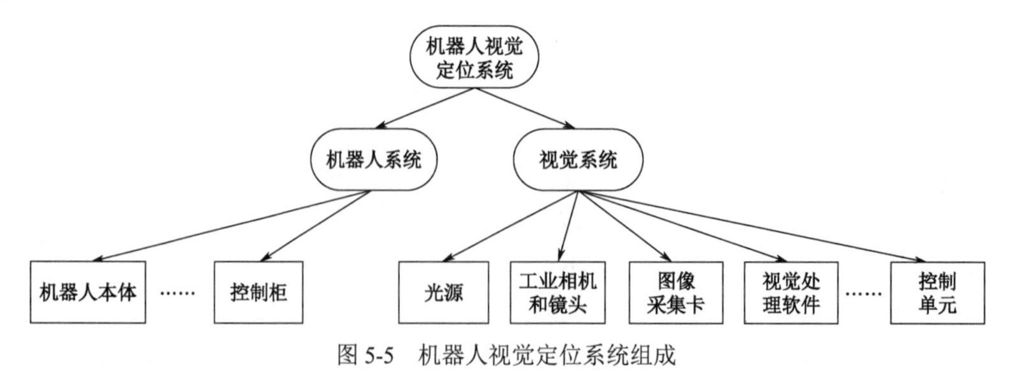

图5-5 机器人视觉定位系统组成

机器人视觉系统通过适当的光源和图像传感器获取产品的表面图像，利用适当的图像处理算法提取图像的特征信息，然后根据特征信息进行表面缺陷的定位、识别、分级等判别，以及统计、存储、查询等操作。机器人视觉系统基本组成主要包括图像获取模块、图像处理模块、图像分析模块、数据管理及人机接口模块。

图像获取模块由 CCD 摄像机、光学镜头、光源及其夹持装置等组成，其功能是完成产品表面图像的采集。在光源的照明下，通过光学镜头将产品表面成像于相机传感器上，光信号先转换成电信号，进而转换成计算机能处理的数字信号。目前工业用相机主要是基于 CCD 或 CMOS（Complementary Metal Oxide Semiconductor）芯片的相机。CCD 是目前机器视觉最为常用的图像传感器。

光源直接影响图像的质量，其作用是克服环境光的干扰，保证图像的稳定性，获得对比度尽可能高的图像。目前常用的光源有卤素灯、荧光灯和发光二极管（LED）。LED 光源以体积小、功耗低、响应速度快、发光单色性好、可靠性高、光均匀稳定、易集成等优点获得了广泛的应用。

由光源构成的照明系统按其照射方法可分为明场照明与暗场照明、结构光照明与频闪光照明。明场与暗场主要描述相机与光源的位置关系，明场照明是指相机直接接收光源在目标上的反射光，一般相机与光源成异侧分布，这种方式便于安装。暗场照明是指相机间接接收光源在目标上的散射光，一般相机与光源成同侧分布，它的优点是能获得高对比度的图像。结构光照明是将光栅或线光源等投射到被测物上，根据它们产生的畸变，解调出被测物的三维信息。频闪光照明是将高频率的光脉冲照射到物体上，摄像机拍摄要求与光源同步。

图像处理模块主要涉及图像去噪、图像增强与复原、缺陷的检测和目标分割。由于现场环境、CCD 图像光电转换、传输电路及电子元件都会产生噪声，这些噪声降低了图像的质量，从而对图像的处理和分析带来不良影响，所以要对图像进行预处理以去除噪声。图像增强是根据给定图像的应用场合，有目的地强调图像的整体或局部特性，将原来不清晰的图像变得清晰或强调某些感兴趣的特征，扩大图像中不同物体特征之间的差别，抑制不感兴趣的特征，改善图像质量，丰富信息量，加强图像判读和识别效果的图像处理方法。图像复原是通过计算机对质量下降的图像加以重建或复原的处理过程。图像复原很多时候采用与图像增强同样的方法，但图像增强的结果还需要下一阶段来验证；而图像复原试图利用退化过程的先验知识，来恢复已被退化图像的本来面目，如加性噪声的消除、运动模糊的复原等。图像分割的目的是把图像中目标区域分割出来，以便进行下一步处理。

图像分析模块主要涉及特征提取、特征选择和图像识别等内容。特征提取的作用是从图像像素中提取可以描述目标特征的表达量，把不同目标间的差异映射到低维的特征空间，从而有利于压缩数据量，提高识别率。表面缺陷检测通常提取的特征有纹理特征、几何形状特征、颜色特征、变换系数特征等，用这些多信息融合的特征向量来可靠地区分不同类型的缺陷。特征之间一般存在冗余信息，即并不能保证特征集是最优的。最优的特征集应具备简约性和稳健性，为此，还需要进一步从特征集中选择更有利于分类的特征，即特征的选择。图像识别主要根据提取的特征集来训练分类器，使其对表面缺陷类型进行正确的分类识别。

数据管理及人机接口模块可在显示器上立即显示缺陷类型、位置、形状、大小，对图像进行存储、查询、统计等。

机器视觉表面缺陷检测及定位主要包括二维检测和三维检测两类技术，后者是磨抛过程中的主要表面缺陷检测及定位方式，也是本章的着重论述之处。

5.2.2 视觉系统主要配件的选型

机器人视觉容易实现信息集成，相比不带视觉设备的机器人，视觉机器人智能程度更高，抓取精度也更高。在快速运行的生产线上，很容易实现目标产品的定位抓取、识别等功能，在工业生产中很受欢迎。而在现有普遍使用的视觉机器人中，典型的机器人视觉系统硬件组成包括各种形状不同的光源、不同分辨率的视觉传感器、各种功能不同的工业镜头、一些辅助设备（如光源控制器等）。典型的机器人视觉系统硬件组成如图 5-6 所示。

图 5-6　典型的机器人视觉系统硬件组成

5.2.2.1 光源的选型分析

光源作为视觉系统唯一的照明来源，是整个视觉系统不可或缺的重要部分。项目能否成功运行，光源在其中发挥着重要的作用。其工作原理主要是通过光源照射的光投影到目标物体的表面，使目标物体的特征更加明显，最大限度地突出目标物体的特征，达到对比的效果。因此，在选型时需要考虑目标的特点、工作距离、视野大小等。结合查阅的资料，以及在所参与项目中，光源在机器人视觉系统中发挥以下主要作用：

（1）照亮目标，提高亮度；

（2）改善采集图像的质量；

（3）解决环境带来的太亮或者太暗的问题，保证图像稳定；

（4）用作测量的工件或参照物等。

在机器人视觉应用过程中，不同的案例具有不同的特征、属性。在图片采集的过程中，获取适合图像处理的稳定图像，光源在应用中发挥着重要的作用。不同打光的效果图如图 5-7 所示。图 5-7（a）为原始硬币图像；图 5-7（b）为明视野，其用直射光的打光方式来观察对象物整体（散乱光呈黑色）；图 5-7（c）为暗视野，用散乱光的打光方式来观察对象物整体（直射光呈白色）。

（a）原始硬币图像

（b）明视野

（c）暗视野

图 5-7　不同打光的效果图

从目前光源在机器人视觉的使用来看，还没有一种万能的光源照明方法可以应用到所有机器人视觉工程中。在不同的项目中应用机器人视觉时，必须根据项目的实际应用环境等特点选择最接近、最合适的光源进行打光。因此，许多工业机器人视觉系统集成商选择以容易获得、价格低廉、操作方便的可见光作为视觉系统的照明光源，并且适宜的光源照明系统的设计可以使目标物体上感兴趣的特征区域与背景分离，保证系统的稳定性。

在光源选型时，不仅需要考虑测量目标的特性，还要求考虑光能的稳定性。从目前对光源的选择来看，光源的种类和形状有很多，光源通常分为卤素灯、荧光灯、氙气灯、连续光致发光管、LED 灯等。表 5-1 是常用照明方式的选择。

表 5-1　常用照明方式的选择

种　类	颜　色	寿命/h	亮　度	特　点
卤素灯	白色偏黄	5 000～7 000	非常亮	价格低，容易发热
荧光灯	白色偏绿	5 000～7 000	亮	价格较低
氙气灯	白色偏蓝	3 000～7 000	亮	发热量大
连续光致发光管	由发光频率决定	5 000～7 000	较亮	价格低，发热最少
LED 灯	红黄白等颜色	60 000～100 000	较亮	容易成像，发热最少

图 5-8 所示为几种典型光源。其中，面阵光源通常在一些需要背光使用的项目中使用，能够很好地突出目标物体的轮廓特征。除此之外，点光源发光强度很高，且散热好、寿命长，通常多配合同轴光源使用，而在目前使用的常用点光源中，大多是 LED 光源，因为其

具有效率高、形状多、寿命长、照明稳定等特点，并且根据实际需要，易于制成适合各种不同形状的光源。因此，在光源选型中，点光源被优先考虑。在本章案例的视觉机器人系统中，考虑到产品的背景颜色，需采用均匀光照，结合 LED 寿命长、发热量少等优点，选择了白色 LED 灯作为照明光源。

图 5-8　几种典型光源

5.2.2.2　视觉传感器的选型分析

在机器人视觉系统中，采集图像不可缺少的就是视觉传感器，而目前常用的数字成像传感器有两种，按照其工作原理的不同可分为 CCD 和 CMOS 两类。CCD 的全称是电荷耦合器件，它是使用排列有序的光阵列；而 CMOS 是互补金属氧化物半导体的简称。CMOS 主要由硅和锗等元素组成，其基本功能是由正、负电荷的晶体管 CMOS 实现的。在机器人视觉系统中，它们都可以将光信号转换成数字信号。而 CCD 和 CMOS 之间存在很大的差异，主要是采集数据后传输电荷的形式不同：CCD 是将所有像素聚集到一起后从底部输出的，然后通过边缘传感器输出放大器，集中光电模数转换；CMOS 摄像头中每个像素都会邻接一个放大器 A/D 转换电路，单个的像素直接由光电模数转换输出。图 5-9 为 CCD 和 CMOS 传感器的结构。

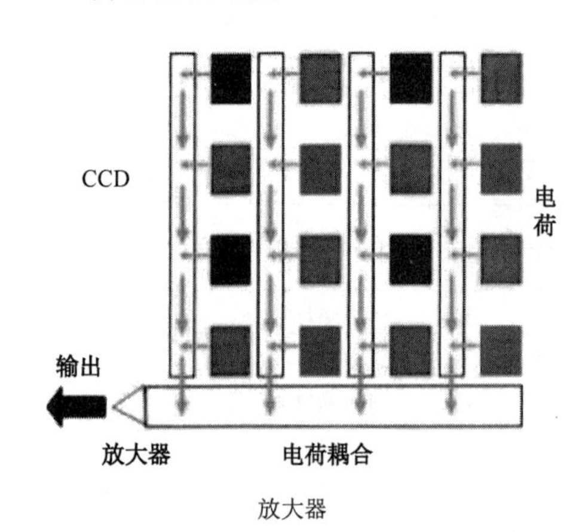

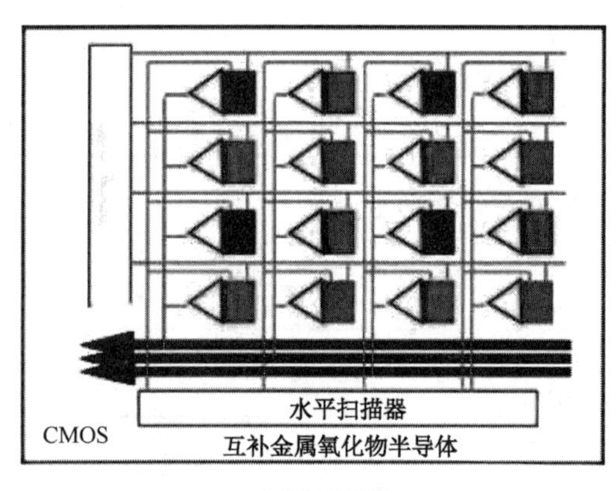

电荷耦合器件

图 5-9　CCD 和 CMOS 传感器的结构

造成这种差异的原因是其结构的差异，CCD 的特殊结构保证了其放大的一致性比较好，图像传输时不失真，因此常被使用。而 CMOS 因其单个的传输方式，导致其放大系数不一致，输出的图像质量相比 CCD 较差，而且由于其输出一致性比较差，导致其噪声比较大，图像易失真。因此，在效能与应用上也有不少的差异。CCD 和 CMOS 差异参见表 5-2。

表 5-2　CCD 和 CMOS 差异

	CCD	CMOS
感光器	单一的	在每个像素点上
灵敏度	高	低
噪点	低	高
解析度	高	高
功耗	对外接电源需求高，能耗高	无须外接电源，功耗低
速度	慢	快
成本	高	低

近年来，CMOS 传感器不断发展、创新，甚至有取代 CCD 摄像机的趋势。下面将对视觉传感器选型时需要注意的问题进行叙述。

（1）根据视觉传感器扫描的方式，其扫描方式可分为两种：一种是面扫描相机，另一种是线扫描相机。面扫描相机是整幅图片的拍摄；线扫描相机是扫描物体的照相机。线扫描相机又分为隔行扫描和逐行扫描。

（2）根据相机的颜色标准，可以分为黑白相机和彩色相机。从目前应用来看，因为黑白相机分辨率高，数据采集速度快，被广泛应用。而一些特殊的工作要求下，彩色相机也被广泛应用。

（3）根据相机的通信方式，相机的输出接口形式分为 GigE、USB、IEEE1394 和 Camera-Link 等，因此，在选择工业相机时，要确定使用哪种输出形式。

综合上述对工业相机的论述，在本章案例中通过实际现场视觉移动机器人对 110mm 的目标产品进行定位，精度达到 0.01mm。所以案例中视觉系统选择以 500 万像素 CCD 摄像机为研究对象，选择 GigE 接口的以太网 TCP/IP 通信，作为信息交流的传递方式，完成对目标产品的定位。

5.2.2.3　镜头的选型分析

在视觉系统中，镜头同样是机器人视觉成像很重要的部件之一。它既起着将工业相机采集到的图像清晰地呈现在工业相机的光敏面上的作用，又决定着机器人视觉系统整体的性能。而镜头通常用凸透镜模型来近似，工业镜头结构图如图 5-10 所示。成像公式为：

$$\frac{1}{f}=\frac{1}{u}+\frac{1}{v}$$

其中，f 为焦距，u 和 v 分别为物距和像距。

令 y 为成像的大小，则视场角为

$$\theta = 2\arctan(\frac{y}{2f})$$

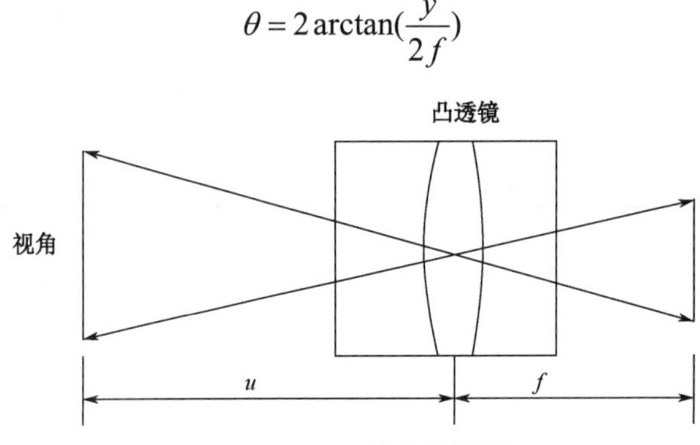

图 5-10　工业镜头结构图

选择合适的镜头，在清晰度等方面会有很好的体现。但好的镜头不意味着就是最贵的，因此，我们要对基本常用的工业镜头有所了解。总体来说，大像差透镜的镜头畸变小、价格便宜，而且由于镜头的高黏度要求成倍上升，需要在材料、加工精度和镜头结构等各个方面进行有效的协调。在机器人视觉系统中，镜头的种类及功能见表 5-3。

表 5-3　镜头的种类及功能

分　类	镜　头	功　能
等效焦距	广角镜头	等效焦距小于标准镜头（等效焦距为 50mm）的镜头。特点是最小工作距离短、景深大、视角大。常常表现为桶形畸变
	中焦距镜头	焦距介于广角镜头和长焦镜头之间的镜头。通常情况下畸变校正较好
	长焦距镜头	等效焦距超过 200mm 的镜头。工作距离远，放大比大，畸变常常表现为枕形状畸变
功能	变焦距镜头	镜头的焦距可以调节，镜头的视角，视野可变
	定焦距镜头	镜头的焦距不能调节，镜头视角固定。聚焦位置和光圈可以调节
	定光圈镜头	光圈不能调整，通常情况下聚焦也不能调节
用途	微距镜头	（或者称为显微镜头）用于拍摄较小的目标，具有很大的放大比
	远心镜头	包括物方远心镜头和像方远心镜头，以及双边远心镜头

在镜头的选型时，光圈的大小决定着通光能力的大小，影响着景深的大小。光圈大，通光能力大，景深小。本章所研究的机器人视觉系统选择了定焦镜头作为摄像机的定位镜头，其对焦速度快，成像质量稳定。

5.3　三维视觉检测技术概述

由于二维视觉检测只能获取产品反射回的亮度信息，一般仅能得到其轮廓特征，产品缺陷的深度信息大多被丢失。多数情况下，在无法采用特殊光源使缺陷特征明显的时候，缺陷识别变得非常困难；直接对特征不明显的低信息量缺陷图像进行处理时，由于处理方法与人眼识别效果的差距较大，还需要长期的科学研究，才能达到生产检测的要求。如何获取更多的缺陷信息进行有效的特征识别，是当前表面缺陷检测方法研究的关键问题。

三维视觉表面缺陷检测，即利用三维视觉测量技术提取物体表面的三维点云数据，然后通过点云坐标，计算带有缺陷点云与离散化后的 CAD 标准模型之间的偏差；或者直接计算与无缺陷物体的点云之间的偏差，通过点云偏差判断是否有缺陷和缺陷的特征量。相对于二维视觉检测，表面缺陷三维视觉检测的特点主要体现在以下几个方面。

（1）大多数缺陷都具有比较明显的三维特征，如深度和高度信息，三维视觉能较直接和方便地获取缺陷的完整信息。

（2）三维视觉获取的缺陷包含了二维信息，若通过将三维数据进行投影映射，可以得到缺陷的周长、面积、最小外接矩形和最小包围圆等二维信息。

（3）三维视觉获取的缺陷的三维数据拥有更多的信息量，理论上缺陷特征更容易被提取出来；三维视觉获取的深度或高度信息对生产工艺调整具有很好的指导意义。

综上所述，无论出于企业需求，还是从科学研究价值考虑，三维表面缺陷检测研究都具有非常重要的意义。

近几年，三维视觉正逐步应用于机器视觉检测中。三维视觉能够提供产品的形状、尺寸、体积及空间位置等信息，如机器人视觉引导与拾取中的零件三维位姿测量、食品食物的体积计算、原木的体积和形状测量、电子元器件的位置和尺寸检测等；而且三维视觉可以辅助完成二维视觉检测，如轮胎上的低对比度的编码字符识别、不同半径对应的宽度测量等。传统的二维图像虽然在特殊光源和特定角度下可以使被测对象的特征的对比度增加，但识别与测量效果没有三维图像稳定可靠。

三维视觉表面缺陷检测的主要信息来源于物体表面的三维点云数据。三维视觉表面缺陷检测的一般流程如图 5-11 所示。首先，通过三维扫描传感器扫描获得物体三维点云数据，然后将点云数据与标准的产品 CAD 模型数据进行配准，计算与标准数据的偏差，通过偏差阈值判断是否存在缺陷。这种方法是目前三维表面数据数字化检测的典型方法。由于涉及复杂的配准算法，这种方法的检测效率较低，一般只适用于离线抽检或者产品首检。三维视觉表面缺陷检测的关键技术包括产品三维数据的获取和三维点云数据处理两个方面。国内外学者对三维表面缺陷检测方法的研究，主要集中在三维视觉传感器的研究和三维点云数据与 CAD 模型数据的配准两个方面。

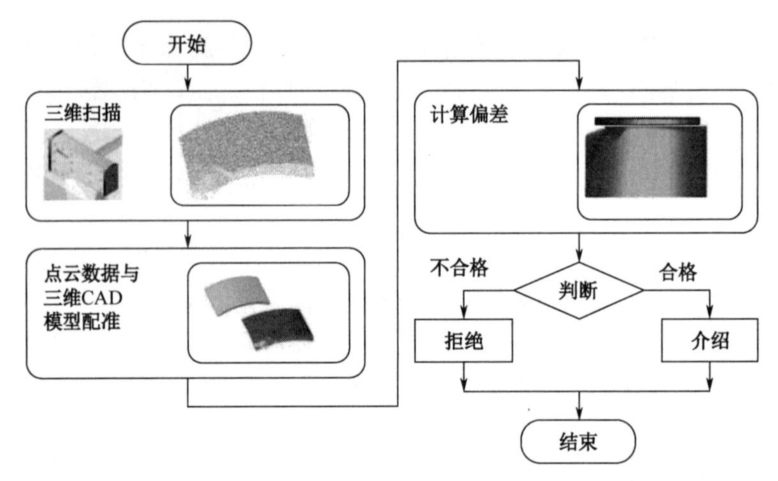

图 5-11　三维视觉表面缺陷检测的一般流程

5.3.1　三维视觉表面缺陷检测中点云数据获取方法分析

产品表面三维视觉表面缺陷检测的首要步骤是获取表面三维数据。纵观国内外三维视觉检测研究现状，产品表面三维数据获取方法可以分成如表 5-4 所列的五大类型，即线结构光扫描、光栅投影、SFX 法、多目立体视觉法和变焦立体视觉法。

表 5-4　产品表面三维数据获取方法

<table>
<tr><td rowspan="14">产品表面三维数据获取方法</td><td rowspan="8">线结构光扫描</td><td rowspan="6">有导轨</td><td rowspan="5">线结构光</td><td rowspan="2">按形状分</td><td>直线激光扫描</td></tr>
<tr><td>环状激光扫描</td></tr>
<tr><td rowspan="3">按导轨分</td><td>线位移导轨</td></tr>
<tr><td>角位移导轨</td></tr>
<tr><td>C 柱弧形导轨</td></tr>
<tr><td>点激光</td><td></td><td></td></tr>
<tr><td rowspan="2">无导轨</td><td>手持式</td><td></td><td></td></tr>
<tr><td>柔性机械臂式</td><td></td><td></td></tr>
<tr><td rowspan="3">光栅投影</td><td>编码结构光</td><td></td><td></td><td></td></tr>
<tr><td>相移式</td><td></td><td></td><td></td></tr>
<tr><td>编码结构光+相移</td><td>弓移</td><td></td><td></td></tr>
<tr><td colspan="2">SFX 法</td><td></td><td></td><td></td></tr>
<tr><td colspan="2">多目立体视觉法</td><td></td><td></td><td></td></tr>
<tr><td colspan="2">变焦立体视觉法</td><td></td><td></td><td></td></tr>
</table>

5.3.1.1 线结构光扫描检测

线结构光扫描三维视觉系统已经运用于表面缺陷检测的许多方面。线结构光扫描检测工作原理如图 5-12 所示。线结构光投射器投射光平面到被测物体表面，在被测物表面形成一条亮光带；摄像机从另一个角度拍摄光带图像，如图 5-12（a）所示。摄像机获取的光带图像如图 5-12（b）所示。确定摄像机内部参数及摄像机与线结构光投射面之间的位置关系后，就可以根据获取的光带条纹图像，计算出被测物上光带的物理坐标。保持摄像机、激光投射器不动，物体沿垂直于激光投射面平移，就可以测得被测物表面所有点的物理坐标。获取物体表面坐标后，就可以根据设定的阈值，实现对表面缺陷的判断。

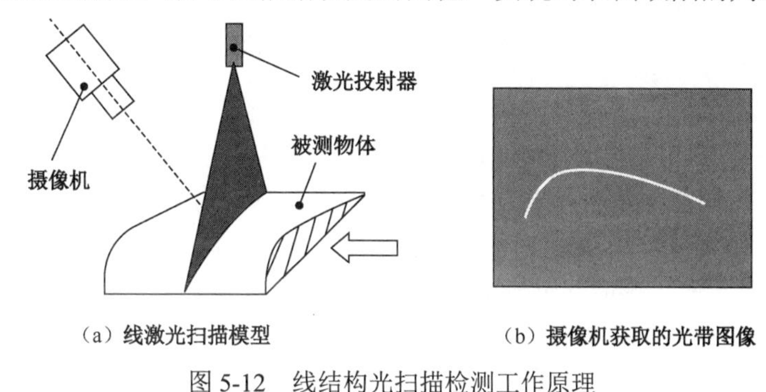

（a）线激光扫描模型　（b）摄像机获取的光带图像

图 5-12　线结构光扫描检测工作原理

根据结构光形状的不同及投射的线结构光条数的不同，结构光扫描又可以分为点结构光，如图 5-13（a）所示；单线结构光，如图 5-13（b）所示；多线结构光，如图 5-13（c）所示；圆结构光，如图 5-13（d）所示。

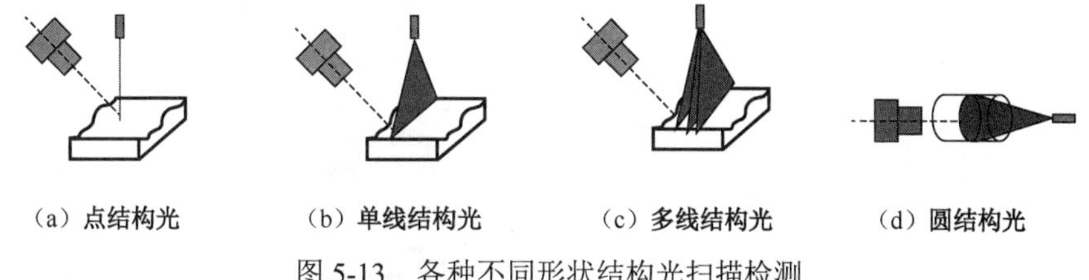

（a）点结构光　（b）单线结构光　（c）多线结构光　（d）圆结构光

图 5-13　各种不同形状结构光扫描检测

近年来，单线、多线结构光越来越多地应用于三维物体坐标测量中，如工业、农业、电子、食品等行业产品质量检测方面。线结构光扫描面临的主要问题是，如何标定结构光传感器，如何实现相对线位移或角位移。结构光平面与被测物之间的相对线位移或角位移，可以借助于线位移平台或旋转平台实现。在三维视觉表面缺陷在线检测中，被测物一般位于流水线上，通过传送带将被测物从一个工位送到另一个工位，所以，可以直接利用流水线上的传送带实现被测物与结构光平面的相对位移，其位移大小可以由编码器量化读取。

由于必须借助于位移平台，并且传感器与被测物之间的位移变化大多为线位移，这会带来一个问题：对于表面轮廓曲率变化过大的被测物，摄像机可能拍摄不到投射在其表面的条纹，即扫描盲区问题，如图 5-14（a）所示。为解决这个问题，可以采用双摄像机拍摄，即在结构光平面的另外一侧对称布置一台摄像机，如图 5-14（b）所示。增加摄像机，即可以清除盲区。

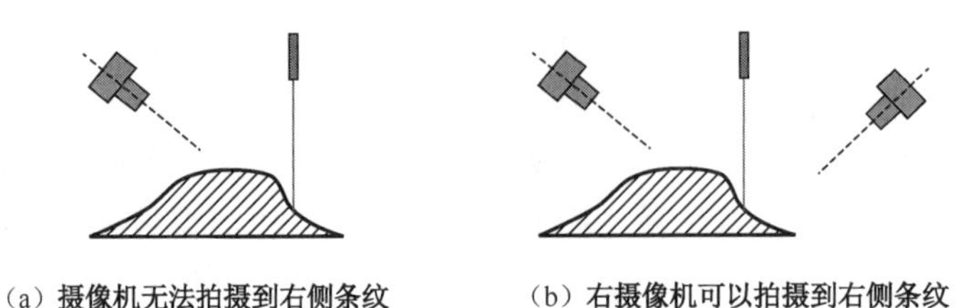

（a）摄像机无法拍摄到右侧条纹　（b）右摄像机可以拍摄到右侧条纹

图 5-14　双摄像机避免扫描盲区

德国的 LMI 公司生产的 Gocator2380 系列 3D 激光线扫描视觉传感器，其视场范围为 390mm×1 200mm，测量范围为 800mm，Z 向分辨率可以达到 0.07～0.4mm。该传感器可以实现原木的直径、周长、三维形貌测量，通过优化计算，为木材加工提供最有效、最优化的切割方案。其最大视场范围可以达到 1.4m，检测分辨率为 0.1mm。

国内，天津大学的王鹏借助于线位移平台和旋转平台设计了一套自动激光扫描系统——轴自动线结构光扫描系统，如图 5-15 所示。通过一个二维线位移平台，调整被测物在视场中的位置。在二维位移平台上安装一个旋转平台，用于旋转扫描被测物；

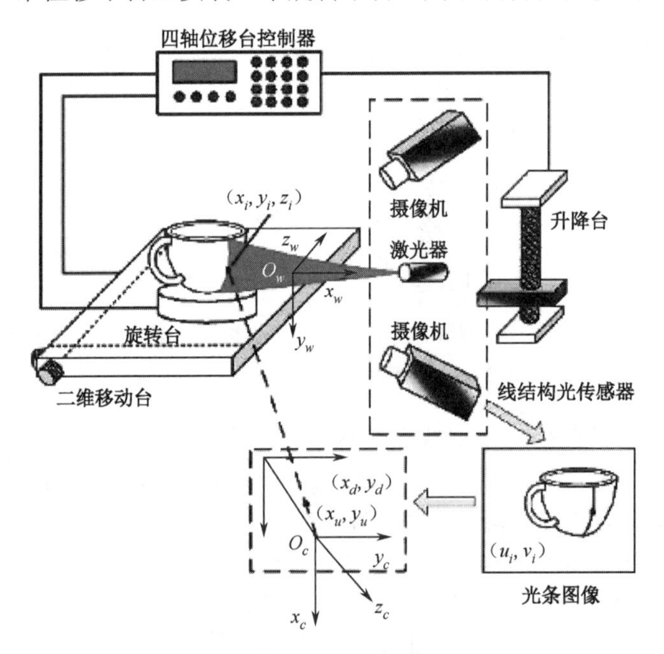

图 5-15　轴自动线结构光扫描系统

双摄像机激光扫描系统安装在另外一个 Z 轴工作平台上，用于上下扫描被测物。该系统还设计了一套自动扫描路径规划方法，针对不同的被测物，采用不同的扫描路径。类似地，还有一种 C 型三维激光扫描系统，如图 5-16 所示。

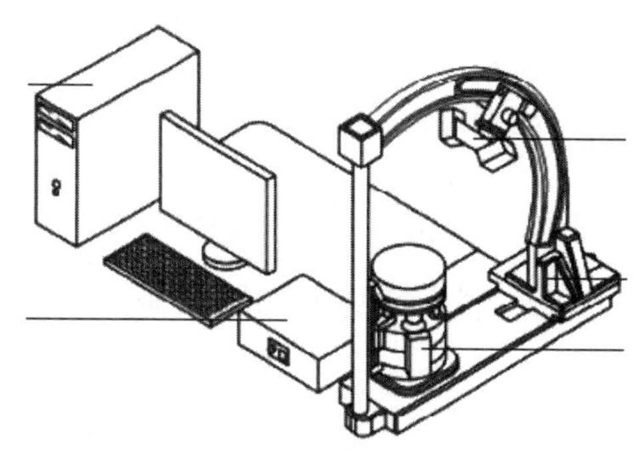

图 5-16 C 型三维激光扫描系统

梁治国、徐科等人研究了基于线型激光的钢板表面缺陷三维检测技术。这是一种将线型激光束垂直投射到钢板表面，通过面阵摄像机采集激光线在钢板表面的图像来计算表面缺陷深度的三维检测方法（钢板表面三维缺陷检测），如图 5-17（a）所示。他们还提出了一种基于图像任意方向投影求取理想表面截线方向和位置的新方法，在实验室条件下，对表面倾角范围在±10°、深度为 1.18mm 的缺陷图像进行计算，检测精度可以达到 0.2mm。徐科还将此方法延伸，通过在钢轨四周安装 4 台激光线光源和 8 台面阵 CCD 摄像机实现对钢轨四个面的检测（钢轨三维缺陷检测），如图 5-17（b）所示。他将沿钢轨长度方向和高度方向的深度变化值用深度分布图表示，通过 2 维图像识别的方法检测缺陷所在的区域，从而实现钢轨表面缺陷的自动检测，深度检测分辨力为 0.2mm。该方法只能检测钢轨表面具有一定尺寸的三维缺陷。

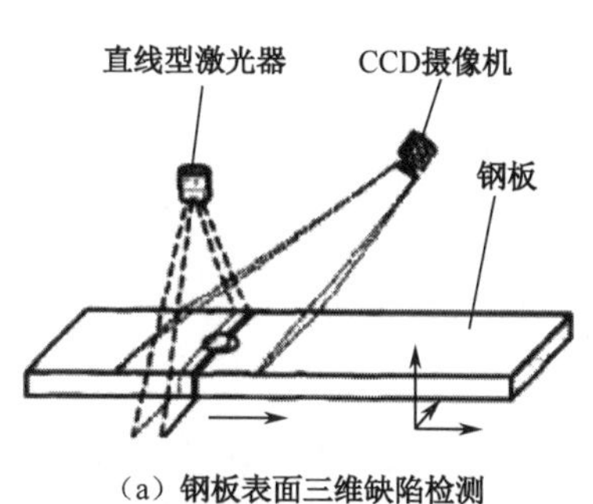

（a）钢板表面三维缺陷检测

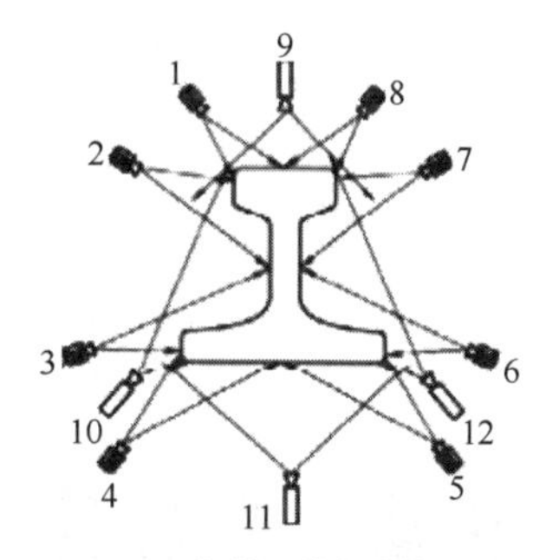

（b）钢轨三维缺陷检测

图 5-17 基于线型激光的表面三维缺陷检测

线位移扫描、旋转扫描、C 柱曲面扫描，都借助于机械导轨，扫描仪的扫描范围直接由导轨行程决定，使得扫描仪体积变大，质量增加。ATOS 手持 3D 扫描仪如图 5-18 所示。为了摆脱线结构光扫描对位移平台的依赖，许多学者提出了无导轨式的线扫描方式。例如，加拿大的 Creaform 公司生产的 3D 光学便携式检测仪已广泛应用于输油管

（a）3D 光学便携式检测仪

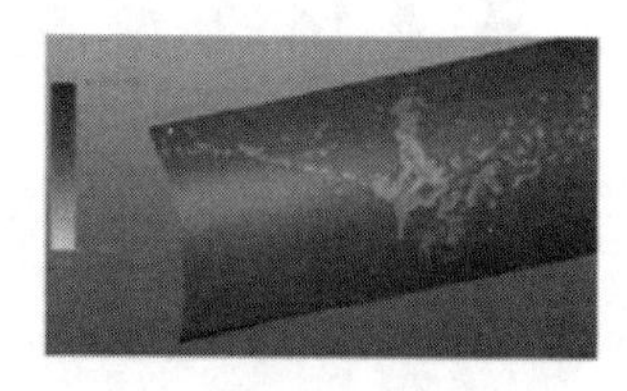

（b）检测结果缺陷色斑图

图 5-18 ATOS 手持 3D 扫描仪

外部腐蚀及力学性能检测，如图 5-18（a）所示。这种扫描仪无须外部编码器和机械式导轨，在被测表面贴上若干标志点，通过双目视觉结合激光扫描实现手持式 3D 扫描。该扫描仪适合户外检测，其检测精度可达到±0.05mm，图 5-18（b）是检测结果缺陷色斑图。这种 3D 结构光扫描仪适合离线式、单件小批量抽检，一般是企业质检员利用它为某类产品做首件检验与评定的。其主要特点是便携，适合室外和现场检验。

5.3.1.2 光栅投影检测

光栅投影检测实际上也属于结构光扫描，严格来说是多线结构光扫描。与线结构光扫描不同的是，物体无须沿垂直于结构光投射面相对平移。投影装置一次性投影多条结构光在被测物体表面上，结构光条与被测物 Z 间位置关系保持不变。图 5-19 所示是光栅投影 3D 检测原理图。

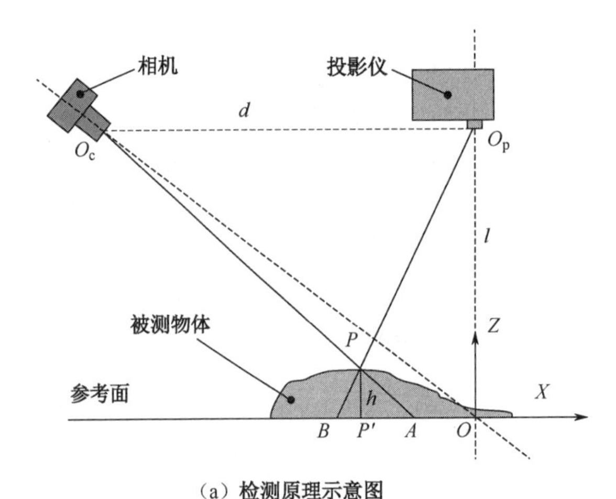

（a）检测原理示意图

（b）投影仪投射的光栅

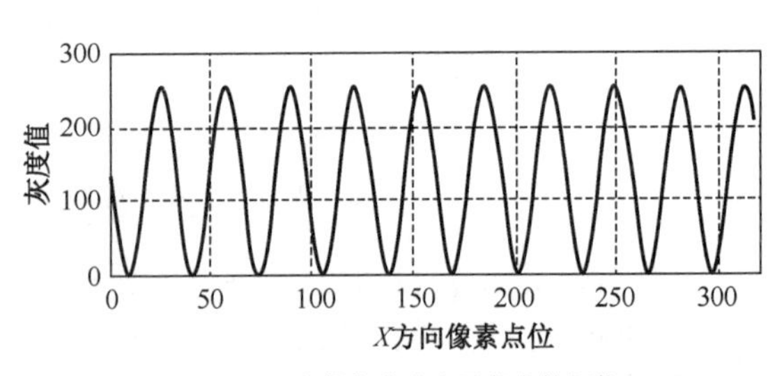

（c）光栅灰度分布及各点的相位

图 5-19　光栅投影 3D 检测原理图

图 5-19（a）中，投影仪投射如图 5-19（b）所示的一束正弦光栅在被测物体表面；光栅灰度分布及各点的相位如图 5-19（c）所示。图 5-19（a）中，投影仪镜头中心 O_p 与相机镜头中心 O_c 高度一致，它们到参考平面的距离均为 l；O_p 与 O_c 间距为 d 。P 为被测物体

上任意一点，P 点在参考平面的投影为 P'，P 距离参考平面距离为 h，即 $PP'=h$。O_pP 交参考平面于 B 点，O_cP 交参考平面于 A 点。

从投影仪角度观察，由图 5-19（a）可知，参考平面上没有被测物时，光线 O_pP 投射在参考平面 B 点；放置被测物后，B 点被 P 点遮挡，即 P 点与 B 点具有相同的相位。若从摄像机角度观察，未放置被测物时，经过 P 点可观察到参考平面上的 A 点；放置被测物后，受物体高度限制，原来参考平面上的 A 点移到 P 点。所以，A 点与 P 点的相位变化可以由 A 点到 B 点的位移变化来表示，其反映了物体 P 点高度的变化。根据上述的三角形关系可知 $\Delta O_cPO_p \sim \Delta APB$，则有

$$\frac{\overline{AB}}{d}=\frac{h}{l-h} \tag{5-1}$$

所以

$$h=\frac{\overline{AB}}{\overline{AB}+d}l \tag{5-2}$$

假设投影仪投射的是正弦光栅，如图 5-19（b）所示，并且光栅相位零点刚好位于点 O，则被测物体表面的光强分布可以表示为：

$$I(x,y)=a(x,y)+b(x,y)\cos(2\pi f_0 x+\phi(x,y)) \tag{5-3}$$

式中，$a(x,y)$ 为背景分量；$b(x,y)$ 为条纹幅值强度；f_0 为光栅的频率，亦可由周期表示；$\phi(x,y)$ 为相对于参考平面的高度变化引起的相位差。由图 5-19（a）可知，对于被测物的 P 点，有：

$$\phi(x,y)=2\pi f_0\overline{AB} \tag{5-4}$$

由式（5-3）、式（5-4）可知，若能求得 $\phi(x,y)$，则可得到 P 点相对于参考面的高度 h。所以，光栅投影 3D 测量的关键之处在如何通过拍摄的图像，找到被测物上的任意一点 P 对应的 A 点和 B 点，以及如何求取两点的相位差。

根据寻找对应点及求取相位差的不同，可以将光栅 3D 投影法分为相移法、编码结构光法、编码+相移法和直接编码。

相移法就是在不同时刻投影一系列具有一定相位差的光栅，摄像机获取每次投影在被测物体表面的光栅条纹图像后，根据拍摄的时间序列图像，求取每一点的相位差。根据投影的光栅相位求取方法，相移法有三步相移法和四步相移法。图 5-20 所示是四步相移法中投射的 4 幅条纹图像，通过分别投射 4 幅不同相位的条纹图像，计算同一点在不同条纹投射时的相位差，即可计算出该点的高度信息。

图 5-20　四步相移法中投射的 4 幅条纹图像

编码结构光法就是对投射的光栅条纹预先进行有规律的编排，摄像机拍摄条纹图像后，根据预先设置的规律，找出每一点的相位偏移

量。根据编码的设计策略，可以将编码结构光法分成时间多路编码、空间邻域编码和直接编码。

如图 5-21 所示是几种编码方式。图 5-21（a）是二进制编码，首先投射灰度呈 01（代表 1）分布的二值条纹，然后投射 0101（代表 5）的条纹，再投射 010101（代表 21）的条纹，依此类推，一直细分到条纹宽度为 1 个像素。摄像机获取投射在被测物上的条纹序列，再依据序列前后的灰度值关系，分解出每一点的绝对相位。这是最早的一种编码方法，但由于受物体表面反射性能的影响，容易出现解码混淆的现象。

图 5-21（b）是一种格雷码，与二进制码不一样，格雷码的任意相邻两幅图像中，对应的解码值的 Hamming 距离为 1，可以非常有效地降低误码率。

空域编码条纹与时间多路编码不一样，空域编码一次投射即可获得每一点对应的相位值，无须多次投射。图 5-21（c）所示的是一种水平彩色条纹，相邻的三种颜色组合具有唯一对应的编码值。

图 5-21（d）是线性波长彩色条纹，一次投射在被测物体表面后，摄像机拍摄条纹图像，直接通过颜色 RGB 值来获取对应点位置。这种直接编码方式只适合白色表面的物体。

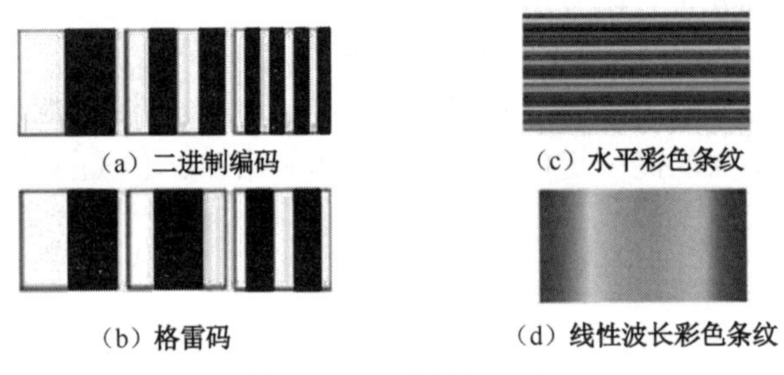

图 5-21　几种编码方式

所以，光栅投影法的关键是根据多次投射在物体表面的光栅图像，获取由于物体表面高度变化而引起的相位差。

5.3.1.3　SFX（Shape From X）法

SFX 是从单幅或多幅图像获得物体表面三维信息。这里的 X 可以表示 Stereo（光度）、Texture（纹理）、Shading（阴影）、Motion（运动）等。

SFS（Shape From Stereo，光度立体恢复法）是在不同光照环境下，分别拍摄物体二维图像，然后从序列图像中求取物体表面的梯度信息。这种方法是利用多幅图像求取表面三维信息，要求在测量环境中能提供变化的不同光照效果，对硬件环境要求较高。

SFT（Shape From Texture，纹理立体恢复法）是将物体表面的纹理当作由纹理单元组成的，这些纹理单元周期重复出现，但是不同的位置其纹理单元的朝向不同，所以，分析纹理单元的朝向可以获得物体表面的朝向，即梯度信息。这种方法测量精度较低。

SFS（Shape From Shading，阴影立体恢复法）是根据物体表面在理想光照下亮度的变化求取物体表面的朝向变化，然后根据朝向求取深度信息。求取过程中需要假设光照为均匀平行光，并且假设物体表面为理想散射表面。这种方法对环境光源设计比较严格。SFS法获取磁环的二维表面如图 5-22 所示。碗状环形光源如图 5-22（a）所示。它用于拍摄磁性材料，采用 SFS 方法，只需根据单幅实时测量工件图像，可获得 0°～180°范围内工件的三维数据。图 5-22（b）所示是三维点云数据。图 5-22（c）是恢复的物体三维表面，通过三维点云数据对缺陷的平面及深度信息进行全面判断。该方法可以应用于工业现场磁性材料缺陷检测中，图中深度方向的理论分辨率可达 0.007mm。

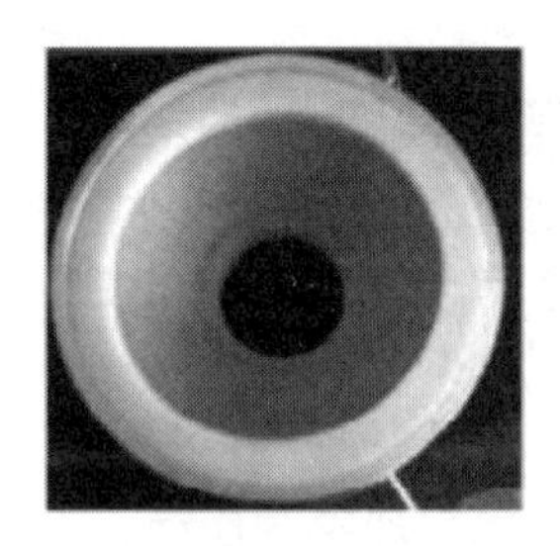

（a）碗状环形光源

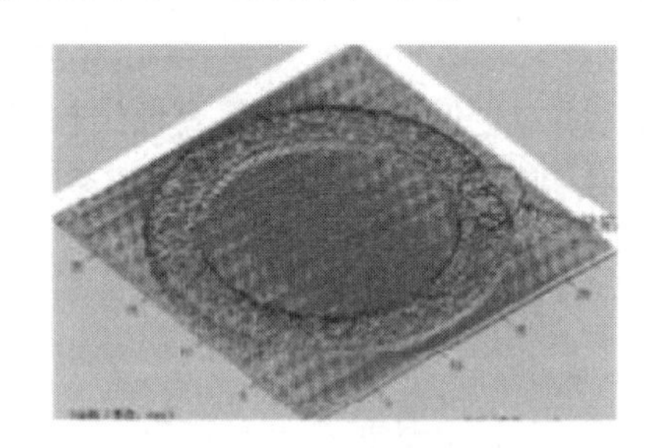

（b）三维点云数据

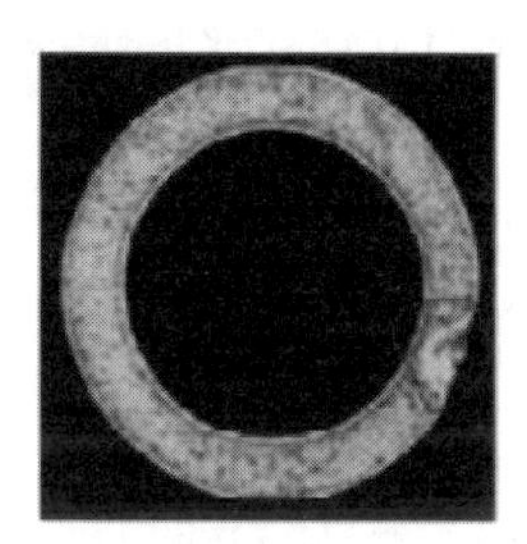

（c）恢复的三维物体表面

图 5-22　SFS 法获取磁环的二维表面

SFM（Shape From Motion，运动立体恢复）是指相机拍摄运动的被测物，通过不同时刻拍摄的物体图像的变化，分析物体与相机之间的位置关系。由于这种方法拍摄的图像较多，图像处理较复杂。

综上所述，SFX 方法都是根据物体表面在一定光照下的亮度变化，来求取表面的朝向（梯度）信息的。SFX 方法对光源和物体表面要求较严格，对不同形状的产品，光源要求也可能不同，并且检测精度不高。

5.3.1.4　多目立体视觉法

多目立体视觉法是模拟人的左右双眼观察同一物体时的视差来求取物体表面信息。双目立体视觉模型如图 5-23 所示。被测物上的一点 P，设其物理空间坐标为 P_w，其在左边相机中的像点为 P_c，图像坐标为 p_c；在右边相机中的像点为 P_r，图像坐标为 p_r；左、右相机的投影矩阵分别为 $\boldsymbol{M}_l, \boldsymbol{M}_r$，则有

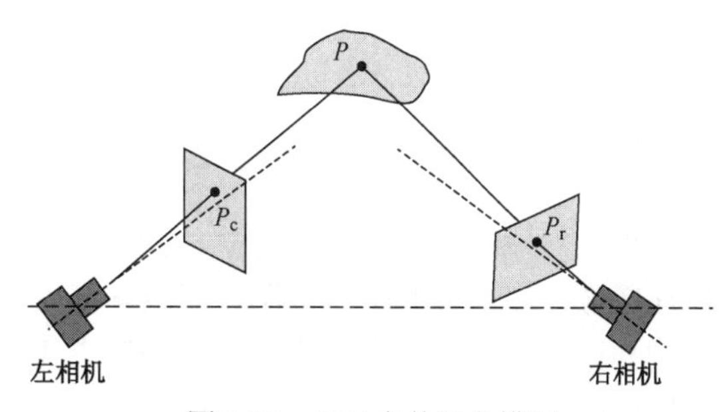

图 5-23　双目立体视觉模型

$$\begin{cases} s_1 p_1 = \boldsymbol{M}_1 P_w \\ s_2 p_r = \boldsymbol{M}_r P_w \end{cases} \tag{5-5}$$

式中，s_1、s_2为比例系数。

通过系统标定得到$\boldsymbol{M}_1, \boldsymbol{M}_r$后，若能得到$p_1, p_r$，就可以求得$P_w$。双目立体视觉检测的关键是找到物点$P$在左、右两相机中对应的特征点，即$p_1$对应的$P_r$。实际上，被测物体的特征点往往不具有明显的图像特征，且特征点匹配算法复杂，所以多目立体视觉检测在物体表面缺陷检测中使用较少，往往与结构光扫描结合在一起，以消除单相机扫描的盲区，或者实现多传感器的数据融合。

多目立体视觉法有以下优点。

（1）对相机硬件要求低，成本也低。因为不需要像结构光那样使用特殊的发射器和接收器，使用普通的消费级 RGB 相机即可。

（2）室内外都适用。由于直接根据环境光采集图像，所以在室内、室外都能使用。相比之下，TOF 和结构光基本上只能在室内使用。

多目立体视觉法也有以下缺点。

（1）对环境光照非常敏感。双目立体视觉法依赖环境中的自然光线采集图像，而由于光照角度变化、光照强度变化等环境因素的影响，拍摄的两张图片亮度差别会比较大，这会使匹配算法面临很大的挑战。另外，在光照较强（会出现过度曝光）和较暗的情况下也会导致算法效果急剧下降。

（2）不适用于单调缺乏纹理的场景。由于双目立体视觉法根据视觉特征进行图像匹配，所以对于缺乏视觉特征的场景（如天空、白墙、沙漠等），会出现匹配困难的情况，导致匹配误差较大，甚至匹配失败。

（3）计算复杂度高。该方法是纯视觉的方法，需要逐像素计算匹配；又因为上述多种因素的影响，需要保证匹配结果比较稳健，所以，算法中会增加大量的错误剔除策略，因此对算法要求较高，计算量较大，想要实现可靠商用的难度大。

（4）相机基线限制了测量范围。测量范围和基线（两个摄像头间距）关系为：基线越大，测量范围越远；基线越小，测量范围越近。所以，基线在一定程度上限制了该深度相机的测量范围。

5.3.1.5　离焦立体测量法

离焦立体测量法常用于显微 3D 检测，其工作原理是，通过不断调整 Z 轴，获得物体的序图像。序列中的每一张图像既包含了景深范围内的物体清晰图像，也包含了景深范围外的部分模糊离焦图像；找到每一个清晰像素所对应的聚焦高度信息，从而得到每一景深位置的所有清晰位置，通过信息融合，就可以得到物体深度信息。Z 轴的平移可以由电动位移平台实现，这样就可以实现自动 3D 显微检测。离焦立体检测法主要用于生物医学、材料科学方面的表面缺陷分析。

5.3.1.6 三维视觉表面缺陷检测面临的主要问题

当前通过对上述各种三维缺陷检测中的数据获取方式的分析可知，三维缺陷相对于二维缺陷检测获取的信息更多，但也带来了更多的问题。

（1）三维表面数据获取原理复杂，传感器种类与形式多样，大多数获取数据的方式只适用于实验室或工业现场首件检验，不适用于自动化在线检测。

（2）三维表面点云数据量成倍增加，缺陷识别的运算效率较低，较难满足工业现场实时检测的要求。

（3）三维点云数据处理方法复杂，原来二维图像处理缺陷识别方法不适用于三维缺陷识别，因此要考虑如何将三维数据降维以能够合理利用原有的检测算法等。

5.3.2 线结构光扫描的关键技术及特点

在分析各种三维点云数据获取和点云配准方法的基础上，有学者提出采用线结构光扫描的方式对物体表面缺陷进行检测。这种方法对物体表面的颜色、材质、结构形式没有过多严格的限制。采用降维的 ICP 配准算法，可提高检测效率，使其更适用于在线检测。涉及的主要关键技术包括以下方面。

（1）三维视觉表面扫描的数学模型。建立三维表面扫描与检测的数学模型是线结构光扫描视觉检测的前提与关键技术之一。线结构光视觉检测的基本原理是基于激光三角法的，对于不同形状的结构光与不同的扫描方式，在摄像机坐标系下，通过小孔成像射影定理，获得物体的轮廓高度变化与光斑或条纹的像素坐标之间的关系；获得摄像机在测量坐标系（世界坐标系）下的位置与姿态；然后通过摄像机坐标系与世界坐标系之间的平移与转换关系，找到物体轮廓在测量坐标系下的坐标与像素坐标之间的关系。

（2）线结构光视觉传感器与检测系统的标定及精度分析。传感器与系统的标定是整个检测系统的关键。所谓传感器的标定，即找到被测物体表面轮廓坐标与像素坐标之间的关系，也是针对具体的线结构光、摄像机及它们相互之间固定的位置关系，确定系统数学模型中的各个参数。所以传感器的标定包括摄像机的标定和位置关系的标定两部分。所谓系统标定，即在特定的检测系统中，将传感器的数据输出转换成测量坐标系（世界坐标系）下的输出，其关键是确定传感器在测量坐标系下的位置与姿态；精度分析包括传感器标定后的精度分析与检测系统输出精度分析，主要是对标定结果的误差来源进行分析，对检测结果的精度进行验证。

（3）线结构光条纹图像中心提取的图像处理技术。条纹提取的精度直接影响系统的扫描精度。亚像素中心提取算法是图像处理研究的重点。针对激光线分布及其成像条纹像素灰度分布的特点，设计一种能真实反映物体表面激光条纹位置的图像处理算法是中心提取的前提。为了满足不同物体表面扫描要求，提取算法要求具有普适性；为了满足在线扫描与检测，提取算法的效率也是需要考虑的问题。

（4）三维表面物体缺陷信息的标示与识别。获取物体表面轮廓坐标后，如何从这些数据分析出物体是否有缺陷，是检测系统的核心与关键。由于获得的数据是三维坐标，且坐标点非常多，数据量比较庞大，如何快速提取出缺陷信息，即如何将缺陷信息标示出来且便于识别，是检测系统面对的关键问题。建立物体表面缺陷识别的理论模型，将获取的物体表面轮廓坐标数据代入模型，通过预设的阈值，判断是否有缺陷及缺陷的量化特性。

线结构光扫描优点如下。

（1）由于结构光主动投射编码光，因而非常适合在光照不足（甚至无光）、缺乏纹理的场景使用。

（2）结构光投影图案一般经过精心设计，所以在一定范围内可以有较高的测量精度。

（3）技术成熟，深度图像可以有较高的分辨率。

线结构光扫描缺点如下。

（1）室外环境基本不能使用。因为在室外容易受到强自然光的影响，导致投射的编码光被淹没。增加投射光源的功率可以在一定程度上缓解该问题，但是效果并不尽如人意。

（2）测量距离较近。物体距离相机越远，物体上的投影图案越大，精度也越差，对应的测量精度也越差。所以基于结构光的深度相机测量精度随着距离的增大而大幅降低。因此，其往往在近距离场景中应用较多。

（3）容易受到光滑平面反光的影响。

5.3.3 三维表面缺陷扫描系统的数学模型

本节介绍了基于线结构光的三维表面缺陷扫描系统的数学模型的整体建立方法，首先采用线结构光视觉传感器获取物体表面的三维点云数据。从传感器各组成单元出发，建立各单元坐标系，并将各单元坐标系最终统一在世界坐标系下，实现物体轮廓三维坐标测量。借助于一维线位移平台，使传感器与物体形成相对运动，进而实现物体表面三维扫描，得到物体的三维点云数据。

5.3.3.1 线结构光视觉传感器的组成结构与一般测量模型

线结构光视觉传感器组成结构简单，主要由摄像机与线结构光投射器组成。线结构光视觉传感器的测量模型如图 5-24 所示。摄像机与结构光平面成一定角度安装。结构光投射器在物体表面投射线结构光，线结构光平面与物体表面相切，在物体表面形成一条光条。摄像机从另外一个角度拍摄结构光条纹图像。传感器的测量原理为光学三角法。

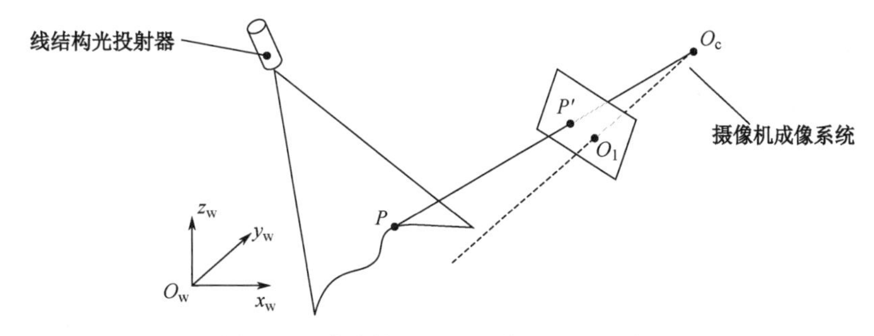

图 5-24　线结构光视觉传感器的测量模型

设点 P 为光条上一点，那么 P 既在物体表面上，又在结构光平面上。假设结构光平面在世界坐标系下的平面方程为：

$$ax_w + by_w + xz_w + d = 0 \tag{5-6}$$

式中，a,b,c,d 均为平面方程的系数。

设点 P 在摄像机中的像点为 P'，则 P 与 P' 点的连线过摄像机的光心 O_c。图 5-24 中 O_1 为成像面的主点，则 O_cO_1 为摄像机的光轴。若已知摄像机的焦距及摄像机在世界坐标系的位置和姿态，即已知 O_c 和 O_1 点的直线方程，则根据透视成像原理，若得到 P' 点坐标，就可以得到过 O_c 点与 P' 点的直线方程，设为：

$$\frac{x_w - x_c}{x_1 - x_c} = \frac{y_w - y_c}{y_1 - y_c} = \frac{z_w - z_c}{z_1 - z_c} \tag{5-7}$$

式（5-7）中，(x_c, y_c, z_c) 和 (x_1, y_1, z_1) 分别为 O_c 与 P' 在世界坐标系下的坐标。联立式（5-6）和式（5-7），求得直线 O_cP' 与光平面的交点，即 P 点的坐标。

式（5-6）和式（5-7）就是线结构光视觉传感器的一般测量模型。要得到物体表面的坐标，就需要知道物体表面光条上的点在世界坐标系的坐标，即需要得到其在线结构光平面世界坐标系下的方程和摄像机在世界坐标系下的方程。很显然，直接得到式（5-6）和式（5-7）是比较困难的，而且这种表述方式给后续物体三维扫描的模型建立带来一定困难。我们通常都会借助于一维/二维位移平台，对传感器的安装进行一定的限制，以建立一种方便于三维扫描的数学模型。

5.3.3.2　线结构光三维扫描系统的简化数学模型

要实现物体表面轮廓的三维扫描，线结构光与物体之间需要相对运动。根据式（5-6）与式（5-7）可知，要得到一般情况下结构光的光平面方程，并不是特别容易的；但是，如果结构光投射器与摄像机的位姿关系保持不变，不论结构光平面在世界坐标系中的位姿如何变化，都可以通过坐标系之间的旋转与平移矩阵得到世界坐标系下的测量值。所以，为了简化测量模型，本节假设线结构光平面位于世界坐标系的 $O_w - y_wz_w$ 平面上，借助于一维线性位移平台，实现物体与结构光之间的相对运动。线结构光三维扫描系统结构模型如

图 5-25 所示。

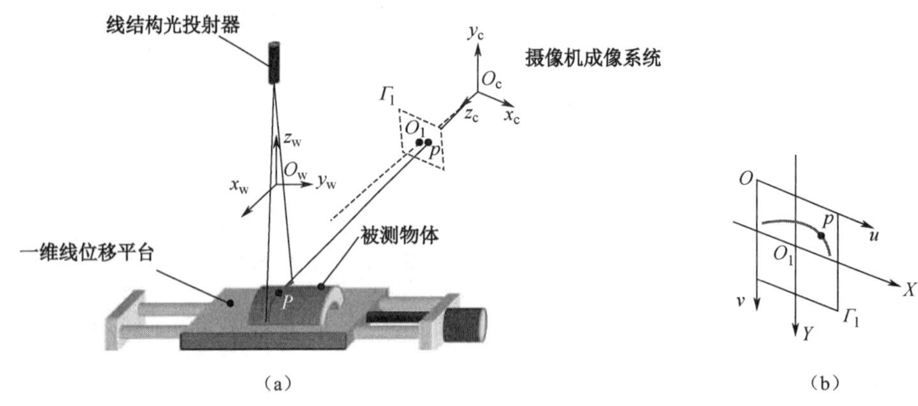

图 5-25　线结构光三维扫描系统结构模型

图 5-25 中，结构光所在平面垂直于一维电动位移平台的工作平面。建立测量坐标系 $O_w - x_w y_w z_w$，其中，$O_w - x_w y_w$ 平面平行于电动位移平台的工作平面，$O_w - x_w z_w$ 平面为结构光所在平面，并且使 $O_w y_w$ 方向与电动位移平台的运行方向正向一致。图 5.25（a）中，P 为结构光平面与被测三维表面的交线上的某一点，设其在测量坐标系 $O_w - x_w y_w z_w$ 的坐标为 $P(x_w, y_w, z_w)$ 待求。图 5-25（a）中 Γ_1 为摄像机的成像平面，O_c 为成像透视中心，即摄像机的主点。根据小孔成像模型，被测三维表面上的点 P 在摄像机中的像点即 Γ_1 上的一点，设为 p，p 即直线 PO_c 与平面 Γ_1 的交点。$O_c O_1$ 为摄像机的光轴，O_1 为光轴与平面 Γ_1 的交点。

5.3.3.3　理想小孔成像线结构光视觉传感器测量模型

摄像机得到结构光条纹成像后，经图像采集系统变换为数字图像，输入计算机中。每幅图像在计算机中表现为一个 $M \times N$ 数组，M 行 N 列的图像中的每个元素的数值即该图像点的亮度或者灰度。根据一般的计算机图像坐标方式，以左上角为原点，向左表示横向坐标方向，向下表示纵向坐标方向，建立笛卡儿坐标系 $O - uv$。如图 5-25（b）所示，每个像素点在图像中的坐标 (u,v) 分别是该像素位于数组中的列数与行数。设被测三维表面上的点 P 的像点 p 的图像像素坐标为 (u,v)，单位为像素；光轴与平面 Γ_1 的交点 O_1 的图像像素坐标为 (u_0, v_0)。以点 O_1 为原点，建立一个单位为毫米的图像物理坐标系 $O_1 - XY$，X 轴与 Y 轴分别与 u 轴和 v 轴平行，并且方向一致。

设点 p 在图像物理坐标系 $O_1 - XY$ 中的坐标为 $p(X,Y)$，并设每个像素在 X 轴与 Y 轴方向上的物理尺寸分别为 $\mathrm{d}X$ 与 $\mathrm{d}Y$，则像点 p 在图像的像素坐标系与物理坐标系的关系可表示为：

$$\begin{cases} u = \dfrac{X}{\mathrm{d}X} + u_0 \\ v = \dfrac{Y}{\mathrm{d}Y} + v_0 \end{cases} \tag{5-8}$$

用齐次坐标与矩阵形式表示为：

$$\begin{bmatrix} u \\ v \\ 1 \end{bmatrix} = \begin{bmatrix} 1/\mathrm{d}X & 0 & u_0 \\ 0 & 1/\mathrm{d}Y & v_0 \\ 0 & 0 & 0 \end{bmatrix} \begin{bmatrix} X \\ Y \\ 1 \end{bmatrix} \tag{5-9}$$

或者写成：

$$\begin{bmatrix} X \\ Y \\ 1 \end{bmatrix} = \begin{bmatrix} \mathrm{d}X & 0 & -u_0\mathrm{d}X \\ 0 & \mathrm{d}Y & -v_0\mathrm{d}X \\ 0 & 0 & 0 \end{bmatrix} \begin{bmatrix} u \\ v \\ 1 \end{bmatrix} \tag{5-10}$$

以摄像机的光心 O_c 为原点，建立摄像机坐标系 $O_c - x_c y_c z_c$，如图 5-25（a）所示。x_c 轴与 y_c 轴分别与图像坐标系的 X 轴和 Y 轴平行，且方向一致。z_c 轴为摄像机的光轴，其与图像平面 Γ_1 垂直，且交点为 O_1。$O_c O_1$ 为摄像机的焦距，设为 f，假设被测三维表面上的点 P 在摄像机坐标系 $O_c - x_c y_c z_c$ 的坐标为 $p(x_c, y_c, z_c)$，根据小孔成像模型的透视投影关系，有如下比例关系：

$$\begin{cases} X = \dfrac{f \cdot x_c}{z_c} \\ Y = \dfrac{f \cdot y_c}{z_c} \end{cases} \tag{5-11}$$

用齐次坐标和矩阵表示为：

$$s\begin{bmatrix} X \\ Y \\ 1 \end{bmatrix} = \begin{bmatrix} f & 0 & 0 & 0 \\ 0 & f & 0 & 0 \\ 0 & 0 & 1 & 0 \end{bmatrix} \begin{bmatrix} x_c \\ y_c \\ z_c \\ 1 \end{bmatrix} = \boldsymbol{P} \begin{bmatrix} x_c \\ y_c \\ z_c \\ 1 \end{bmatrix} \tag{5-12}$$

式中，s 为比例因子，$\boldsymbol{P}$ 为透视投影矩阵。

摄像机的坐标系 $O_c - x_c y_c z_c$ 与测量坐标系 $O_w - x_w y_w z_w$ 的关系可以用旋转矩阵与平移矩阵来表示。由于被测三维表面上的点 P 在摄像机坐标系下的坐标为 $p(x_c, y_c, z_c)$，在测量坐标系下的坐标为 $p(x_w, y_w, z_w)$，用齐次坐标分别表示为 $p(x_c, y_c, z_c, 1)$ 与 $p(x_w, y_w, z_w, 1)$，则有：

$$\begin{bmatrix} x_c \\ y_c \\ z_c \\ 1 \end{bmatrix} = \begin{bmatrix} \boldsymbol{R} & \boldsymbol{t} \\ 0 & 1 \end{bmatrix} \begin{bmatrix} x_w \\ y_w \\ z_w \\ 1 \end{bmatrix} = \boldsymbol{M} \begin{bmatrix} x_w \\ y_w \\ z_w \\ 1 \end{bmatrix} \tag{5-13}$$

式中，$\boldsymbol{R}$ 为 3×3 正交单位矩阵，代表摄像机的坐标系 $O_c - x_c y_c z_c$ 与测量坐标系 $O_w - x_w y_w z_w$ 之间的旋转角度关系；$\boldsymbol{t}$ 为 3×1 平移向量，$\boldsymbol{t}=(t_x, t_y, t_z)$，则：

$$\boldsymbol{R}=\begin{bmatrix} \cos\beta\cos\gamma & \sin\alpha\sin\beta\cos\gamma-\cos\alpha\sin\gamma & \cos\alpha\sin\beta\cos\gamma-\sin\alpha\cos\gamma \\ \cos\beta\sin\gamma & \sin\alpha\sin\beta\sin\gamma-\cos\alpha\cos\gamma & \cos\alpha\sin\beta\sin\gamma-\sin\alpha\sin\gamma \\ \sin\beta & \sin\alpha\cos\beta & \cos\alpha\cos\beta \end{bmatrix} \tag{5-14}$$

式中，α 为绕 x_w 轴的旋转角，β 为绕 y_w 轴的旋转角，γ 为绕 z_w 轴的旋转角。各个角度旋转的正方向定义为从坐标系原点沿各坐标轴正方向观察时的逆时针旋转方向。

式（5-13）为将测量坐标系沿 x_w 轴平移 t_x，沿 y_w 轴平移 t_y，沿 z_w 轴平移 t_z，然后绕 x_w 轴旋转 α，绕 y_w 轴旋转 β，绕 z_w 轴旋转 γ，即可与摄像机坐标系重合。坐标平移与旋转变换如图 5-26 所示。

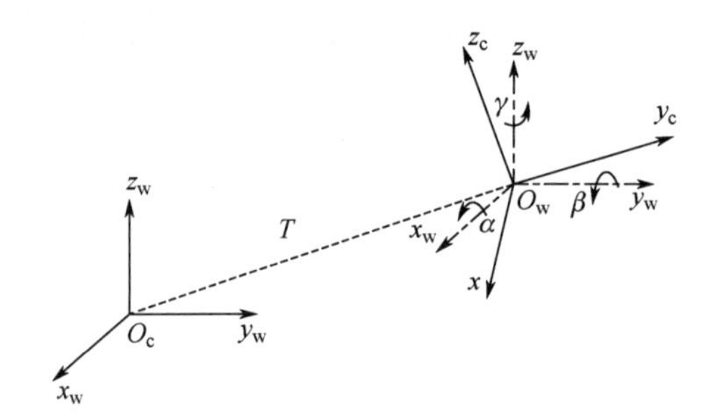

图 5-26　坐标平移与旋转变换

令

$$\boldsymbol{R}=\begin{bmatrix} r_1 & r_2 & r_3 \\ r_4 & r_5 & r_6 \\ r_7 & r_8 & r_9 \end{bmatrix} \tag{5-15}$$

$\boldsymbol{M}$ 为 4×4 矩阵，则：

$$\boldsymbol{M}=\begin{bmatrix} r_1 & r_2 & r_3 & t_x \\ r_4 & r_5 & r_6 & t_y \\ r_7 & r_8 & r_9 & t_z \\ 0 & 0 & 0 & 1 \end{bmatrix} \tag{5-16}$$

将式（5-16）代入式（5-13）可得：

$$\begin{cases} x_c = r_1 x_w + r_2 y_w + r_3 z_w + t_x \\ y_c = r_4 x_w + r_5 y_w + r_6 z_w + t_y \\ z_c = r_7 x_w + r_8 y_w + r_9 z_w + t_z \end{cases} \tag{5-17}$$

将式（5-17）代入式（5-11）可得：

$$\begin{cases} X = \dfrac{r_1 x_w + r_2 y_w + r_3 z_w + t_x}{r_7 x_w + r_8 y_w + r_9 z_w + t_z} \\ Y = \dfrac{r_4 x_w + r_5 y_w + r_6 z_w + t_y}{r_7 x_w + r_8 y_w + r_9 z_w + t_z} \end{cases} \tag{5-18}$$

式（5-18）表示与其理想成像点在图像物理坐标系中的坐标(X,Y)的关系。联立式（5-10）与式（5-18），即理想小孔成像下线结构光视觉传感器测量的数学模型。

5.3.3.4 考虑畸变的线结构光视觉传感器与三维扫描系统数学模型

实际上，由于镜头并不是理想的透视成像，而是带有不同程度的畸变，使空间点所成的像并不在线性模型所描述的位置$p(X,Y)$上，而是偏移一定的位置。设实际像点的坐标为$p'(X_d,Y_d)$，对应的像素坐标为$p'(u_d,v_d)$，考虑镜头畸变的摄像机模型如图 5-27 所示。

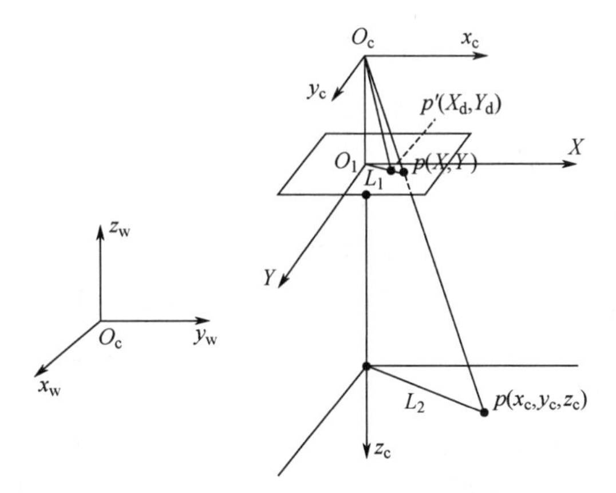

图 5-27 考虑镜头畸变的摄像机模型

镜头的畸变包括切向与径向畸变。在不考虑切向畸变的情况下，理想点与实际成像点之间的关系可以表示为：

$$\begin{cases} X_d = X(1 + k \cdot r_d^2) \\ Y_d = Y(1 + k \cdot r_d^2) \end{cases} \tag{5-19}$$

式中，k 为一阶径向畸变系数；$r_d^2 = X_d^2 + Y_d^2$。

由式（5-10）可得：

$$\begin{cases} X_{\mathrm{d}} = (u_{\mathrm{d}} - u_0)\mathrm{d}X \\ Y_{\mathrm{d}} = (v_{\mathrm{d}} - v_0)\mathrm{d}Y \end{cases} \tag{5-20}$$

联立式（5-18）、式（5-19）和式（5-20），化简整理可得：

$$\begin{cases} \dfrac{(u_{\mathrm{d}} - u_0)\mathrm{d}X}{1 + k(((u_{\mathrm{d}} - u_0)\mathrm{d}X)^2 + ((v_{\mathrm{d}} - v_0)\mathrm{d}Y)^2)} = f\dfrac{r_1 x_{\mathrm{w}} + r_2 y_{\mathrm{w}} + r_3 z_{\mathrm{w}} + t_x}{r_7 x_{\mathrm{w}} + r_8 y_{\mathrm{w}} + r_9 z_{\mathrm{w}} + t_z} \\ \dfrac{(v_d - v_0)\mathrm{d}Y}{1 + k(((u_{\mathrm{d}} - u_0)\mathrm{d}X)^2 + ((v_{\mathrm{d}} - v_0)\mathrm{d}Y)^2)} = f\dfrac{r_4 x_{\mathrm{w}} + r_5 y_{\mathrm{w}} + r_6 z_{\mathrm{w}} + t_y}{r_7 x_{\mathrm{w}} + r_8 y_{\mathrm{w}} + r_9 z_{\mathrm{w}} + t_z} \end{cases} \tag{5-21}$$

式（5-21）表述了被测三维表面上一点 $p(x_{\mathrm{w}}, y_{\mathrm{w}}, z_{\mathrm{w}})$ 与其像点 $p'(u_{\mathrm{d}}, v_{\mathrm{d}})$ 之间的关系。其中，$p'(u_{\mathrm{d}}, v_{\mathrm{d}})$ 通过图像处理可以得到，(u_0, v_0) 为图像物理坐标原点的像素坐标位置；k 为摄像机的径向畸变系数；f 为镜头的焦距；u_0、v_0、f 和 k 一起成为摄像机的内部参数；$r_1, r_2, \cdots, r_9$，以及 t_x, t_y, t_z 表示了摄像机坐标系与世界坐标系的关系，称为摄像机的外部参数。

由于被测点 $P(x_{\mathrm{w}}, y_{\mathrm{w}}, z_{\mathrm{w}})$ 位于光平面上，所以 $y_{\mathrm{w}} = 0$，将其代入式（5-21），则在摄像机的内部参数和外部参数均已知的情况下，可以得到 $p'(u_{\mathrm{d}}, v_{\mathrm{d}})$ 与 $p(x_{\mathrm{w}}, 0, z_{\mathrm{w}})$ 的关系式：

$$\begin{cases} \dfrac{(u_{\mathrm{d}} - u_0)\mathrm{d}X}{1 + k(((u_{\mathrm{d}} - u_0)dX)^2 + ((v_{\mathrm{d}} - v_0)\mathrm{d}Y)^2)} = f\dfrac{r_1 x_{\mathrm{w}} + r_3 z_{\mathrm{w}} + t_x}{r_7 x_{\mathrm{w}} + r_9 z_{\mathrm{w}} + t_z} \\ \dfrac{(v_d - v_0)\mathrm{d}Y}{1 + k(((u_{\mathrm{d}} - u_0)\mathrm{d}X)^2 + ((v_{\mathrm{d}} - v_0)\mathrm{d}Y)^2)} = f\dfrac{r_4 x_{\mathrm{w}} + r_6 z_{\mathrm{w}} + t_y}{r_7 x_{\mathrm{w}} + r_9 z_{\mathrm{w}} + t_z} \end{cases} \tag{5-22}$$

式（5-22）即在考虑畸变情况下，线结构光视觉传感器的数学模型。

根据图 5-26 所示的线结构光三维扫描模型，物体表面光条上点的坐标，即 $x_{\mathrm{w}}, z_{\mathrm{w}}$ 坐标由式（5-22）得到，当一维位移平台运动后，光条上的点的 y_{w} 坐标由平台位移决定。

$$y_w = \mathrm{Dist(encoder)} \tag{5-23}$$

$y_{\mathrm{w}} = \mathrm{Dist(encoder)}$ 表示光栅尺或编码器读数。通过式（5-22）和式（5-23）就可以得到光条上点坐标 $x_{\mathrm{w}}, y_{\mathrm{w}}, z_{\mathrm{w}}$。式（5-22）和式（5-23）即线结构光线位移扫描系统获取三维表面点云数据的数学模型。

本节首先建立了线结构光视觉传感器测量的一般数学模型，为了便于对物体三维表面扫描，将线结构光平面与世界坐标系中的一个平面重合；通过理想的针孔成像模型，建立了线结构光视觉传感器的简化数学模型，然后引入镜头畸变模型，建立了光条上点的图像坐标 $p'(u_{\mathrm{d}}, v_{\mathrm{d}})$ 与世界坐标值 $x_{\mathrm{w}}, z_{\mathrm{w}}$ 的关系。最后，考虑物体在一维线位移平台上平移时的情况，以线位移作为世界坐标的另一个坐标值 y_{w}。这样就得到物体平移扫描时 $p'(u_{\mathrm{d}}, v_{\mathrm{d}})$ 与 $x_{\mathrm{w}}, y_{\mathrm{w}}, z_{\mathrm{w}}$ 的对应关系。

根据建立的线结构光三维扫描模型可知，像素点坐标与世界坐标的关系由摄像机的内部参数及摄像机坐标系与结构光平面坐标系的关系所决定，即需要对摄像机与线结构光传感器标定。

5.3.3.5 线结构光视觉传感器的参数标定与精度分析

三维扫描系统的参数标定主要包括传感器内部参数标定（摄像系统的标定）和结构光平面与摄像系统的位姿关系确定两个部分。根据上一节结构光三维扫描系统的模型可知，确定扫描系统的参数，即确定摄像机的内部参数 u_0、v_0、f、k，以及摄像机坐标系与测量坐标系的关系 $r_1,r_2,\cdots,r_9$ 及 t_x,t_y,t_z 。本节首先介绍摄像机内部参数标定，然后着重研究了线结构光传感器参数标定方法，最后对标定的结果进行精度验证。

5.3.4 线结构光视觉传感器内部参数标定

线结构光视觉传感器的内部参数标定即摄像机内部参数标定，就是要确定式（5-21）中的 u_0、v_0、f 和 k。当前摄像机的标定方法非常多，包括 2D 平面靶标标定法、基于径向约束的标定法、基于主动视觉的标定法、基于 Kruppa 方程的自标定法、分层逐步标定法、基于二次曲面的标定法等。这些方法基本理论比较成熟，本节不再详述。

5.3.5 结构光视觉传感器外部参数标定方法分析

结构光传感器的标定需要确定结构光平面与摄像机的角度和位置关系，即求出摄像机坐标系与结构光坐标系的旋转矩阵与平移矩阵。按式（5-22）的描述，若已知图像中的若干特征点的坐标 $\{(X_1,Y_1),(X_2,Y_2),\cdots,(X_m,Y_m)\}$，以及其对应的物体特征点在世界坐标系下的坐标 $\{(x_1,y_1,z_1),(x_2,y_2,z_2),\cdots,(x_m,y_m,z_m)\}$，代入式（5-22），通过求解方程组，可以得到 $r_1,r_2,\cdots,r_9$ 及 t_x,t_y,t_z 。实际上，由于旋转矩阵为正交单位矩阵，所以，$r_1,r_2,\cdots,r_9$ 只有 6 个未知数。这样，旋转矩阵与平移矩阵中只有 9 个未知参数。如果 $m \geqslant 9$，就可以求得确定解。

根据此思路，最直接的标定方法是在三坐标测量机下，移动测头，同时拍摄对应位置的测头的图像，得到测头图像坐标，然后求解方程组。但是，三坐标测量机价格昂贵，而且不是在所有场合都能够方便使用，所以，设计一种能够方便获得物体特征点世界坐标的靶标，是结构光传感器标定的关键之一。

线结构光视觉传感器的标定主要包括三维靶标直接标定法和二维平面靶标标定法。直接标定法是已知世界坐标系中的三维特征点坐标，求得其像点坐标后，通过解方程得到两种坐标之间的转换关系，其关键是得到特征点的三维空间坐标。

R.Dewa 和 K.W.James 提出了所谓的“拉丝法”，如图 5-28（a）所示。激光投射器投射光平面到几根不共线的细丝上，在细丝与光平面的交汇处产生亮斑。摄像机获取亮斑图像坐标，同时，用其他坐标测量仪器测出亮斑的空间物理坐标值。这样，就可以将亮斑的图像坐标与物理坐标代入方程求解光平面与摄像机的位姿关系。用这种方法获取坐标比较直接，但必须借助于其他仪器进行测量。

段发阶提出锯齿法，即利用结构光平面与锯齿状的靶标相切，见图 5-28（b），获取特征点的坐标。这种方法标定简单，可行性较高。本书利用这种方法对实验中的线结构光传感器进行了标定，并对其中的特征点提取算法进行了改进。该方法将会在后面章节进行详细介绍。

魏振忠提出了根据双重交比不变性的直角靶标标定法，如图 5-28（c）所示。激光投射器的光平面与成直角的两个刚性平面相交，光条再与靶标平面上的标志块相交形成特征点。利用双重交比不变性，通过交线特征点，还可以获得交线上任意一点的物理坐标。这种方法增加了特征点，相应的标定精度得到提高，但这种靶标的制作复杂、成本较高。

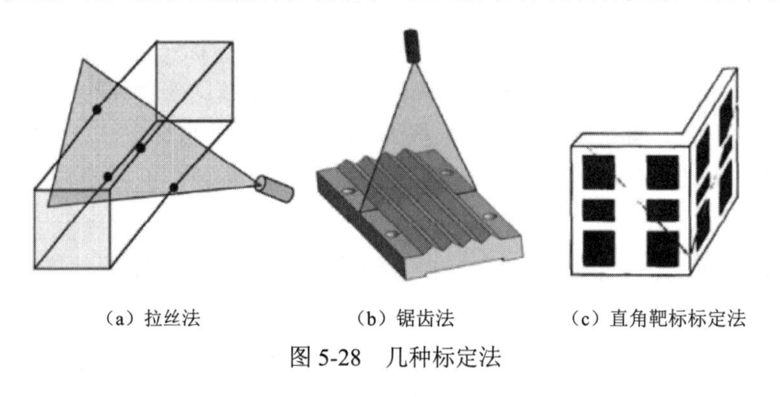

（a）拉丝法　　（b）锯齿法　　（c）直角靶标标定法

图 5-28　几种标定法

以上方法都是基于三维靶标的直接标定法的，标定方法直观、简单，但靶标的制作要求和成本较高。因此，目前研究更多的是平面靶标标定法。

将靶标在不同位置摆放两次以上，激光投射器在平面靶标上形成光条，计算图像坐标，求解光条的 Pucker 矩阵，然后采用非线性优化方法得到结构光平面的方程的最优解。该方法利用了光条上所有点的参数与运算，精度较高，但计算复杂，标定结果直接依赖于光条物理特性参数。孙军华先由靶标上的特征点和对应的图像点求得同射变换的 Homography 矩阵 $\boldsymbol{H}$，再由 $\boldsymbol{H}$ 求解光条上的点在摄像机坐标系下的坐标，但如何求得 $\boldsymbol{H}$ 仍是标定的关键。这些标定方法的共同点是对靶标摆放位姿没有严格要求，其区别在于采用的靶标不一样，求解光平面方法的难易程度不同。所以，在不降低精度的情况下，如何使标定过程更加简单，求解方法更容易，更易于现场使用和维护，是目前结构光视觉传感器标定需要解决的问题。

5.3.5.1　基于锯齿立体靶标的传感器直接标定法

本方法需搭建如图 5-29 所示的线结构光视觉传感器标定实验台架，对结构光传感器进行标定。

锯齿靶标直接标定法的具体步骤如下。

（1）调整结构光的角度，使结构光垂直投射到锯齿靶标上。结构光与锯齿靶标的齿顶与齿根相交于点 A、B、C、D、E、F 和 G，结构光与靶标棱线相切得到的特征如图 5-30 所示。在这里，A～G 称为物体特征点。假设靶标所处的世界坐标系的原点位于如图 5-30 所示的交点 O，则所有特征点的世界坐标可以确定下来。

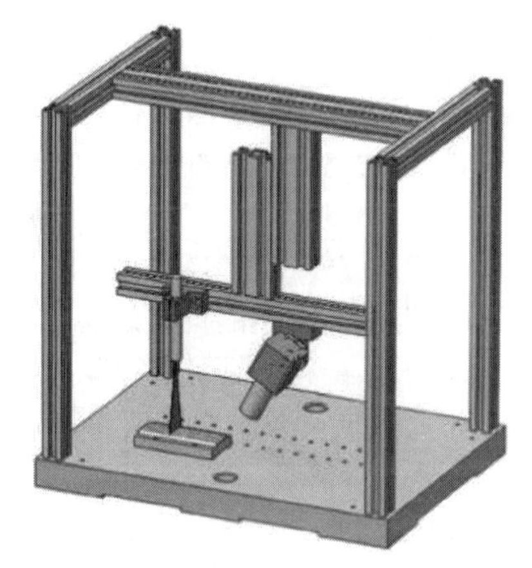

图 5-29　线结构光视觉传感器标定实验台架

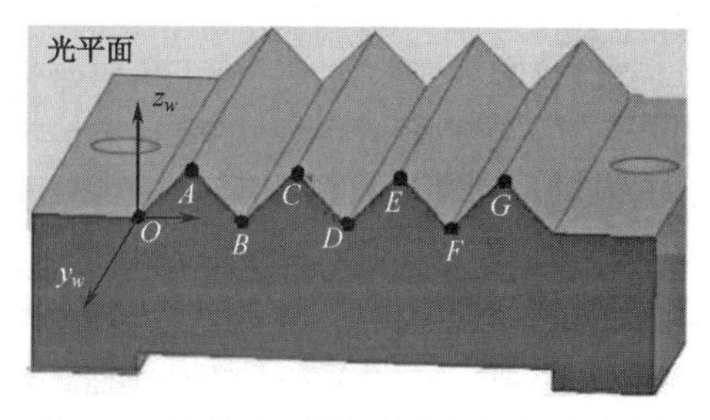

图 5-30　结构光与靶标棱线相切得到的特征

（2）摄像机从一定的角度拍摄靶标，得到结构光光条图像，如图 5-31 所示。传统的特征点提取方法是直接提取光条的角点坐标的，但这种方法容易受靶标棱线的反光影响，因而得不到比较理想的角点位置。本节通过对光条图像进行处理，先提取光条中心线，得到结构光与靶标的实际交线，把交线的转折点 A'、B'、C'、D'、E'、F'和 G'作为靶标特征点 A、B、C、D、E、F 和 G 对应的像点图像。提取图像中光条中心线获得的特征点图像如图 5-32 所示，这样得到了一组特征点的图像坐标和世界坐标。

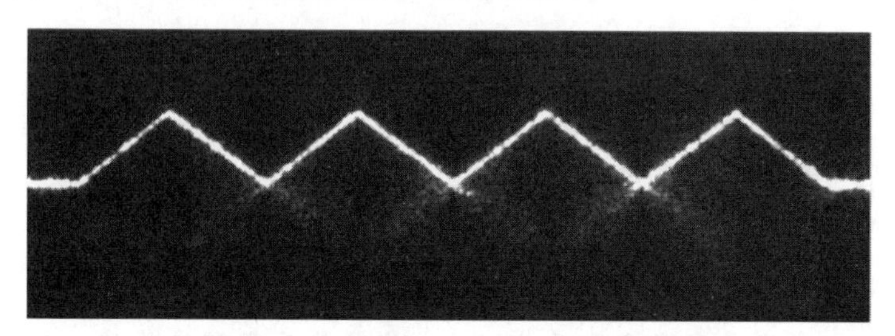

图 5-31　结构光投射在靶标上的光条图像

（3）沿 z_w 轴方向调整靶标的位置，则特征点 A、B、C、D、E、F 和 G 的坐标将发生变化，同时获取的光条图像特征点也会发生变化。这样，可以得到另外一组特征点的图像坐标和世界坐标。

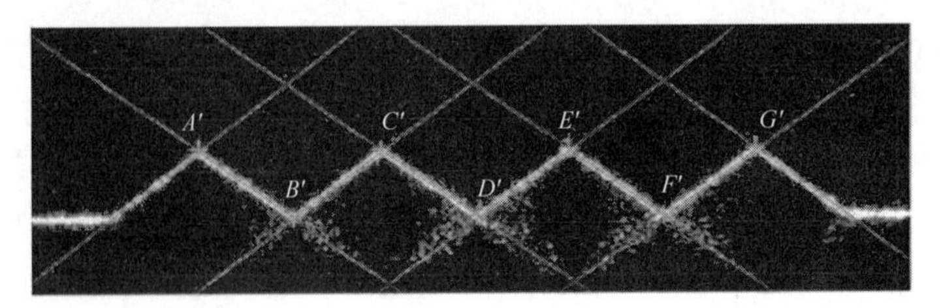

图 5-32 提取图像中光条中心线获得的特征点图像

（4）不断调整 z_w 的坐标，可以得到一系列特征点的物理坐标和图像坐标，将其代入式（5-22），得到一个方程组，采用 Levenberg-Marquardt 等方法求解非线性超定方程组，可以得到旋转矩阵 $\boldsymbol{R}$ 与平移矩阵 $\boldsymbol{t}$。

摄像机的内部参数及结构光传感器参数都确定后，就可以从获取的图像坐标计算出对应点的世界坐标。实际上，当被测量值增加，条纹在摄像机坐标系中的位置逐步上移，使结构光成像远离镜头的中心，畸变也会越来越大。所以，虽然结构光视觉传感器中已经考虑了径向畸变，但是由于标定误差的存在，不可能完全消除径向畸变。所以，实际测量时，应该将测量范围尽量靠近摄像机视野的中心。

5.3.5.2 基于三圆点平面靶标的传感器标定法

基于锯齿靶标的传感器标定方法比较简单，但对靶标的摆放位置，以及对 z_w 调整要求较严，不适用于现场标定。为此，本节介绍一种基于三圆点平面靶标的线结构光视觉传感器标定方法。

1. 标定原理

设计的平面点阵靶标如图 5-33（a）所示，以中心点为原点，建立靶标平面坐标系如图 5-33（b）所示。

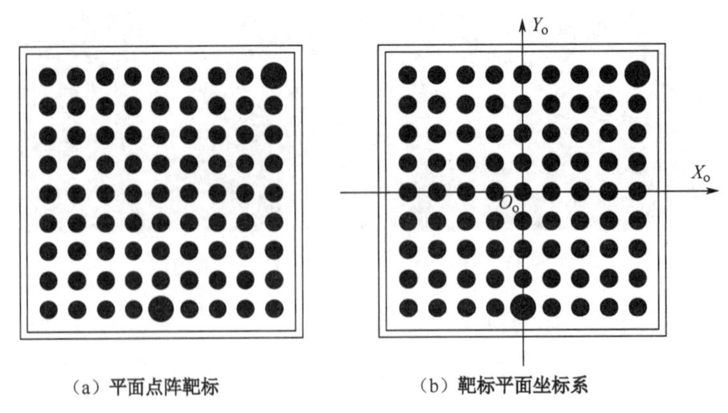

（a）平面点阵靶标　　（b）靶标平面坐标系

图 5-33 平面点阵靶标及平面坐标系

靶标上有 9 行 9 列共 81 个圆点，半径 3mm 的圆点 1 个，半径 7mm 的圆点 2 个，半径 5mm 的原点 78 个，圆点行列间距为 8mm。

标定时，靶标放在相机视场范围内的任意位置，对其摆放位姿没有任何要求。结构光视觉传感器模型如图 5-34 所示。以靶标中心的圆点为坐标原点，建立靶标坐标系 $O_o - X_oY_oZ$，摄像机坐标系为 $O_c - X_cY_cZ_c$。

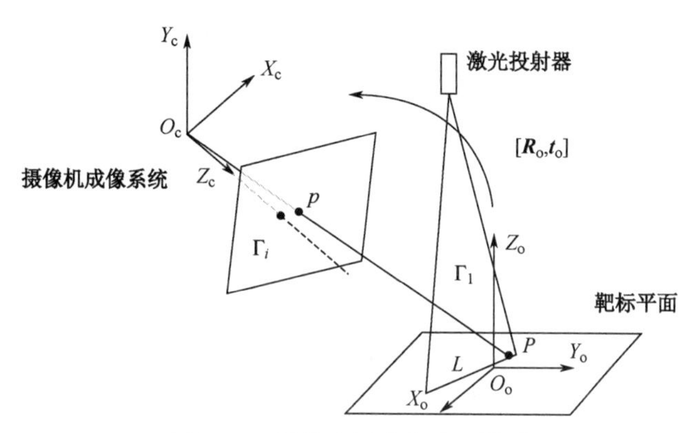

图 5-34　结构光视觉传感器模型

设摄像机的像平面为 Γ_i，激光器投射的光平面为 Γ_1，Γ_1 与靶标平面 $O_o - X_oY_o$ 交于直线 L。点 P 为直线 L 上一点，设其在靶标坐标系下的坐标为 $(X_o,Y_o,0)$，在摄像机坐标系下的坐标为 (X_c,Y_c,Z_c)。点 P 在摄像机中的像点为 p，设 p 点的图像坐标为 (u,v)，则：

$$s\begin{bmatrix}u\\v\\1\end{bmatrix}=\boldsymbol{A}_c\begin{bmatrix}X_c\\Y_c\\Z_c\end{bmatrix} \tag{5-24}$$

式中，$\boldsymbol{A}_c$ 为摄像机的内参矩阵；s 为比例系数。

设靶标坐标系到摄像机坐标系的变换矩阵为 $[\boldsymbol{R}_o,\boldsymbol{t}_o]$。$\boldsymbol{R}_o$ 为 3×3 正交旋转矩阵，$\boldsymbol{t}_o$ 为 3×1 平移向量，则：

$$\begin{bmatrix}X_c\\Y_c\\Z_c\end{bmatrix}=[\boldsymbol{R}_o,\boldsymbol{t}_o]\begin{bmatrix}X_o\\Y_o\\0\\1\end{bmatrix} \tag{5-25}$$

将式（5-25）代入式（5-24），则有：

$$s\begin{bmatrix}u\\v\\1\end{bmatrix}=A_c[\boldsymbol{R}_o,\boldsymbol{t}_o]\begin{bmatrix}X_o\\Y_o\\0\\1\end{bmatrix} \tag{5-26}$$

根据式（5-26）可知，在摄像机内部参数已知的情况下，若已知像点坐标及其对应点的靶标坐标系下的坐标，通过求解线性方程组，可以求得变换矩阵$[\boldsymbol{R}_{\mathrm{o}},\boldsymbol{t}_{\mathrm{o}}]$。

令

$$\boldsymbol{H}=\boldsymbol{A}_{\mathrm{c}}[\boldsymbol{R}_{\mathrm{o}},\boldsymbol{t}_{\mathrm{o}}]=\begin{bmatrix}\boldsymbol{h}_{11} & \boldsymbol{h}_{12} & \boldsymbol{h}_{13} & \boldsymbol{h}_{14}\\ \boldsymbol{h}_{21} & \boldsymbol{h}_{22} & \boldsymbol{h}_{23} & \boldsymbol{h}_{24}\\ \boldsymbol{h}_{31} & \boldsymbol{h}_{22} & \boldsymbol{h}_{23} & \boldsymbol{h}_{24}\end{bmatrix} \tag{5-27}$$

则：

$$s\begin{bmatrix}u\\ v\\ 1\end{bmatrix}=\begin{bmatrix}\boldsymbol{h}_{11} & \boldsymbol{h}_{12} & \boldsymbol{h}_{14}\\ \boldsymbol{h}_{21} & \boldsymbol{h}_{22} & \boldsymbol{h}_{24}\\ \boldsymbol{h}_{31} & \boldsymbol{h}_{32} & \boldsymbol{h}_{34}\end{bmatrix}\begin{bmatrix}X_{\mathrm{o}}\\ Y_{\mathrm{o}}\\ 1\end{bmatrix} \tag{5-28}$$

令$\boldsymbol{M}=[\boldsymbol{h}_1,\boldsymbol{h}_2,\boldsymbol{h}_4]^{-1}$，$\boldsymbol{h}_1,\boldsymbol{h}_2,\boldsymbol{h}_4$分别是$\boldsymbol{H}$矩阵的第 1、2、4 列向量。则有：

$$\begin{bmatrix}X_{\mathrm{o}}\\ Y_{\mathrm{o}}\\ 1\end{bmatrix}=s\boldsymbol{M}\begin{bmatrix}u\\ v\\ 1\end{bmatrix}=s\begin{bmatrix}m_{11} & m_{11} & m_{11}\\ m_{21} & m_{22} & m_{23}\\ m_{31} & m_{32} & m_{33}\end{bmatrix}\begin{bmatrix}u\\ v\\ 1\end{bmatrix} \tag{5-29}$$

式中

$$s=\frac{1}{m_{31}u+m_{32}v+m_{33}}$$

求取$[\boldsymbol{R}_{\mathrm{o}},\boldsymbol{t}_{\mathrm{o}}]$后，代入式（5-25），就可以求得$P$点在摄像机坐标系下的坐标$(X_{\mathrm{c}},Y_{\mathrm{c}},Z_{\mathrm{c}})$。这样，若能求取不共线的其他$P$点在摄像机坐标系下的坐标，且在点数多于 3 点的情况下，就可以得到光平面在摄像机坐标系下的平面方程。若以光平面所在面建立测量坐标系，就可以找到摄像机在测量坐标系下的变换矩阵，实现坐标测量。

2．坐标映射策略

从上述的标定模型可知，在根据式（5-26）求解转换矩阵时，需要知道靶标中特征点的图像坐标及其在靶标坐标系$O_{\mathrm{o}}-X_{\mathrm{o}}Y_{\mathrm{o}}Z_{\mathrm{o}}$中的对应坐标，即坐标映射关系。坐标映射方法也是标定中的关键。Mark 采用编码阵列对特征点进行识别，能很好地实现坐标映射，但编码特征点制作复杂。谭海曙通过 Delaunay 三角化原理对特征点进行网格划分，通过相邻特征点之间的几何连接关系进行排序，实现坐标映射，这种映射直接依赖于网格划分结果，对网格划分要求较高，算法较复杂。

本节介绍了如图 5-35（a）所示的实心圆点阵列完整靶标，并给出了一种简单易行的映射方法。靶标上有 9 行 9 列，共 81 个实心圆。直径为 3mm 的实心圆一个，位于靶标中心，以该圆的中心为靶标平面的原点，建立的平面坐标系如图 5-35（e）所示；直径为 7mm 的实心圆两个，分别位于Y_{o}轴最下方和平面右上方；其余直径为 5mm 的实心圆 78 个；实心圆的行列间距均为 8mm。靶标平面共有 3 种不同大小的实心圆，并且按一定的规律排列，称为三圆点靶标。靶标对实心圆的中心间距有精度要求，对直径大小没有严格要求。

拍摄靶标图像后，通过对实心圆轮廓进行椭圆拟合，可以得到各圆的亚像素中心坐标。同时，统计出各圆轮廓所包围区域面积的大小。坐标映射策略如下。

（1）将各圆按面积从大到小排序，得到面积最大的两个圆的中心点 B、C，以及最小的一个圆的中心点 A，则 A 为靶标坐标系的原点。计算 B 和 C 到 A 的距离，距 A 较近者定义为 B，则 AB 为靶标坐标系 Y_o 轴负向；C 点为坐标系第一象限右上角一点，可根据 C 点坐标判断靶标旋转角度（为简化描述，以下假设旋转角度小于 90°）。

（2）搜索所有到直线 AB 距离近似为 0 的点，这些点都在 Y_o 轴上，将这些点按纵坐标从小到大排序。

（3）Y_o 轴上纵坐标最小的点与 C 点在一条直线上，设为直线 L_o，计算 Y_o 轴所有点到 L_o 的距离，记为 $d_1,d_2,\cdots,d_9$，并搜索到 L_o 的距离分别为 $d_1,d_2,\cdots,d_9$ 的点，并分别按横坐标从小到大排序，这样完成所有行的搜索，实现了坐标映射。

如图 5-35 所示为坐标映射结果图，映射策略同样适用于靶标遮挡情况如图 5-35（c）和图 5-35（d）所示。

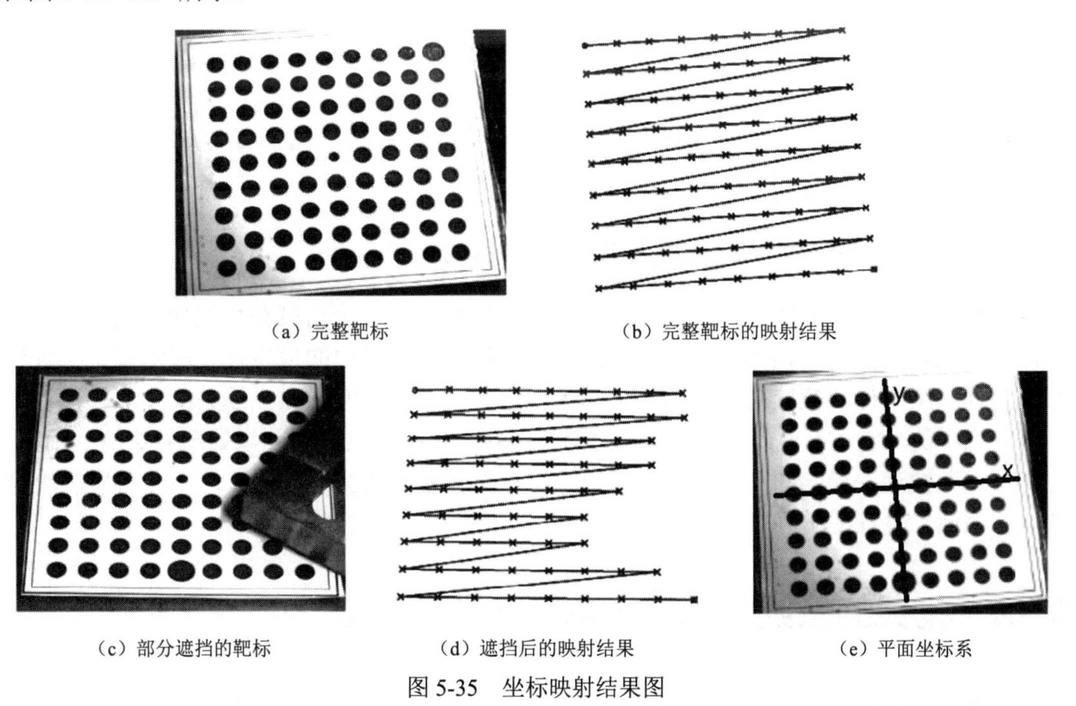

（a）完整靶标　（b）完整靶标的映射结果

（c）部分遮挡的靶标　（d）遮挡后的映射结果　（e）平面坐标系

图 5-35　坐标映射结果图

3. 标定步骤

相机内参标定采用本章第一节的标定结果，这里只讨论线结构光平面与摄像机坐标系之间的关系。具体标定步骤如下。

（1）将平面靶标放置在摄像机视场范围内，关闭激光器，拍摄靶标图像，提取图像中各椭圆点中心，得到靶标中各圆点的图像坐标。根据圆点映射关系，找到各圆点对应的靶标坐标系中的坐标，代入式（5-26），得到当前平面靶标坐标系与摄像机坐标系的关系，设为$[\boldsymbol{R}_{o1},\boldsymbol{t}_{o1}]$。

（2）保持平面靶标位姿不变，打开激光器，拍摄投射在靶标上的条纹图像；提取图像中条纹的直线，该直线与靶标坐标系中的各列点所在直线交于点$p_1,p_2,\cdots,p_n$，它们成为条纹特征点；这些特征点在图像坐标系下的坐标易于求得。再根据此不变性，可求得$p_1,p_2,\cdots,p_n$各点在靶标坐标系的坐标。由于$[\boldsymbol{R}_{o1},\boldsymbol{t}_{o1}]$已知，则$p_1,p_2,\cdots,p_n$各点在摄像机坐标系下的坐标亦可求得。

（3）调整平面靶标位姿，使其与第一步中的位姿不共面，关闭激光器，重复第（1）步和第（2）步操作，得到激光平面与靶标平面相交直线上另外 9 个点的坐标。

（4）重复第（3）步操作，又得到激光平面上的另外 9 个点坐标。

（5）根据得到激光平面上的点在摄像机坐标系下的坐标，通过平面拟合，得到激光器平面在摄像机坐标系下的平面方程。

本节主要介绍了线结构光传感器的标定。采用平面棋盘格靶标对摄像机内参数进行标定，然后用锯齿靶标对线结构光平面和摄像机的位姿关系进行了标定；对现有的一些适合现场标定的平面靶标标定方法进行了分析，介绍了基于三圆点平面靶标的线结构光视觉传感器标定方法，而该标定方法更适合检测现场标定。

4．线结构光条纹中心线提取的图像处理方法研究

三维扫描时，激光线投射在物体表面，摄像机从另外一个角度获得被物体表面调制后的激光线图像。从三维扫描数学模型可知，激光线在摄像机中的像坐标提取的偏差将直接影响物体三维坐标的获取精度。所以，如何稳定、可靠地提取出激光线条纹图像的位置是三维扫描中的关键。下一节中，在详细讨论国内外激光线条纹获取图像处理方法的基础上，提出了一种快速、稳定的高精度图像处理方法，并针对不同光照环境，对不同材质和纹理的物体表面，进行了精度对比分析。

5.3.6 常见的条纹中心线提取图像处理方法

线结构光也称激光线，线结构光产生原理示意图如图 5-36 所示。半导体激光发生器（Laser Diode，LD）位于柱面镜的焦点处。LD 输出的光束与 He-Ne 激光器不一样，它具有较大发散角且呈椭圆分布。而柱面镜使激光束在椭圆短轴方向垂直，在另外一个方向发散，即形成一个具有一定宽度和厚度的空间光平面。LD 输出光束的光强呈高斯分布，经过柱面

镜扩束后，在垂直于光平面的截面上光强也呈高斯分布，如图 5-37 所示。

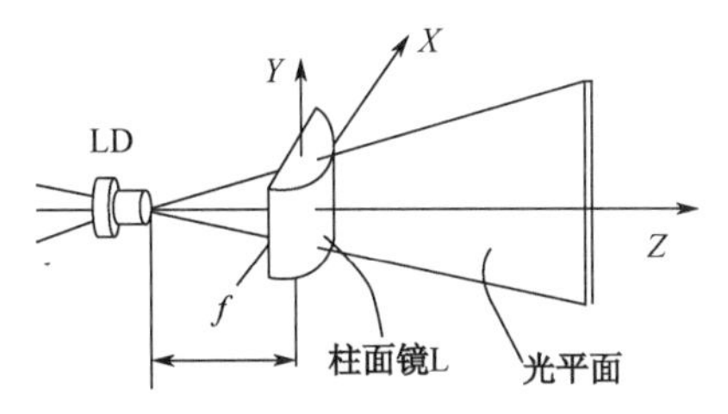

图 5-36 线结构光产生原理示意图

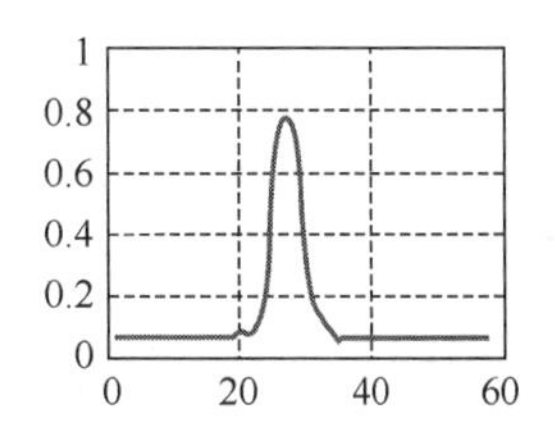

图 5-37 光条截面光强呈高斯分布

由于线结构光的光强在横截面上本身就是高斯分布，经过摄像机成像后，获得的结构光条纹的灰度图像也呈高斯分布。所以，提取结构光条纹图像中心的关键是找到灰度条纹图像的高斯中心。

根据测量时的系统组成和测量原理将影响提取精度的因素分成 4 大类，针对每类的噪声来源、噪声类别及其是否可消除、避免噪声方法及措施可进行对比分析。

5.3.6.1 几何中心方法

几何中心方法是从数字图像处理的图像分割理论发展而来的。其基本思路是，首先对光条纹进行边缘检测，然后利用提取的光条纹两条边缘线的几何关系或阈值信息求取光条纹的几何中心线。根据计算依据的信息和算法不同，几何中心法可分成以下 3 类。

1．利用边缘信息的提取方法

此方法主要利用特征检测分割出的两条光条纹区域边缘线，从计算几何角度提取光条纹中心线。该类方法是最早用来实现结构光条纹中心线提取的主要方法的，最先实现的传统边缘法（又称轮廓法）只是简单地将两条边缘线中的某一条提取出来作为光条纹中心线，后来经过改进发展的中线法（又称中心法）是提取两条边缘线的中线作为光条纹中心线。表 5-5 是边缘法与中线法对比。

表 5-5 边缘法与中线法对比

名 称	特 点
边缘法	取光条纹内或外边缘线作为中心线
	适用于精度要求不高的大型物体测量
	要求图像质量较好，并且结构光特性较高
中线法	取光条纹内外边缘线的中线作为中心线
	适用于条纹质量好且形状规则的物体测量
	实现简单，并且避免判断内外边缘轮廓线

在运用两种方法的过程中，由于物体模型表面复杂，各有细微特征，以及光条纹不规范，常常使提取的中线出现“分枝”，而由于遮挡等原因也会造成光条纹出现缺失或断线，这些都会产生测算误差。据此，又在该方法的基础上提出一种利用光强信息进行修正的中线法，即利用表面光强分布信息与表面法线方向关系，采用逐次逼近的计算方法修正带有误差的中线轮廓，使得算法精度得到进一步提高。

2. 利用阈值信息的提取方法

此方法假设在理想的结构光条纹特性和被测物体表面质量相同的条件下，提取阈值分割后光条纹横截面中的一对阈值分割线的中点位置作为光条纹中心点。该方法称为灰度阈值法，具有计算速度快、简单等特点。

由于受阈值分割和噪声影响大而使得提取精度差，它只适用于对光条纹中心位置的粗略估计。针对激光散斑效应、噪声影响较为严重的问题，也可采用图像多帧平均法，此方法虽然有效地去除了噪声，但是由于它需同时处理几帧图像，导致计算数据量较大，处理速度缓慢，不适合工程应用。

3. 利用细化技术的提取方法

此方法利用细化技术得到光条纹区域的细化曲线来替代光条纹中心线，称为形态学骨架法（又称骨架细化法）。骨架是图像几何形态的重要拓扑结构描述，保持了原目标的拓扑性质。它具有原目标相同的特征，可用来表征一个光条纹的中心线特征。细化过程就是不断地腐蚀二值图像的边界像素，直到获得一条单像素宽的光条纹连通线（骨架）的过程。

将形态学处理引入光条纹中心提取是一个重要的算法推广。但由于单纯提取的骨架没有考虑光条纹的截面光强特性，导致提取的光条纹中心线精度不高。同时，在迭代腐蚀边界像素时必须保持目标的连通性，而不能改变图像的拓扑性质，因而需要进行多次细化操作，使得提取算法的运算速度降低。

5.3.6.2　光条纹中心的能量中心提取法

此类方法又简称为能量中心方法，它是在对激光光束的光学分析、结构光条纹的形成原理和灰度特性分析的基础上发展形成的。其基本计算思路是求取光条纹横截面上理想的光强高斯分布曲线的灰度重心点或灰度极大值点作为光条纹的中心点，然后把连接点集拟合成高次曲线得到光条纹的能量中心线，作为光条纹的中心线。目前，光条纹能量中心的提取方法分为以下 3 类。

1. 利用灰度重心的提取方法

此方法是直接依据光条纹在每一行横截面区间内灰度值的排列，沿行坐标方向求取光条纹区域的灰度重心点，以此表示该截面的光条纹中心点位置。该方法减小了由于光条纹灰度分布的不均匀性而引起的误差，提高了提取精度。但由于在光条纹截面中参与计算的像素点数不同，并受到噪声干扰影响，导致了中心点位置计算结果出现沿坐标方向的偏移误差。针对得到灰度重心点之前的噪声干扰、图像预处理方法等问题，以及如何得到更加逼近实际的灰度重心点等，很多学者进行了有针对性的分析和研究，表 5-6 列出了灰度重心法的改进方法。在表中针对改进因素的不同方式或途径进行分别对比，从采用的理论基础和算法特点两个方面进行了分析。

表 5-6 灰度重心法的改进方法

针对性或改进因素	方法名称	理论基础	算法特点
灰度重心点提取的偏移误差和曲面调制误差	自适应迭代法	系统量传递理论	基本消除光条纹调制误差，可用于快速精密测量
灰度重心点提取的偏移误差和曲面调制误差	自适应迭代法	偏态分布重心特性	基本消除光条纹调制误差，可用于快速精密测量
灰度重心点提取对光强分布不均匀的敏感性	自适应阈值法	阈值分割算法	去除某些随机噪声及激光散斑效应的干扰影响
灰度重心点提取对光强分布不均匀的敏感性	自适应阈值法	浮动阈值特性	去除某些随机噪声及激光散斑效应的干扰影响
边界灰度阈值选取对灰度重心点提取的影响	梯度重心法	灰度梯度特性	克服灰度分布不匀称，良好的抗噪性和稳健性
边界灰度阈值选取对灰度重心点提取的影响	梯度重心法	灰度非正态分布特性	克服灰度分布不匀称，良好的抗噪性和稳健性
光条纹法线方向上灰度重心点的计算偏差	全分辨率法	灰度梯度特性	兼顾光条纹延伸方向影响因素、适用于在线精确测量
光条纹法线方向上灰度重心点的计算偏差	全分辨率法	Bazen 方法	兼顾光条纹延伸方向影响因素、适用于在线精确测量
光条纹法线方向和灰度重心点的判别	封闭光圈（光带）法	基准坐标变换	计算精度高，但计算数据量大、速度慢、应用实时性差
光条纹法线方向和灰度重心点的判别	封闭光圈（光带）法	模板校正算法	计算精度高，但计算数据量大、速度慢、应用实时性差
噪声干扰对灰度重心点提取的影响	NURBS 曲线插值法	NURBS 曲线的局部控制特性、插值运算方法	降低噪声影响，重复计算，精度稳定性好
噪声干扰对灰度重心点提取的影响	B 样条迭代法	B 样条曲线特性迭代算法	逐步迭代修复噪声影响，提高提取精度
噪声干扰对灰度重心点提取的影响	遗传优化法	遗传算法	增强抗噪声能力
噪声干扰对灰度重心点提取的影响	可变形模型法	图像分割阈值特性	实现断线的修补
噪声干扰对灰度重心点提取的影响	可变形模型法	可变形模型理论	有效抑制噪声影响
噪声干扰对灰度重心点提取的影响	可变形模型法	B 样条曲线特性	实现断线的修补
噪声干扰对灰度重心点提取的影响	感兴趣区域（ROI）	最大类间方差法	提高处理速度、增强光照下抗漫反射能力和分割特性
噪声干扰对灰度重心点提取的影响	分割法	阈值分割特性	提高处理速度、增强光照下抗漫反射能力和分割特性

2. 利用方向模板技术的提取方法

此方法又称为可变方向模板法（简称方向模板法），主要针对光条纹图像进行低通滤波除噪和平滑处理后而引起损失物体表面几何细节信息的缺点，提出采用“有效尺寸”为 5×3 像素的 4 种不同方向模板与光条纹图像进行卷积运算，可直接提取光条纹中心。最初由胡斌等提出，它是从利用灰度重心提取方法的思想发展而来的。

该方法具有与采用固定模板卷积一样的抗噪声和一定断线修补能力，较好地保留了光条纹的细节信息。但是在更高精度的要求下，仅仅选取 4 个方向的模板不能够满足要求。但如果增加其他不同方向的模板，又会增加计算量和运算时间，影响处理效率。

3．利用极大值点的提取方法

此方法主要以光条纹中横截面光强极大值点作为光条纹中心点，在光条纹横截面的灰度分布呈理想高斯分布的情况下具有很好的提取效果，而且提取速度较快。但由于受到噪声干扰，光条纹横截面的灰度分布曲线不能完全构成理想高斯曲线，因此该方法不适用于噪声比较大的图像。近年来以该方法为基础，许多研究者又提出了改进方法，其中最具有代表性的是德国慕尼黑大学的 Steger 博士在 1998 年提出的曲线条纹中心的无偏差提取法。Steger 的方法主要是针对医学图像、卫星图像中的条纹（如血管、道路等）特征的，在条纹法线方向将条纹灰度分布按泰勒多项式展开，求取多项式的极值所在位置，即灰度分布的中心。Steger 的方法具有较强的普适性，特别针对复杂条纹及交叉点的中心提取，具有很强的稳健性，并且提取精度较高。但是由于其用到了大模板的高斯核图像卷积，运算效率较低。国内外许多学者针对 Steger 方法的优缺点进行了改进，极大值点法的改进方法见表 5-7，以提高其运算效率。

表 5-7　极大值点法的改进方法

针对性	改进方法	特点
干扰噪声影响	从极大值点向两边缘方向搜索到相同阈值	阈值对等更精确，运算时间增长
寻找极大值点	（最小二乘法）高斯曲线拟合或二次抛物线拟合 Steger 的 Hessian 矩阵法（曲线求导理论） 胡坤的改进 Steger 法（采用固定像素框或递归滤波） 基于 ROI 分割的胡坤法的改进	曲线拟合理论成熟，提取精度达亚像素级，精度高，稳健性好，运算量较大 极大地减少运算量，实现矩阵快速运算 极大地提高运算速度，适合实时应用

5.3.7　Steger 法提取条纹中心线

本节将对 Steger 法的基本原理和实现方法进行详细探讨，并对运算效率进行分析。

5.3.7.1　一维条纹中心线提取

一维条纹灰度轮廓模型如图 5-38 所示。图 5-38（a）为灰度对称形式的条纹轮廓，如平面印刷的文字、航拍得到的道路等，它们都具有这种灰度分布特性。图 5-38（b）为非对称灰度分布的条纹轮廓。图 5-38（a）、（b）的条纹轮廓的数学表达式分别为式（5-30）和式（5-31）。

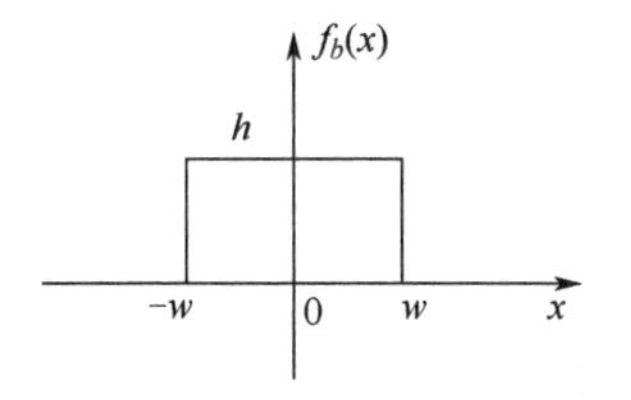

（a）灰度对称形式的条纹轮廓

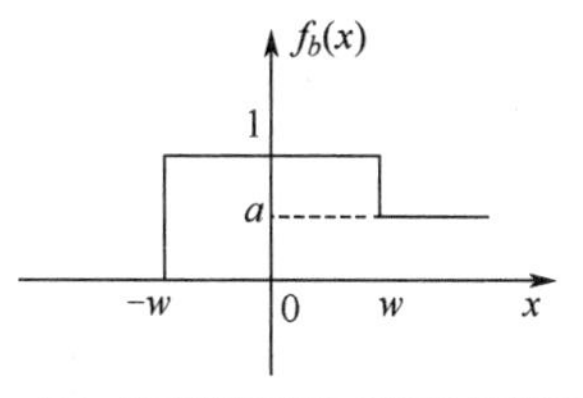

（b）非对称灰度分布的条纹轮廓

图 5-38 一维条纹灰度轮廓模型

$$f_{\mathrm{b}}(x)=\begin{cases}h, & |x|\leqslant w\\ 0, & |x|>w\end{cases} \tag{5-30}$$

$$f_{\mathrm{b}}(x)=\begin{cases}0, & x<-w\\ 1, & |x|\leqslant w\\ a, & x>w\end{cases} \tag{5-31}$$

实际上获取的条纹图像灰度分布不可能具有如图 5-38 所示的理想的阶跃性。绝大部分背景和条纹的跳跃点（$|x|=w$ 的位置）是平滑过渡的，即呈抛物线型。这时可以通过求取条纹分布的一阶导数过零点或二阶导数极大值点，作为条纹中心位置。由于通过摄像机获取的图像不可避免地具有噪声，直接采用一阶导数过零点或二阶导数极大值来判断，得到的中心位置往往误差较大。所以，首先需要对采集到的条纹图像进行平滑滤波处理，但是由于高斯平滑具有各向同性等特性，常用于平滑处理。

针对采集到的条纹图像与高斯核卷积平滑噪声，一维高斯核卷积如式（5-32）～式（5-34）所示。

$$g_{\sigma}(x)=\frac{1}{\sqrt{2\pi}\sigma}\mathrm{e}^{-\frac{x^2}{2\sigma^2}} \tag{5-32}$$

$$g'_{\sigma}(x)=\frac{-x}{\sqrt{2\pi}\sigma^3}\mathrm{e}^{-\frac{x^2}{2\sigma^2}} \tag{5-33}$$

$$g''_{\sigma}(x)=\frac{x^2-\sigma^2}{\sqrt{2\pi}\sigma^5}\mathrm{e}^{-\frac{x^2}{2\sigma^2}} \tag{5-34}$$

将式（5-32）～式（5-34）分别与 $f_{\mathrm{b}}(x)$ 进行卷积运算得到式（5-35）、式（5-36）和式（5-37），进而可得到图像灰度分布的高斯尺度空间描述。

$$r_{\mathrm{b}}(x,\sigma,w,h)=g_{\sigma}(x)\cdot f_{\mathrm{b}}(x) \tag{5-35}$$

$$r'_{\mathrm{b}}(x,\sigma,w,h)=g'_{\sigma}(x)\cdot f_{\mathrm{b}}(x) \tag{5-36}$$

$$r''_{\mathrm{b}}(x,\sigma,w,h)=g''_{\sigma}(x)\cdot f_{\mathrm{b}}(x) \tag{5-37}$$

如图 5-38 所示，对于标准线条轮廓，通过式（5-36）求取过零点，即得到线条轮廓中心位置。但对式（5-37），不同的 σ 得到的波形特征并不一样。当 σ 较小时，线条中心即 $x=0$ 对应的值接近于 0；当 σ 较大时，在 $x=0$ 时对应的值取得负向最大值。所以，高斯函数的

σ 若取得较大时，可以根据式（5-36）和式（5-37）来求取线条的中心。由 $r_b''(x,\sigma,w,h)=0$ 可以求得 σ 的取值范围为：

$$\sigma \geqslant \frac{w}{\sqrt{3}} \tag{5-38}$$

当 σ 满足式（5-38）时，线条中心的判断准则为：

（1）$r_b'(x,\sigma,w,h)=0$；

（2）$r_b''(x,\sigma,w,h)$ 取极小值。

当然，以上准则只能获取条纹像素级别精度的中心。为了得到其亚像素中心，Steger 采用二阶泰勒多项式来描述局部灰度分布。设条纹中心点的局部与高斯核式（5-32）～式（5-34）卷积的值分别为 r_b, r_b', r_b''，则泰勒多项式可以表示为：

$$p(x)=r_b+r_b'x+r_b''x^2 \tag{5-39}$$

线条的位置就是满足 $p(x)=0$ 的点，即：

$$x=-\frac{r_b'}{r_b''} \tag{5-40}$$

5.3.7.2 二维条纹图像的中心线提取

即使得到了一维条纹灰度轮廓的高斯尺度空间描述及判据，二维条纹中心线的提取还需要解决以下两个问题：①条纹轮廓的一维描述；②各阶高斯微分卷积核。

针对第①个问题，需要计算条纹局部法线方向，在法线方向提取条纹轮廓。这一点可以借助于 Hessian 矩阵来求得。

$$H(x,y)=\begin{bmatrix} r_{xx} & r_{xy} \\ r_{xy} & r_{yy} \end{bmatrix} \tag{5-41}$$

式中，r_{xx}, r_{xy} 和 r_{yy} 分别是条纹图像 $f(x,y)$ 与二维高斯微分核卷积之后得到的。$\dot{H}(x,y)$ 的最大特征值对应的特征向量，就是该点的法线方向，也就是该点所在局部条纹的法线方向。

针对第②个问题，二维高斯函数及其一、二阶微分表示为式（5-42）～式（5-47）。高斯模板大小一般取 $4\sigma+1$，模板越大，计算越复杂。对式（5-42）～式（5-47）每一个式子，分别在模板中的每一个点的 $[m-0.5,m+0.5]\times[n-0.5,n+0.5]$ 范围内进行积分，这里 m,n 分别表示模板的某一行和列。

$$G_\sigma(x,y)=\frac{1}{\sqrt{2\pi\sigma^2}}\mathrm{e}^{-\frac{x^2+y^2}{2\sigma^2}} \tag{5-42}$$

$$G_x'(x,y)=-\frac{x}{2\pi\sigma^4}\mathrm{e}^{-\frac{x^2+y^2}{2\sigma^2}} \tag{5-43}$$

$$G'_y(x,y) = -\frac{y}{2\pi\sigma^4} e^{-\frac{x^2+y^2}{2\sigma^2}} \tag{5-44}$$

$$G''_{xy}(x,y) = -\frac{xy}{2\pi\sigma^6} e^{-\frac{x^2+y^2}{2\sigma^2}} \tag{5-45}$$

$$G''_{xx}(x,y) = -\frac{1}{2\pi\sigma^4}(1-\frac{x^2}{\sigma^2}) e^{-\frac{x^2+y^2}{2\sigma^2}} \tag{5-46}$$

$$G''_{yy}(x,y) = -\frac{1}{2\pi\sigma^4}(1-\frac{y^2}{\sigma^2}) e^{-\frac{x^2+y^2}{2\sigma^2}} \tag{5-47}$$

对条纹图像进行 5 次不同高斯核卷积运算后，得到图像中每个点的r_{xx}, r_{xy}和r_{yy}，通过 Hessian 矩阵，得到该点所在局部条纹的法线方向，设为(n_x, n_y)。根据一维条纹轮廓中心亚像素提取方法，在法线方向对该点所在轮廓进行泰勒二次多项式描述，由二次多项式取极值条件（一阶导过零点），得到极值所在点，设为(p_x, p_y)，则：

$$(p_x, p_y) = (tn_x, tn_y) \tag{5-48}$$

其中，$t = -\frac{r_x n_x + r_y n_y}{r_{xx} n_x^2 + 2r_{xy} n_x n_y + r_{yy} n_{yy}^2}$，且$(p_x, p_y) \in [-0.5, 0.5] \times [-0.5, 0.5]$，二阶导数必须小于较大的负向极值。

5.3.7.3 Steger 的不足与改进

Steger 方法存在的主要问题如下。

（1）计算效率较低。其原因在于每一幅图都要计算 5 次较大的高斯核模板卷积。所以许多学者据此开展了进一步研究，以提高运算效率。

（2）高斯核的选取直接影响条纹中心线的提取。即 σ 取值非常关键，取值不当，有可能得到错误的中心。这一点从条纹图像的高斯尺度空间描述可以得到。式（5-38）是选取 σ 的条件，即在计算之前，先要对条纹的宽度 w 进行预估。

对 Steger 方法的改进主要针对第（1）个问题，即运算效率问题。

采用 Hessian 矩阵计算光条上点的法线方向，沿法线方向搜索光条截面，以二次多项式描述截面光条灰度分布，通过计算一阶导数，其过零点即光条截面亚像素位置。实际上这就是 Steger 法，具体如下。

（1）首先采用 20×20 像素的方框对全图进行扫描，得到光条所在区域的方框的并集，然后在并集中的每一个方框内进行高斯卷积计算，并将二维高斯卷积分成 X、Y 两个方向的一维卷积来提高运算速度。该方法较 Steger 方法在运算速度上得到较大提高，其出发点就是缩小卷积计算的范围。实际上，在激光扫描过程中，条纹一般为细长区域，通过预先获取条纹区域，再进行卷积运算，可以显著提高运算效率。

（2）在求解全图大模板高斯卷积时，利用了递归思想，然后计算光条点的 Hessian 矩阵得到光条的法线方向后，在光条的截面上利用泰勒级数展开求得条纹中心亚像素坐标。该方法较 Steger 方法在效率上得到较大提高。

（3）在求解大模板高斯卷积之前，先通过阈值分割和膨胀算法得到光条的 ROI（Region of Interesting），然后在 ROI 内计算光条上点的 Hessian 矩阵，得到光条的法线方向后，在 ROI 光条截面上利用泰勒级数展开求得光条的亚像素位置。该方法较 Steger 方法在效率上得到较大提高。

（4）在计算光条上点的 Hessian 矩阵得到光条的法线方向后，利用泰勒级数展开求得光条中心。将中心点按直线约束进行拆分，再分段进行直线拟合，得到分段光条的直线拟合方程。该方法在复杂背景下的结构光条提取具有较强的健壮性。

（5）采用 FPGA 实现迭代高斯卷积和条纹中心提取，由于采用硬件电路，计算速度得到显著提升。

综合以上论述，这些方法的基本思想就是设置 ROI，改进高斯卷积方法来提高效率，以期能在激光扫描时得到实时应用。

5.3.8 基于点云数据的三维表面缺陷识别

获取被测物体三维表面轮廓的坐标数据后，判断物体表面是否有缺陷最直接的方法，就是将被测物体数据与无缺陷物体数据对齐、两者作差比较，再通过差异阈值判断是否存在缺陷。在线检测时，由于产品的位姿并不能完全保持一致，所以同一产品经过多次扫描，或者不同产品扫描时得到的点云数据并不能完全对齐。这样，在点云数据作差比较时，需要将缺陷产品的点云数据与无缺陷产品对齐。数据对齐过程即点云数据的配准，其关键是找到点云数据之间的位姿关系$[\boldsymbol{R},\boldsymbol{t}]$矩阵。本节在综合分析各种配准方法的基础上，采用最近点迭代算法（Iterative Closest Point，ICP）实现被测点云与无缺陷标准产品的点云配准。

5.3.8.1 三维表面缺陷检测中点云数据配准算法综述

三维点云数据配准是表面缺陷检测最关键的部分。为了与标准数据进行比较，需要将采集到的点云数据与离散化后的标准 CAD 模型进行配准，以方便对应坐标求差。

配准算法在机器视觉、图像处理中应用非常广泛，其主要流程包括特征提取、特征表示、匹配计算与评价三个环节。在点云数据中，其特征主要包括不依赖于坐标系的内特征，如曲率、两点间的距离；也包括与坐标系有关的外部特征，如曲面的切平面等。根据特征的不同，匹配算法可以分为内特征匹配与外特征匹配。

内特征匹配是一种降维匹配方法，包括 Surface signature 法、Spin-Image 法、Geometric Histogram 法、Harmonic shape image 法、Splashes 法等。Surface signature 法主要用于球面形状的物体匹配，其基本思想是通过计算每一点的曲率映射来表示一个连续形状信息，是一种全局匹配方法。Spin Image 法则是计算点的切平面，在点的法矢夹角的某一范围内取一系列点组成一个小的面片区域，然后将该区域中的每一个点向面片上投影，计算该点到投影点的水平与垂直距离，并找出将具有相同垂直高度和水平距离的点，得到其统计值，以垂直高度作为图像的纵坐标，水平距离作为图像的横坐标，统计值作为灰度值，得到该面片的 Spin Image 图像。配准时，由各点的 Spin Image 图像参与计算，匹配的 Spin Image 形成一组对应点，得到三组以上的对应点后，就可以计算出两坐标系的$[\boldsymbol{R},\boldsymbol{t}]$矩阵。Harmonic Shape Image 法是通过一定的映射函数将曲面数据转换成单位圆盘图像，然后由圆盘图像进行配准。Geometric Histogram Matching 法与 Spin Image 类似，将三角面片的中心作为选择点，区域的选择除了考虑法矢夹角，还考虑了与选择点的距离限制，两次运用 random sampling consensus 算法计算旋转矩阵与平移矩阵。这种算法对曲面的平滑性要求较高。

通过以上分析可知，内特征匹配算法是一种间接匹配方法，由于采用了降维处理，计算速度较快，但配准精度不高，一般用于复杂场景中的物体识别，且对点云数据的网格分辨率比较敏感。

外特征匹配最常用的是标签法与最优匹配算法。标签法需要在被测物体上至少粘贴三个标志点或定位球，以此作为物体的特征点。通过三个点的坐标就可以计算出所在坐标系之间的位姿关系。为了提高计算的精度，常常需要在被测物体上贴放更多的标签或定位球，显然，这种方法不适合全检或在线测量。

最优化匹配算法基本思想是求取$[\boldsymbol{R},\boldsymbol{t}]$，使得式（5-49）达到最优。

$$\min\sum(p_i'\boldsymbol{R}+\boldsymbol{t}-p_i) \tag{5-49}$$

式中，p_i'是点云数据中的一点；p_i是对应的 CAD 模型上的一点。

最优化匹配方法涉及的主要问题包括匹配点集的选取、对应点对的确定、噪声干扰及匹配结果的评估等。

匹配点集的选择方法包括均匀重采样点集法、随机采样点集法和法矢分布采样点集法等。对于具有明显几何特征的物体，一般采用基于法矢分布的采样点集法。

对应点对的确定方法包括最近点法、法矢投影法、直接投影法和最近点相容法等。对应点对的确定是最优化匹配算法的关键，错误的对应会使匹配结果出现很大的偏差，或者导致优化算法不收敛。

最常用的优化匹配算法是最邻近点迭代 ICP（Iterative Closet Point）算法，许多学者都对此开展了研究。根据对应点对确定策略的不同，演化出了各种不同的优化算法，这些算法的主要瓶颈在于点对的搜索及优化计算，并且对点云与 CAD 模型的初始化位置也比较敏感，特别是对于不具有明显几何特征的物体，收敛效果并不理想，为了获得较高的匹配精度，迭代次数多，因此比较费时。

5.3.8.2 ICP 点云配准算法的基本原理与直接 ICP 配准效率分析

1992 年，Besl 提出最近点迭代 ICP 算法，其实质就是通过旋转与平移使得其中一个点集与另一个点集的对应点的距离平方和最小。ICP 算法流程如图 5-39 所示。

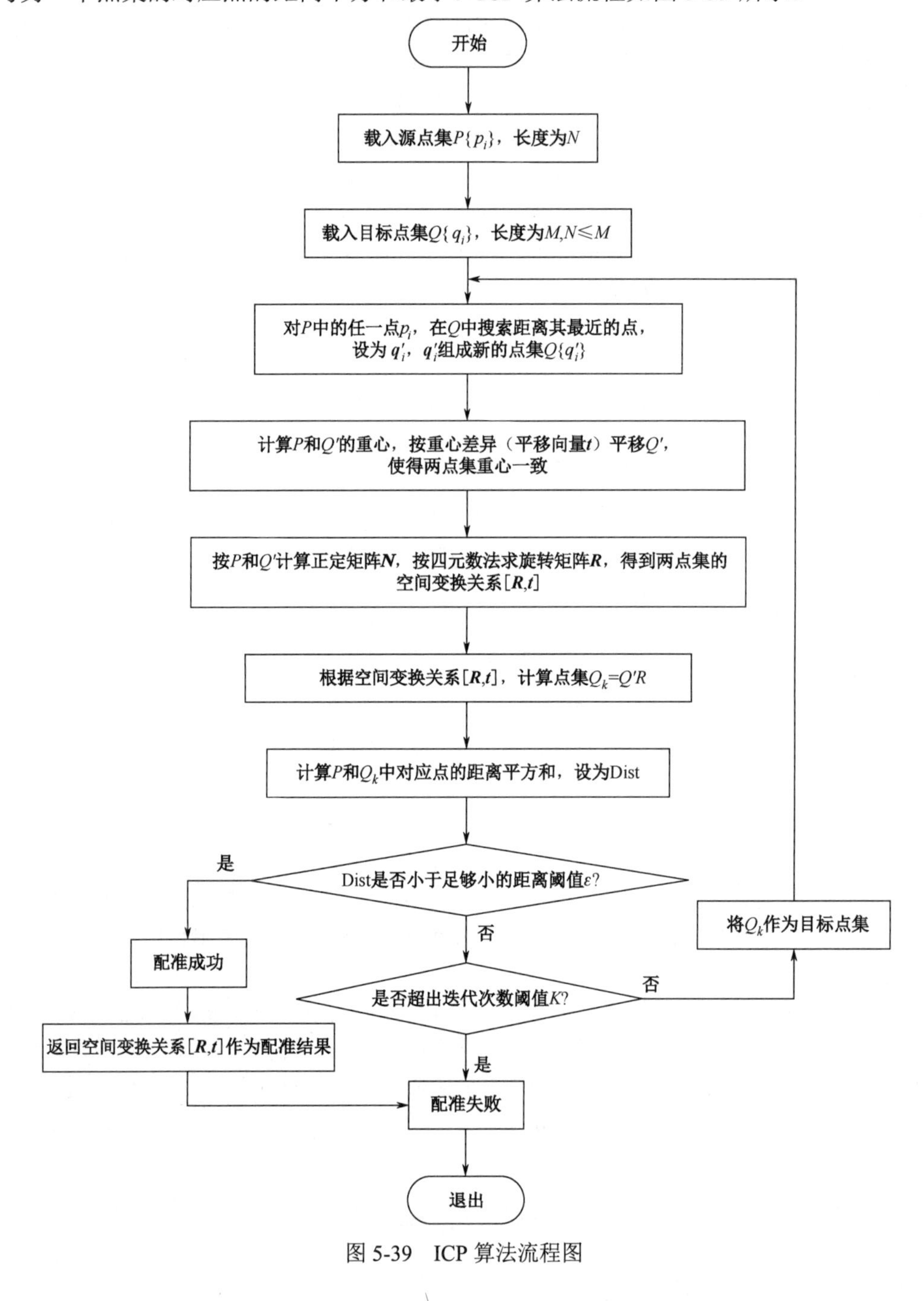

图 5-39　ICP 算法流程图

(1) 载入源点集 $\{p_i\}$ 与目标点集 $\{q_i\}$（两个点集的大小不一定相同），对源点集中的每一个点（这里假设源点集个数小于目标点集个数），在目标点集中搜索与其最近的点，组成新的点集 $\{q_i'\}$ 。

(2) 计算新得到的点集 $\{q_i'\}$ 的重心，计算重心差异（作为平移向量 $\boldsymbol{t}$ ）平移源点集，使得两个点集 $\{p_i\}$ 与 $\{q_i\}$ 的重心重合。

(3) 根据对应点计算两个点集的旋转矩阵 $\boldsymbol{R}$。

(4) 旋转源点集，计算旋转后的点集与目标点集对应点的距离平方和。

(5) 判断距离平方和是否小于给定的足够小的阈值，若满足，则匹配完成；若不满足，在小于设定的迭代次数的情况下，接着重复执行步骤（1）～（5）；若超出迭代次数，则配准失败。

许多学者都针对 ICP 算法开展了研究，算法也在被不断改进和补充，但算法的基本思想不变。当前研究的热点在于提高算法的运算效率和配准精度。

在磨抛工件表面缺陷扫描检测中，传统的 ICP 算法并不适用于在线检测。如何提高算法的效率是在线缺陷检测面临的关键问题。由于是在线扫描，点云数据的高度值以传感器的 *XOY* 平面为测量基准，产品摆放在被测平台上时，其相对测量基准面不会发生俯仰角的变化，即存在一个平面约束。将产品的基准面设置为测量平台基准面，这时三维点云数据的配准由 6 自由度转换成 3 自由度，即一个旋转角度 α 和两个方向的平移 $(\Delta x, \Delta y)$ 。基于此，可以引入磨抛工件表面颜色信息，建立基于高度颜色映射的三维表面缺陷检测方法。该方法将点云高度信息按一定规律映射成灰度或 RGB 彩色信息，并以其在测量平台面上的投影位置为横向坐标和纵向坐标，将点云数据转换成二维灰度图或彩色图像，然后在二维空间对产品图像进行配准，根据配准结果进行颜色识别，以获得缺陷信息。

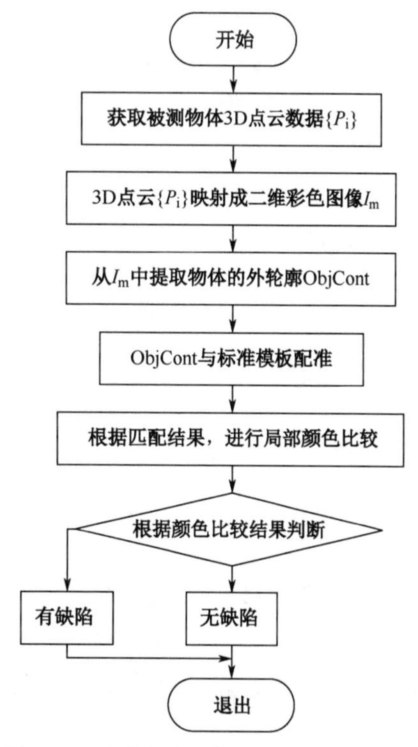

图 5-40 高度颜色映射缺陷识别算法流程

高度颜色映射的三维表面缺陷识别的基本思想是将点云的高度信息（*Z* 坐标）按一定的规则映射为二维平面彩色图像。从平面彩色图像中提取用于模板匹配的特征，再与标准产品的点云映射平面彩色图像进行配准，根据配准结果，进行颜色对比，计算颜色差异，从而实现缺陷识别。图 5-40 所示描述了高度颜色映射缺陷识别算法流程。这种算法的关键在于点云颜色映射模型的建立、特征匹配方法，以及颜色差异识别模型的设计。

5.3.9 三维表面缺陷在线检测系统的总体结构

本节给出一种三维扫描检测系统，如图 5-41 所示。系统由硬件系统和软件系统组成。硬件系统由线结构光扫描系统、线位移传送系统、控制模块及计算机系统组成。软件系统包括三维扫描与缺陷识别两个子系统。其中，被测物体沿平台移动方向的坐标由编码器直接换算获得，被测物在传送带上的摆放角度是任意的。

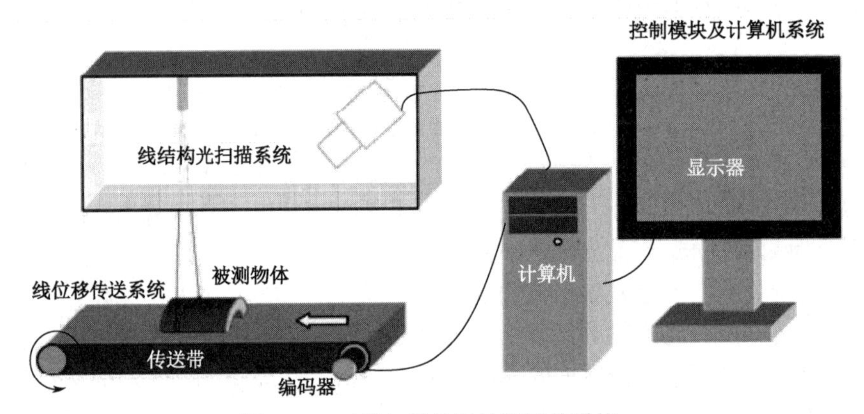

图 5-41　三维扫描缺陷检测硬件系统

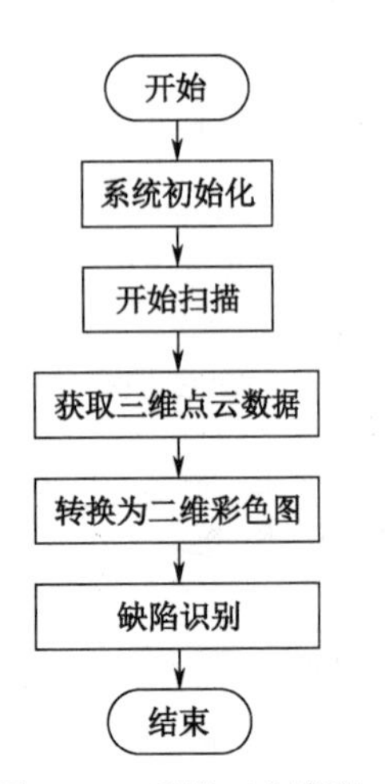

图 5-42　系统工作流程

系统工作流程如图 5-42 所示。

通过上料装置将被测物体放在流水线中的传送带上。利用激光扫描得到其三维点云数据，将三维点云数据转换成二维彩色图像，继而对二维彩色图像进行处理，分析得到缺陷。

1．系统硬件结构

系统的硬件由线结构光扫描系统、线位移传送系统、控制模块及计算机系统（三大部分组成）。其中，线结构光扫描系统由线结构光、工业数字相机及固定面板组成；传送系统由传送带、直流电机、编码器与机械装置组成；控制模块由电机控制器、数字输入输出单元、编码器、数字计数卡等组成。

2．系统的软件组成

系统软件运行于 Windows 操作系统，缺陷检测系统功能模块组成如图 5-43 所示，包括视频数据采集模块、点云数据处理模块、彩色图像处理模块、I/O 控制模块和器件动作执行模块。视频数据采集模块负责三维表面点云数据采集；点云数据处理模块负责点云转换为RGB伪彩色图像；彩色图像处理模块识别缺陷信息；I/O控制模块接受用户指令、读取编码器信号，并发送剔料信号给执行机构；器件动作执行模块完成产品剔料分选等机械动作。

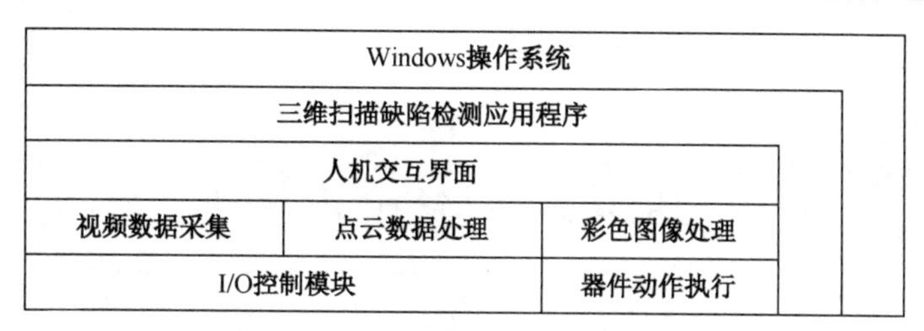

图 5-43　缺陷检测系统功能模块组成

软件系统功能模块关系图如图 5-44 所示。功能管理模块负责管理与协调视频模块、点云模块和图像处理模块之间的相互关系。I/O 与控制模块负责监控外部传感器的数字输入，并通知视频模块开始采集视频，同时还可以根据图像处理模块的处理结果输出数字信号，通知执行机构进行产品分选操作。视频管理模块接收 I/O 与控制模块的通知，开始采集视频，并将采集到的条纹图像转换为点云数据。点云管理模块收到来自视频管理模块的点云数据后，对点云数据进行显示、处理等操作，将点云数据转换为彩色图像。图像管理模块收到来自点云管理模块的彩色图像后，对其进行配准和颜色差异分析与处理，根据处理结果，判断被测产品是否有缺陷，同时通知 I/O 与控制模块对产品进行分选操作。图 5-44 中的实线表示各模块之间的命令通道，虚线表示数据传输通道。

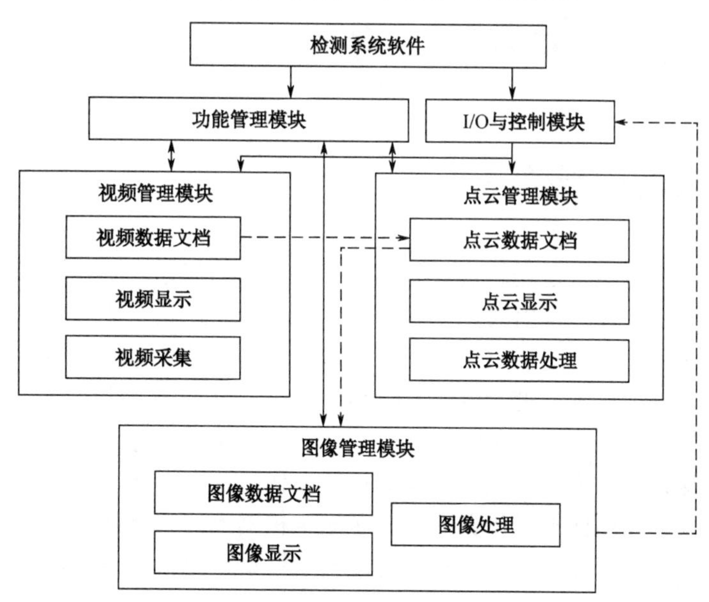

图 5-44　软件系统功能模块关系图

第六章

机器人轨迹规划方法

在磨抛机器人加工过程中，加工路径对部件的加工非常重要，路径的设计合理与否直接关系到设备的运转效率和加工时间。所以本章主要对机器人的加工路径进行优化。

6.1 机器人轨迹规划

6.1.1 轨迹规划的概念

轨迹规划在整个机器人运动轨迹规划中属于最基础的规划，主要是根据大量的操作臂的运动学与动力学知识总结得出的。所谓轨迹就是机器人工作过程中的移动过程、速度等。轨迹规划对于机械设计来讲是最重要的一个环节，根据机械设备的性能参数和任务要求通过规划器生成预定运动轨迹，设计后续的控制系统，对设备进行准确的控制。

例如，抓放作业机器人进行货物运输时，轨迹规划主要是考虑机器人操作臂的起始状态和目标状态，保证机器人能够顺利地完成运输动作。这属于比较简单的一类机器人。对于比较特殊的工件，如曲面加工机器人，除了规定机器人的起点和终点，还要估计其中间过程中的各个轨迹点，保证其按照特定的运动轨迹运动，也就是根据加工部件的要求进行连续运动。

轨迹规划最终的目的是将输入的操作指令转化为具体的运动轨迹。例如常规的运输机器人，操作人员只要输入一个特定的目标位置和方位，而轨迹规划需要根据运输的目标设计一个关节运动轨迹形状，确定运输的速度以及准确的时间指标等。

6.1.2 轨迹规划的类型和方法

通过上述分析可知，轨迹规划主要可以在两类空间中进行设计的，所以轨迹规划也分为以下两种类型：第一是关节空间轨迹规划，即将机器人的关节变量用时间变量的函数表示，并通过构造的函数来求解得出机器人的运动轨迹；第二种是笛卡儿空间轨迹规划，其主要是对末端件位置、速度等构造一个时间变量函数，进而得出末端件的相关信息。

对于关节空间轨迹规划，设计人员无须考虑机器人运动过程中在直角坐标系中两个路径点之间的轨迹形状，只需要借助构造的关节角度函数来表述即可，非常便于计算。另外，关节空间与笛卡儿空间并没有连续的对应关系，所以关节空间也不存在关节速度失控问题，进而保证了这种轨迹规划可以使机器人按照预定的设计经过预期的工作位置。但是在实际中，轨迹点之间的轨迹是非常复杂的，主要是与末端件的运动特性有关。在一些特殊运动中，往往需要规定机器人的运动轨迹的形状，例如直线行走或者圆弧行走来躲避障碍物。对于躲避障碍物路径来讲，通常需要进行笛卡儿空间轨迹规划。本章主要讨论磨抛机器人的操作臂不存在躲避障碍物要求的情况，即主要研究关节空间轨迹规划。

在进行关节空间轨迹规划前必须进行逆运动学计算，以期得到预期的关节位置，然后对每一个关节确定一个经过中间点的角度函数，并且保证每个关节达到中间点和终点时间的一致性，只有这样才能保证末端件达到预期的位置。这种轨迹的规划并不是唯一的，只要设计的轨迹符合约束条件即可，而选择的角度函数可以存在差异。但无论是哪种设计，都要保证机器人运动的平稳性，因为运动幅度过大很容易引起机器人内部的器件磨损，导致机器人的运动精度不高，影响加工产品的质量要求。为了保证机器人运动的平稳性，就必须保证选择的轨迹函数的连续性，并且其对应的一阶与二阶导数也必须保证连续。

从以上分析中可知，轨迹规划的最主要是选择轨迹函数。选择轨迹函数的主要方法有多项式插值法和抛物线过渡的线性插值法。随着研究的不断深入，插值函数研究方法也朝着多样化发展，出现了很多新的插值函数方法，进而产生了很多新的轨迹规划方法，如 B 样条函数法等。这些规划方法也有自身的特点，形成的运动轨迹更加复杂，轨迹点更加密集，精度更高，机器人稳定性好，这也是当今时代发展的必然要求。

在实际生产中，往往需要根据设计的具体精度选择轨迹规划方法，例如精度要求不高的器件，采用传统的运动轨迹规划就可以满足正常的设计需求。在本章中主要是针对设计精度要求比较高的一种磨抛机器人进行轨迹规划。

6.2 基于多项式插值的操作臂轨迹规划

多项式插值法中采用的多项式一般为三次或者三次以上的多项式，其中复杂的多项式以五次多项式插值法应用比较多。因此，本书主要讨论三次和五次多项式插值法。

6.2.1 三次多项式插值法

当确定了末端件的起始位姿与终止位姿后，根据逆运动学相关知识可以反推出两个位置位姿的各个关节角度。因此，可以得出末端件两个位姿的运动轨迹描述，其轨迹函数可以通过 $\theta(t)$ 表示。

为保证各个关节的平稳运动，关节函数必须具备以下四个特征：两端点的位置和速度都有一定的约束限制。设 $\theta(t)$ 在起始时刻 0 和终止时刻 t_{f} 的关节角分别满足以下方程：

$$\begin{cases}\theta(0)=\theta_0\\ \theta(t_{\mathrm{f}})=\theta_{\mathrm{f}}\end{cases} \tag{6-1}$$

为了保证关节运动的连续性，必须保证起始位置和终止位置的速度为 0，即满足：

$$\begin{cases}\theta'(0)=0\\ \theta'(t_{\mathrm{f}})=0\end{cases} \tag{6-2}$$

根据条件可以确定运动轨迹唯一的一个三次多项式：

$$\theta(t)=a_0+a_1t+a_2t^2+a_3t^3 \tag{6-3}$$

对应的运动关节速度和加速度为：

$$\begin{cases}\theta'(t)=a_1+2a_2t+3a_3t^2\\ \theta''(t)=2a_2+6a_3t^3\end{cases} \tag{6-4}$$

将以上各式进行整合，可以得出三项式中相应的系数：

$$\begin{cases}a_0=\theta_0\\ a_1=0\\ a_2=\dfrac{3}{t_{\mathrm{f}}^2}(\theta_{\mathrm{f}}-\theta_0)\\ a_3=-\dfrac{2}{t_{\mathrm{f}}^3}(\theta_{\mathrm{f}}-\theta_0)\end{cases} \tag{6-5}$$

对于平稳运动的机器人来讲，其三次多项式可以表示为：

$$\theta(t)=\theta_0+\frac{3}{t_f^2}(\theta_f-\theta_0)t^2-\frac{2}{t_f^3}(\theta_f-\theta_0)t^3p \tag{6-6}$$

其关节角速度和角速度表达式为：

$$\theta'(t)=\frac{6}{t_f^2}(\theta_f-\theta_0)t-\frac{6}{t_f^3}(\theta_f-\theta_0)t^2$$

$$\theta''(t)=\frac{6}{t_f^2}(\theta_f-\theta_0)-\frac{12}{t_f^3}(\theta_f-\theta_0)t \tag{6-7}$$

若在规划的路径上，机器人的末端件存在多个位置和姿态（简称位姿）要求，并且在每一个位置上都有停留，也就是说其在各路径点速度为0，上述方法同样适用于这种情况下的轨迹规划。如果路径点只是经过而不存在停留，此时需要对上述函数进行适当修改，以保证其计算的精度。

在这种状况下，其关节角度约束条件不变，速度约束条件可表示为：

$$\begin{cases}\theta'(0)=\omega_0\\ \theta'(\theta_f)=\omega_f\end{cases} \tag{6-8}$$

同样，利用约束条件确定三次多项式系数，得到：

$$\begin{cases}a_0=\theta_0\\ a_1=\omega_0\\ a_2=\dfrac{3}{t_f^2}(\theta_f-\theta_0)-\dfrac{1}{t_f}(2\omega_0+\omega_f)\\ a_3=-\dfrac{2}{t_f^3}(\theta_f-\theta_0)+\dfrac{1}{t_f^2}(\omega_0+\omega_f)\end{cases} \tag{6-9}$$

对于各轨迹点上的关节速度 W，可以通过以下三点进行确定。

（1）设定了机器人经过轨迹点时的速度，此时可以借助雅可比逆矩阵 $\boldsymbol{J}^{-1}(\theta)$ 和公式 $\theta_d=\boldsymbol{J}^{-1}(\theta)$ 将轨迹点上的直角坐标进行转化，获得新的关节坐标速度。但是这种计算同样存在不足，例如轨迹点为操作臂的奇异点时，雅可比逆解不存在，无法求解出其关节速度，并且每个节点的速度都需要进行单独的计算，数据计算量非常大，影响运算效率。

（2）控制系统根据程序设计自主选择适当的轨迹点速度。各轨迹点上的速度如图6-1所示，其中，θ_0、θ_D 分别代表起始点和终止点的关节角度，θ_A、θ_B、θ_C 为轨迹点的关节角度，图中各轨迹点中的斜线代表此轨迹点下的关节速度。其关节速度的解主要根据相邻线段的斜率确定，若相邻线段斜率在轨迹点处发生改变，则其对应的节点速度为零；如果斜率不变，则将两条线段的斜率平均值作为该节点的速度。所以只要轨迹点确定后，系统就可以根据这些规则自动地生成轨迹点速度。

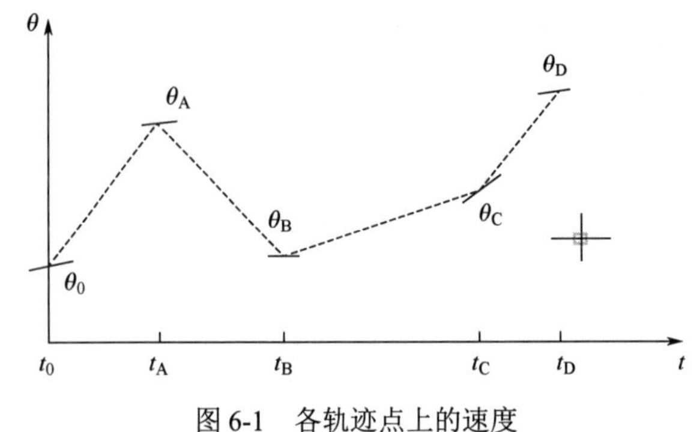

图 6-1　各轨迹点上的速度

（3）对于各轨迹点对应的加速度，其主要由控制系统决定。因此，可以将两条三次曲线轨迹点按照一定的规则进行连接，形成所需的运动轨迹。但是在两条曲线的拼接中必须注意约束条件，即连接处的速度和加速度是连续变化的。

6.2.2　五次多项式插值法

如果一些器件加工精度要求非常高，就需要设定非常严格的运动轨迹，并设置更多的约束条件，此时依靠三项式插值已经不能满足实际需求，必须采用高阶多项式进行插值计算。若在某一路径的起始点和终止点都规定了其对应的角度、速度和加速度，就存在 6 个约束条件，因此必须通过五次多项式进行插值，即：

$$\theta(t)=\sum_{i=0}^{5}a_i t^i \tag{6-10}$$

运动过程中的关节速度与加速度分别为：

$$\begin{aligned}\theta'(t)&=\sum_{i=1}^{5}ia_i t^{i-1}\\ \theta''(t)&=\sum_{i=2}^{5}i(i-1)a_i t^{i-2}\end{aligned} \tag{6-11}$$

其中，关节角度约束条件与速度约束条件与前文所述的三次多项式插值法相同，因此可令关节角加速度为α_0，终止点角加速度为α_{f}。约束条件则为：

$$\begin{cases}\theta(0)=\theta_0\\ \theta(t_{\mathrm{f}})=\theta_{\mathrm{f}}\\ \theta'(0)=\omega_0\\ \theta'(t_{\mathrm{f}})=\omega_{\mathrm{f}}\\ \theta''(0)=\alpha_0\\ \theta''(t_{\mathrm{f}})=\alpha_{\mathrm{f}}\end{cases} \tag{6-12}$$

将约束条件代入原方程（6-10）及其一、二阶导数表达式（6-11），可得到一组方程，求解，可以得出五次方程的各个系数。

$$\begin{cases} a_0=\theta_0 \\ a_1=\omega_0 \\ a_2=\dfrac{\alpha_0}{2} \\ a_3=\dfrac{20\theta_{\rm f}-20\theta_0-(9\omega_{\rm f}+12\omega_0)t_{\rm f}-(3\alpha_0-\alpha_f)t_{\rm f}^2}{2t_{\rm f}^3} \\ a_4=\dfrac{30\theta_{\rm f}-30\theta_0+(14\omega_{\rm f}+16\omega_0)t_{\rm f}+(3\alpha_0-2\alpha_{\rm f})t_f^2}{2t_{\rm f}^4} \\ a_5=\dfrac{12\theta_{\rm f}-12\theta_0-(6\omega_{\rm f}+6\omega_0)t_{\rm f}-(\alpha_0-\alpha_{\rm f})t_{\rm f}^2}{2t_{\rm f}^5} \end{cases} \tag{6-13}$$

6.2.3 机器人加工轨迹优化算法

这个问题的实质就是各种轨迹的优化组合，通过对多轮廓工序的加工优化组合得出机器人工作的最佳轨迹，节省走刀时间，减少走刀次数，以提高磨抛效率。这也是对先前遗传算法的一种重大改进。

所谓的遗传算法就是对自然进化的一种模拟，最终得出最佳的解决方案，其具体步骤为：计算机根据用户的参数设定产生随机初始种群，通过计算得出每个个体的适应度，根据计算公式计算得出一个新的种群，然后继续进行下一步的运算，通过适应度对比，获取每次运算中的最佳基因，直到最后的结果满足算法收敛准则，如果不满足则继续进行计算。大量的研究结果显示，这种计算方法的收敛速度慢，虽然有时可以得到所需结果，但是其结果带有一定的局部收敛特性。

为了解决上述不足，本节利用改良圈算法来对整个种群进行优化计算，构造一个比较理想的初始种群，这样可以消除大量的无用基因，提高计算效率，而且得到最优基因的概率也能够极大提升。为了提升种群的多样性，避免过早地出现局部收敛，本节应用离散交叉和自适应变异率对种群实施交叉和变异操作。其实施过程如下。

（1）设本次操作共有 k 个轮廓，将这些轮廓随机进行排列，构造一个新的加工序列 e，设加工序列 $e=[1,c+1,k+2]$，m,n 为对应加工序列 e 中的位置编号，其中，$1 \leqslant m \leqslant k-1$，$3 \leqslant n \leqslant k+1$，$m \leqslant n-2$，设 A_m,A_n 为位置编号 m,n 的轮廓的初始入刀节点，令 $dA_{\rm m}A_{\rm n}$ 为两初始点间的距离：

$$\Delta d=(dA_{\rm m}A_{\rm n}+dA_{\rm m+1}A_{\rm n+1})-(dA_{\rm m}A_{\rm n+1}+dA_{\rm m+1}A_{\rm n}) \tag{6-14}$$

若 $\Delta d \leqslant 0$，需要用新的轮廓加工序列代替旧的轮廓加工序列，然后不断循环，直至整个加工工序不再变化。

（2）适应度函数

$$F = \frac{1}{f(A_1, A_2, \cdots, A_{k+2})} \tag{6-15}$$

其中，$f(A_1, A_2, \cdots, A_{k+2}) = \sum_{i=1}^{k+1} dA_i A_{i+1}$

（3）交叉操作可以有效地促进不同个体之间的信息交换，进而产生更多的新个体，提高信息的搜索效率。为了避免单点交叉操作所导致的过早收敛而不利于信息的有效搜索的情况，必须利用离散交叉进行计算。操作步骤如下。

从系统中筛选两个父代个体 $F_1 = A_1 A_2 \cdots A_{k+2}$，$F_2 = A_1' A_2' \cdots A_{k+2}'$，随机选择 $\frac{k+2}{2}$ 个基因进行交叉运算，产生对应的新子代 S_1 和 S_2。

（4）变异操作主要是为了增加种群的多样性，增加个别基因的变动，随机搜寻得到可能的空间，进而得到最优解。在进行变异率的计算时，传统计算方法是利用经验法进行计算，这就造成了计算结果的不确定性，无法保证计算方法的合理性。而通过自适应变异率，可以使变异概率 P_m 随着遗传的变化而自主地进行调节，当种群趋向收敛时，P_m 增大；反之减小。公式表示如下：

$$P_m = \frac{e^{-rT}}{1 + e^{-rT}} \tag{6-16}$$

式中，$T = F_{\max} - \bar{F}$，$F_{\max}$ 为最佳个体适应度值，$\bar{F}$ 为其平均值。

（5）对选择的变异个体，从中随机选择三个数字，并且满足 $0 < p < q < k + 2$，然后将位于 0 和 p 之间的基因段插入 q 之后。

从上述计算函数中选择适应度最大的 M 进化到下一代，然后继续进行运算，达到迭代次数后，从各次得到的 M 中选择最优的机器人加工序列。

当机器人的最优加工序列确定后，后续还要确定各个轮廓上机器人入刀节点的位置，因为不同的走刀位置也会影响机器人的工作效率。所以想要最大限度地提高机器人的工作效率，必须要选择一条最佳的轮廓工序序列和走刀路径，其中最关键的就是要确定每个节点位置的入刀位置，只有确保每个节点入刀位置最短，才能保证最后得到的整体入刀路径最短，效率最高。因此，后续的问题就是如何找到一种轮廓入刀点的计算方法。

当前比较流行的轮廓入刀点的计算方法是最近邻算法，而这种计算方法只考虑两个轮廓之间的计算关系，虽然很容易获得局部最优解，却导致出现走空刀的现象。针对这个问题，在确定各轮廓切入点时必须要考虑轮廓间的前后相对位置关系，因此本节通过最小外接三角形法来解决，具体方法如下所述。

（1）设 A_i 为已知各轮廓的初始入刀节点，然后取该轮廓上的另一节点 B_i，并且要保证其计算的 $\mathrm{d}A_{i-1}B_i+\mathrm{d}B_iA_{i+1}$ 值相比其他节点要小。图 6-2 为轮廓间最小外接三角形示意图，即 $\Delta A_{i-1}B_iA_{i+1}$ 是已知入刀节点 A_{i-1},A_{i+1} 和 B_i 得出的三轮廓间的最小外接三角形。

（2）连接所有的轮廓 B_i 点，进而得出新的机器人走刀行程，并将 B_i 点当作最新的入刀节点。

（3）参照步骤（1），将得到的走刀空行程路径进行迭代，直到各轮廓新的入刀节点位置不再变化。

（4）将最终得到的各个轮廓入刀点的轮廓加工工序进行连接，最终得出机器人整体的多轮廓走刀路径。

结合改进的遗传算法和最小外接三角形法，得出机器人多轮廓加工的最优计算方法，优化算法流程如图 6-3 所示。

本节系统地阐述了机器人轨迹规划方法。首先简要回顾了机器人轨迹规划的概念、类型及方法，然后通过三次和五次多项式插值法得出最佳轨迹规划，最后提出了机器人加工轨迹优化算法。

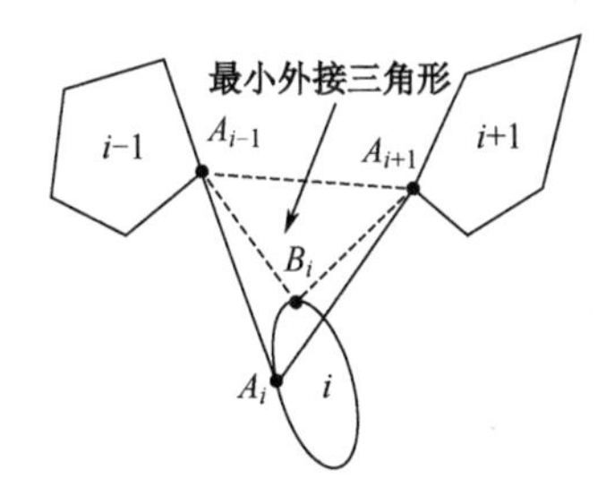

图 6-2　轮廓间最小外接三角形示意图

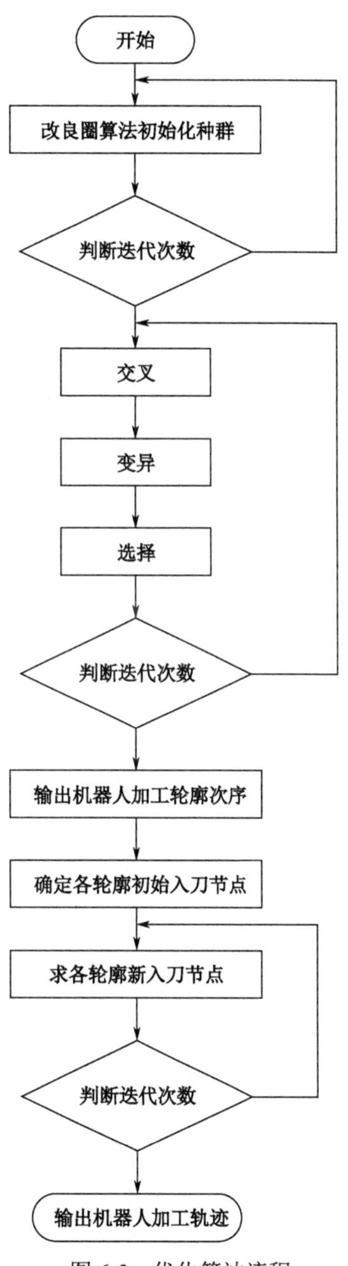

图 6-3　优化算法流程

6.3 基于磨抛法向力控制策略的轨迹规划

6.3.1 引言

本节基于磨抛法向力控制策略，对机器人磨抛加工中控制算法的具体实现过程进行研究，介绍了机器人末端位姿的几何描述、欧拉角的变换矩阵，建立机器人磨抛坐标系统；通过矩阵变换过程，求取末端磨抛工具的空间姿态，对实时采集的力矩信息进行处理，将阻抗控制算法离散化，并在机器人空间坐标中实现位置调整；规划机器人力控制磨抛轨迹，实时有效的轨迹调整方案影响整个磨抛过程，分析基于位置阻抗控制策略和自适应阻抗控制策略特性，规划各自的动态磨抛轨迹；提出对未知轮廓进行轨迹估算的动态轨迹规划，对工件轮廓进行位置跟踪，并完成磨抛加工力控制过程。

6.3.2 机器人坐标系统

6.3.2.1 机器人末端磨抛工具的位姿描述

对机器人运动的描述，常用到机器人末端磨抛工具在空间中的位姿信息，即位置信息和姿态信息，位姿表示如图 6-4 所示，需要建立坐标系表达位置矢量。下面介绍常用的机器人位姿描述方法。

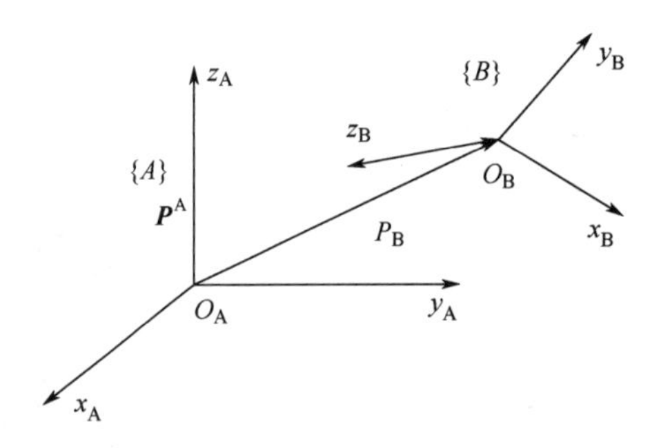

图 6-4 位姿表示

机器人磨抛工具上的一固定点 P 在空间中的位置，是通过建立一个固定的直角坐标系 $\{A\}$ 来表示。表示该坐标系的位置可知，测量 P 点的各个坐标值，则空间点 P 的位置可用矢量表示为：

$$\boldsymbol{P}^{\mathrm{A}}=\begin{bmatrix}p_x\\p_y\\p_z\end{bmatrix} \tag{6-17}$$

式中，p_x、p_y、p_z 为 P 在坐标系 $\{A\}$ 中的 x、y、z 轴坐标量；$\boldsymbol{P}^{\mathrm{A}}$ 为点 P 相对参考坐标系 $\{A\}$ 的位置矢量。

当确定了机器人末端磨抛工具点 P 的位置信息后，接下来介绍相应的姿态信息的表示方法。在末端磨抛工具上固定一个坐标系 $\{B\}$，该坐标系随磨抛工具的姿态变化而变化，因此该坐标的姿态即磨抛工具点 P 的姿态，推导此坐标系相对于固定坐标系的表达式，即坐标系 $\{B\}$ 的单位坐标矢量心，x_{B}、y_{B}、z_{B} 相对于固定坐标系 $\{A\}$ 的矢量转换矩阵为：

$$\boldsymbol{R}=[x_{\mathrm{B}}^{\mathrm{A}},y_{\mathrm{B}}^{\mathrm{A}},z_{\mathrm{B}}^{\mathrm{A}}]=\begin{bmatrix}\overline{x}_{\mathrm{A}}\overline{x}_{\mathrm{B}} & \overline{x}_{\mathrm{A}}\overline{y}_{\mathrm{B}} & \overline{x}_{\mathrm{A}}\overline{z}_{\mathrm{B}}\\ \overline{y}_{\mathrm{A}}\overline{x}_{\mathrm{B}} & \overline{y}_{\mathrm{A}}\overline{y}_{\mathrm{B}} & \overline{y}_{\mathrm{A}}\overline{z}_{\mathrm{B}}\\ \overline{z}_{\mathrm{A}}\overline{x}_{\mathrm{B}} & \overline{z}_{\mathrm{A}}\overline{y}_{\mathrm{B}} & \overline{z}_{\mathrm{A}}\overline{z}_{\mathrm{B}}\end{bmatrix} \tag{6-18}$$

分解姿态变换的过程，分别对单轴做旋转变换，下面是轴 x、y、z 分别以旋转角 φ、θ、ϕ 旋转的旋转矩阵：

$$\boldsymbol{R}(x,\varphi)=\begin{bmatrix}1 & 0 & 0\\ 0 & \cos\varphi & -\sin\varphi\\ 0 & \sin\varphi & \cos\varphi\end{bmatrix}$$

$$\boldsymbol{R}(y,\theta)=\begin{bmatrix}\cos\theta & 0 & \sin\theta\\ 0 & 1 & 0\\ -\sin\theta & 0 & \cos\theta\end{bmatrix} \tag{6-19}$$

$$\boldsymbol{R}(z,\phi)=\begin{bmatrix}\cos\phi & -\sin\phi & 0\\ \sin\phi & \cos\phi & 0\\ 0 & 0 & 1\end{bmatrix}$$

利用 3×3 的矩阵 $\boldsymbol{R}$ 表示末端磨抛工具的姿态信息或者固定的坐标系。矩阵 $\boldsymbol{R}$ 中的 9 个元素之间是相互关联的，虽然能确定唯一的姿态信息，但是该表示方法冗余，表达过程中需要的变量较多。机器人坐标系中一般采用三个独立的变量，就能唯一地表示末端姿态信息。工业上，通常用 RPY 角或欧拉角来表示机器人末端工具的方位。

RPY 角描述机器人末端工具方位的规则如下：在初始位置时，机器人磨抛工具坐标系的姿态与基坐标系重合，机器人磨抛工具在基坐标系中的任意姿态，都是通过各个轴的旋转变换得来的，将磨抛工具坐标系按照先后顺序分别绕基座旋转，相应的旋转矩阵依次左乘得到：

$$\mathrm{RPY}=\boldsymbol{R}(z,\phi)\boldsymbol{R}(y,\theta)\boldsymbol{R}(x,\varphi) \tag{6-20}$$

欧拉角是用机器人末端绕轴 x,y,z 旋转的一个旋转序列，用来描述任何可能的运动姿态，有两种方式：第一种是绕固定坐标轴旋转，假设开始两个坐标系$\{A\}$和$\{B\}$重合，先将$\{B\}$绕{A}的 X 轴旋转φ，然后绕$\{A\}$的 Y 轴旋转θ，最后绕{A}的 Z 轴旋转ϕ，就能旋转到当前姿态，可以称其为 X-Y-Z 欧拉角。另一种是绕自身坐标轴旋转：假设开始两个坐标系$\{A\}$和$\{B\}$重合，先将$\{B\}$绕自身的 Z 轴旋转ϕ，然后绕 Y 轴旋转θ，最后绕 X 轴旋转φ，称其为 Z-Y-X 欧拉角。这两种描述方式得到的旋转矩阵是一样的，均为各自相应的旋转矩阵依次右乘。

6.3.2.2 机器人磨抛系统坐标系的建立

在实际加工过程中，对机器人进行位置控制，是为了便捷地操作机器人，可根据环境和任务的不同，选用恰当的机器人坐标系。因此，需要建立不同的坐标系。对于机器人磨抛加工系统，基于笛卡儿直角坐标系，分别建立世界坐标系、机器人基坐标系、末端工具坐标系及工件坐标系。对于任意坐标系，可控制机器人末端以不同的方式运动，还需要考虑机器人不同坐标系间的空间转换，以及末端姿态信息在不同坐标系中的表示方式。本节以 ABB 机器人作为实例，详细说明机器人的各坐标系统。机器人各坐标系示意图如图 6-5 所示。

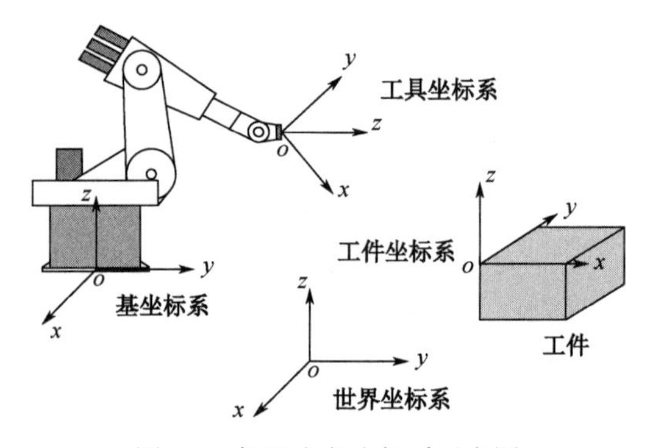

图 6-5　机器人各坐标系示意图

世界坐标系也称为大地坐标系，世界坐标系的建立是为了给其他坐标系提供参考，坐标系原点对应于整个加工中心或工作站中固定不变的位置点，提供了加工过程中移动机器人的规划轨迹。

基坐标系的原点对应于机器人底座的中心位置点，为固定安装的机器人提供了定位信息，当机器人需要移动时，不改变末端的轨迹规划。机器人线性运动的操作过程是在基坐标系下进行的，三个主轴的运动通过机器人每个关节的运动耦合产生，可直接控制末端位置在 x、y、z 轴的运动量。

工具坐标系的原点对应于工具上的位置点，表示末端工具在空间的位姿信息，一般将工具末端面的中心位置设为坐标系原点。程序开始运行时，机器人就将 TCP（Tool Center

Point）移至编程位置。这表示如果要更改工具或者工具坐标系，机器人的移动将随之更改，以便使新的 TCP 到达目标。所有机器人在手腕处都有一个预定义工具坐标系，该坐标系称为 tool0，这样就能将一个或多个新工具坐标系定义为 tool0 的偏移值。

工件坐标系对应工件，工件坐标系的原点位于被加工工件上，它定义了工件相对于世界坐标系的位置。当机器人需要表示不同工件时，可以建立多个工件坐标系。对机器人的轨迹规划过程就是在工件坐标系中创建加工路径。这带来很多优势：当工件位置发生改变时，只需更改工件坐标系的位置，所有路径将即刻随之更新，不需要重新规划路径；允许操作多个工位的加工工件，因为整个工件可以同路径规划一起运动。

ABB 机器人对末端位姿的表达方式中主要有位姿变量和关节变量两种。位姿变量信息为（*X*,*Y*,*Z*,EX,EY,EZ），是在基坐标系下通过运动学计算出的数值，前三项末端位置 *X*、*Y* 和 *Z* 分别表示机器人工具坐标系 tool0 的坐标值，后三项末端姿态 EX、EY 和 EZ 分别表示机器人工具坐标系的旋转角 φ、θ 和 ϕ。ABB 机器人末端姿态采用 RPY 角表示法，实际加工过程中可设定工件坐标系为参考坐标系；关节变量信息为 $(\theta_1,\theta_2,\theta_3,\theta_4,\theta_5,\theta_6)$，分别表示六个关节的转动角度值。机器人末端工具的动坐标系没有相对于基坐标系旋转时，对应旋转角为零，此时的 tool0 坐标系和基坐标系的姿态相同。

6.3.2.3 控制策略在机器人中的实现

机器人磨抛法向力恒定控制过程中，实时检测加工过程中受到的法向力，基于控制模型对机器人末端的位置进行调整。要实现这个过程，需要将控制策略转化到机器人空间坐标系中。首先，通过机器人控制器获取机器人当前的实时位置信息，即末端磨抛工具的坐标值，进而求取磨抛运动的法向量。然后，将六维力矩传感器实时采集的三维力信息进行重力补偿和法向方向转化。最后，把通过控制策略得到的位移偏移量转化为机器人坐标值，传递给机器人控制器，以控制机器人移动到调整后的位置。

（1）法向量的求取

机器人末端磨抛工具平行于工件表面磨抛，导致磨抛加工的法向量不能直接获得。这里假设磨抛工具方向向量与法向量垂直，同时知道法向量与磨抛运动的切向方向垂直，即已知运动切向量。实际磨抛加工过程中，磨抛工具姿态向量与磨抛运动切向量不会出现平行状态，故可求得唯一的法向量，由于这里不考虑朝向问题，可设法向量为 $\boldsymbol{n}=(1,y_n,z_n)$。

机器人末端初始坐标系与基坐标系姿态相同，已知磨抛工具装在机器人末端与 z 轴重合，且沿着 z 轴正向远离机器人末端，故机器人磨抛工具初始向量可设为 $\boldsymbol{L}_1=(0,0,1)^{\mathrm{T}}$。磨抛工具固结在机器人的末端，随着运动坐标系的旋转，其向量相应变化。运动坐标系的旋转矩阵基于 ABB 机器人 RPY 角坐标系转换，再与初始向量相乘，获得变化后工具的姿态向量。由机器人控制器传递的信息可以得到，末端磨抛工具的位姿坐标表达式为 $\boldsymbol{L}_1=(x_{\mathrm{a}},y_{\mathrm{a}},z_{\mathrm{a}},\varphi,\theta,\phi)^{\mathrm{T}}$，则动坐标系的旋转矩阵为：

$$R = R(z,\phi)R(y,\theta)R(x,\varphi) \tag{6-21}$$

式中，旋转矩阵$\boldsymbol{R}$为3阶矩阵，初始姿态$\boldsymbol{L}_1$为3维列向量，故相乘后将得到一个新的3维列向量$\boldsymbol{L}$，磨抛工具姿态向量为：

$$\boldsymbol{L} = \boldsymbol{R} \cdot \boldsymbol{L}_1 \tag{6-22}$$

机器人磨抛加工沿着工件表面运动，磨抛运动方向向量由工件的形状决定，故磨抛的运动切向量为当前点的工件切向量。磨抛运动方向向量分析如图6-6所示，可将工件轮廓划分为无数个极小的线段，每个线段由相邻两点组成，这样可近似认为当前点的切向量为当前线段的方向，即可由机器人控制器获得相邻两点的坐标信息，求得当前点的工件切向量，进而得到磨抛运动切向量。

现在已知磨抛工具姿态向量$\boldsymbol{L}$，磨抛运动切向量$\boldsymbol{t}$，由垂直定理可知：

$$\begin{cases} \boldsymbol{nt} = 0 \\ \boldsymbol{nL} = 0 \end{cases} \tag{6-23}$$

至此，可以求出机器人磨抛加工法向向量$\boldsymbol{n}$。

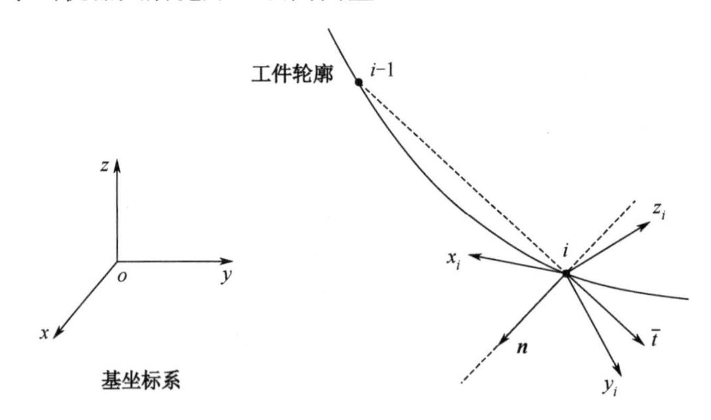

图6-6　磨抛运动方向向量分析

（2）力信息处理

在机器人磨抛系统中，力传感器安装在机器人末端和末端夹具之间，末端夹具和电主轴安装在力传感器正下方。传感器系统实物图如图6-7所示。磨抛工具系统的重力在基坐标系下，方向始终竖直向下，姿态向量为$\boldsymbol{G} = (0,0,G)$，大小为G，不受机器人末端位姿变化的影响。但是在力传感器坐标系下，随着机器人末端位姿的变化，表现为不同的测量力，影响力传感器对真实力的测量情况。因此，通过计算重力向量$\boldsymbol{g}$在力传感器信息采集坐标系的值，便可以在力传感器坐标系中得到真实的接触力值，进而求取法向力。

力传感器安装在机器人末端，其信息采集坐标系统随着机器人末端姿态变化而变化。在机器人初始位置时，力传感器信息采集坐标系的三个坐标轴向量在基坐标系下分别表示为$\boldsymbol{x}_1, \boldsymbol{y}_1, \boldsymbol{z}_1$。随着机器人末端姿态的变换，力信息采集系统坐标系对应的三个坐标轴方向为：

$$\begin{cases} \boldsymbol{x} = \boldsymbol{R}\boldsymbol{x}_1 \\ \boldsymbol{y} = \boldsymbol{R}\boldsymbol{y}_1 \\ \boldsymbol{z} = \boldsymbol{R}\boldsymbol{z}_1 \end{cases} \tag{6-24}$$

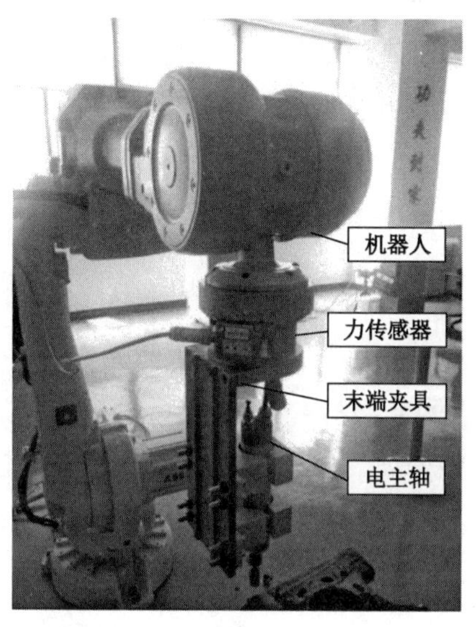

图 6-7　传感器系统实物图

式中，$\boldsymbol{x}$、$\boldsymbol{y}$、$\boldsymbol{z}$ 分别表示力传感器动坐标系 x、y、z 轴在基坐标系下的向量。这里可以写出基坐标系转化为力传感器信息采集坐标系的转换矩阵：

$$\boldsymbol{R}_{\mathrm{a}} = \begin{bmatrix} \boldsymbol{x}/|\boldsymbol{x}| \\ \boldsymbol{y}/|\boldsymbol{y}| \\ \boldsymbol{z}/|\boldsymbol{z}| \end{bmatrix} \tag{6-25}$$

将基坐标系下的重力向量 $\boldsymbol{g}$ 转换到力传感器信息采集坐标系下，得到新的影响力向量 $\boldsymbol{F}_{\mathrm{g}}$ 为：

$$\boldsymbol{F}_{\mathrm{g}} = \boldsymbol{R}_{\mathrm{a}}\boldsymbol{g} \tag{6-26}$$

力传感器采集到的三维力向量 $\boldsymbol{F}$，减去影响力向量 $\boldsymbol{F}_{\mathrm{g}}$，得到磨抛工具实际的三维接触力向量：

$$\boldsymbol{F}_{\mathrm{a}} = \boldsymbol{F} - \boldsymbol{F}_{\mathrm{g}} \tag{6-27}$$

力传感器信息采集坐标系下工具与工件间的真实接触力向量 $\boldsymbol{F}_{\mathrm{a}} = (F_{\mathrm{ax}}, F_{\mathrm{ay}}, F_{\mathrm{az}})$。

在机器人磨抛控制策略中，用到的是法向作用力，需要将求得的真实接触力向量 $\boldsymbol{F}_{\mathrm{a}}$ 在法向向量 $\boldsymbol{n}$ 上投影转化为法向接触力。由于法向向量是基于基坐标系下的，这里要把真实接触力向量 $\boldsymbol{F}_{\mathrm{a}}$ 先转化到基坐标系下，再在法向量 $\boldsymbol{n}$ 投影，可得法向作用力 $\boldsymbol{F}_{\mathrm{n}}$ 为：

$$\boldsymbol{F}_{\mathrm{n}}=\frac{\boldsymbol{F}_{\mathrm{a}}}{\boldsymbol{R}_{\mathrm{a}}}\cdot\frac{\boldsymbol{n}}{|\boldsymbol{n}|} \tag{6-28}$$

至此，获得了机器人运动时磨抛工具与工件之间的法向作用力 $\boldsymbol{F}_{\mathrm{n}}$ 。

（3）偏移量的获取及空间转换

根据力传感器采集信息的基本原理，力信息的采集是一个离散的过程，故需要将阻抗控制策略连续的时域系统转化为离散时域系统，将模型中的微分项进行离散处理，以求解该模型的差分方程：

$$\begin{cases}\dfrac{\mathrm{d}^2x(t)}{\mathrm{d}t^2}=x(k)-2x(k-1)+x(k-2)\\ \dfrac{\mathrm{d}x(t)}{\mathrm{d}t}=x(k)-2x(k-1)\\ x(t)=x(k)\\ f_{\mathrm{e}}(t)=f_{\mathrm{e}}(k)\end{cases} \tag{6-29}$$

采用方程中差分项代替微分项的方法，通过转换基于位置阻抗控制模型得到的差分方程为：

$$x(k)=\frac{(2m_{\mathrm{d}}+b_{\mathrm{d}})x(k-1)-m_{\mathrm{d}}x(k-2)-f_{\mathrm{e}}(k)}{m_{\mathrm{d}}+b_{\mathrm{d}}+k_{\mathrm{d}}} \tag{6-30}$$

该公式涉及三个相邻位置修正量间的关系，要求得 $x(k)$ 的值，必须先得到分子中前两项 $x(k-1)$ 和 $x(k-2)$ 的值。实际应用基于位置的阻抗模型时，需要先设定公式中开始的两个位置修正量。

将机器人阻抗控制模型进行简化处理，建立偏差力与偏差位移的正比例模型：

$$k_{\mathrm{d}}x_{\mathrm{p}}(t)=-f_{\mathrm{e}}(t) \tag{6-31}$$

这样可以得到开始时的偏差力对应的修正位移。虽然和阻抗模型相比有些偏差，但是力信息采集数据频率较高、数据较多，但初始两项的偏差值不影响整个系统的控制过程。

根据前文可设磨抛工具与工件之间的参考接触力为 $\boldsymbol{F}_{\mathrm{r}}$，则法向偏差力为：

$$\Delta\boldsymbol{F}_{\mathrm{e}}=\boldsymbol{F}_{\mathrm{n}}-\boldsymbol{F}_{\mathrm{r}} \tag{6-32}$$

可将法向偏差力输入上述差分方程中，获得实时位置修正量 ΔS 。设修正前、后的位置点分别为 A、B，则可得 B 点与 A 点的向量：

$$\boldsymbol{AB}=(x_{\mathrm{b}}-x_{\mathrm{a}},y_{\mathrm{b}}-y_{\mathrm{a}},z_{\mathrm{b}}-z_{\mathrm{a}}) \tag{6-33}$$

B 点和 A 点的距离为 ΔS ，故可得：

$$\Delta S=\sqrt{(x_{\mathrm{b}}-x_{\mathrm{a}})^2+(y_{\mathrm{b}}-y_{\mathrm{a}})^2+(z_{\mathrm{b}}-z_{\mathrm{a}})^2} \tag{6-34}$$

由于 $\boldsymbol{AB}$ 向量和法向量 $\boldsymbol{n}$ 平行，故两个向量间的对应元素呈线性相关，即：

$$\frac{x_{\mathrm{b}}-x_{\mathrm{a}}}{x_n}=\frac{y_{\mathrm{b}}-y_a}{y_n}=\frac{z_{\mathrm{b}}-z_{\mathrm{a}}}{z_n}=k \tag{6-35}$$

由以上两式可以求得 B 点的坐标值，但由于 $\boldsymbol{AB}$ 的朝向未知，因此可得到两个 B 点值。在实际应用中，两个位移修正点关于初始点对称分布。由阻抗模型可知 $\Delta F_e > 0$ 时，工具末端修正方向趋于远离工件方向，则 $\boldsymbol{AB}$ 向量和法向量 $\boldsymbol{n}$ 反向，即 $k < 0$；反之，当 $\Delta F_e < 0$ 时，工具末端修正方向趋于靠近工件方向，则 $\boldsymbol{AB}$ 向量和法向量 $\boldsymbol{n}$ 同向，即 $k > 0$ 。

在基坐标系下，A 点的实时坐标修正增量为：

$$\begin{cases}\Delta x = x_b - x_a \\ \Delta y = y_b - y_a \\ \Delta z = z_b - z_a\end{cases} \tag{6-36}$$

实际磨抛加工中，若出现法向力 $\boldsymbol{F}_n$ 值为零或负的情况，则说明工具与工件未接触，不能根据力信息判断工具相对工件的距离。基于位置阻抗控制策略修正过程，可能出现未磨抛或过磨抛情况，不能跟踪期望接触力，修正后力误差较大；自适应阻抗控制策略能在线估算环境位置，基于参考位置进行阻抗控制，可以实现对期望接触力的跟踪。因此，需要对磨抛控制方案进行研究，针对建立的控制模型，设计不同的控制方案，解决磨抛加工中工件未接触的问题。

6.3.2.4 力控制的动态轨迹规划研究

在实际机器人磨抛过程中，当工件公差和装夹误差大时，工件定位不准确，如果磨抛操作使用固定加工轨迹，很可能出现不接触工件或过磨抛现象，导致磨抛精度降低。为消除工件定位误差对磨抛加工的影响，提出了磨抛法向力恒定控制策略的机器人磨抛系统。之前虽然对单个位置点的阻抗策略实现过程进行了研究，但磨抛是一个连续的加工过程，是对工件表面的不间断处理过程，故需要对磨抛轨迹进行动态规划。

在机器人末端进行轨迹动态规划，只能通过机器人控制器对末端位置进行误差修正，本节规划了两种力控制动态轨迹：一种是根据工件待加工轮廓，得到一系列初始磨抛点，生成初始磨抛轨迹，再基于法向力恒定控制策略修正初始轨迹中不合理的工具位置，完成整个磨抛加工过程；另一种是根据力控制策略在线估算工件磨抛轨迹，在工件切向方向上进给，法向方向上修正磨抛位置点，边估算边磨抛，完成加工过程。

（1）基于初始轨迹的动态轨迹规划

工业机器人一般具有六个方向的自由度，运动灵活，在可达空间内，其磨抛加工可适用于任何形状的工件。机器人加工轨迹规划的方法一般分为在线和离线两种形式。离线轨迹规划需要知道工件的具体尺寸数据，通过离线程序处理获得加工轨迹，对于未知轮廓的工件，还需要专业的测量工具。在线轨迹规划通过机器人示教器示教加工点在线生成加工轨迹，以适应不同轮廓的加工。本节对工件轮廓进行初始轨迹的规划，采用在线轨迹规划的方式。

通过示教器在线编程获得初始轨迹，根据待加工零件的轮廓，选择合适的目标点，将机器人移动到该点，并调整机器人末端磨抛工具至合理的磨抛姿态且保持、记录该点位姿，将其设置为机器人磨抛轨迹示教点，依次进行各目标点的示教设置过程，最后通过运动指令控制机器人在示教点间运动，完成整个磨抛加工过程的初始轨迹规划。

机器人磨抛轨迹的动态调整过程是在机器人末端，由初始轨迹规划可以得到待处理的磨抛加工初始点，对每一个点依次进行阻抗控制策略的调整，得到需要法向偏置的位移，进而得到坐标修正量，控制机器人运动到修正点，该点是较精确的轨迹位置点；求取下一点的补偿量，对下一初始点进行位置补偿，控制机器人到达下一初始补偿点，根据反馈的法向力信息，再进行阻抗控制策略的运算，对该点进行精确修正，依次类推，直到磨抛结束。磨抛动态抛迹规划示意图如图 6-8 所示。这里，由于末端磨抛工具在线进行动态轨迹调整，所以对每个点的处理既要保证调整后的磨抛精度，又要尽量减少调整时间，以提高磨抛加工的效率。本节对于基于位置的阻抗控制算法和自适应阻抗控制算法分别采用不同的控制过程进行动态轨迹规划。

对于基于位置的阻抗控制算法，由于阻抗参数需要提前给定，并且磨抛过程固定不变，可能会产生较大的稳态误差，为提高力控制精度，得到较精确的修正点，故提出单点循环的磨抛轨迹规划。基于位置的阻抗控制流程如图 6-9 所示。

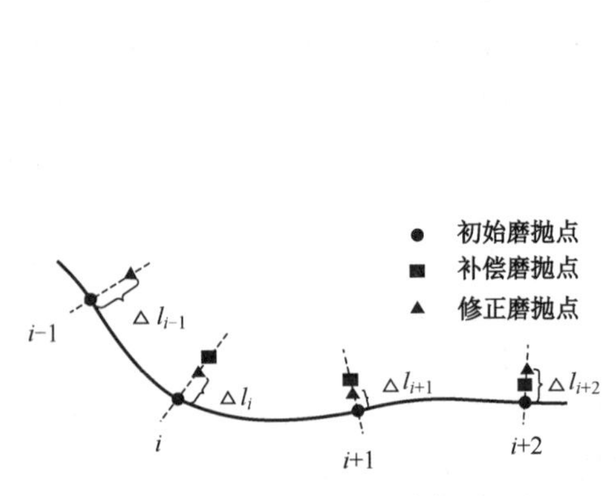

图 6-8　磨抛动态轨迹规划示意图

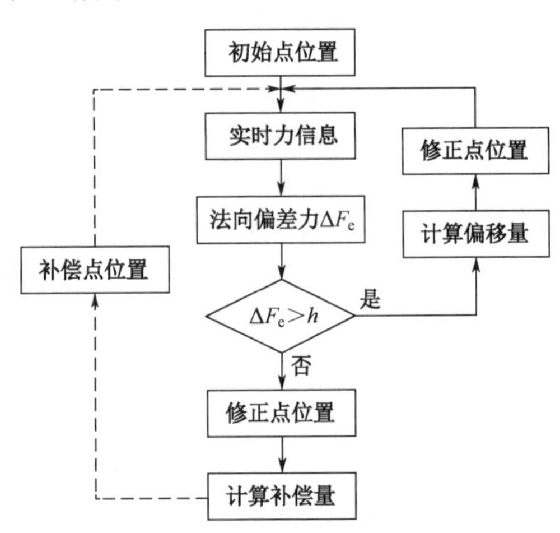

图 6-9　基于位置的阻抗控制流程

在机器人磨抛系统中，根据磨抛工具、工件和环境等条件不同，选择合适的阻抗参数，设置一个偏差力精度值 h，检测偏差力精度，作为循环磨抛的条件。实时采集力信息并做处理，得到法向偏差力 ΔF_e，判断 ΔF_e 是否大于给定的精度值。如果大于给定的精度值，则说明法向力精度不够，需要对该点再次进行位置修正，计算位置修正量，传递给机器人控制器运行修正点，并采集新的力信息处理得到新的法向偏差力 ΔF_e，进行精度判断；如果小于给定的精度值，则跳出循环；若该修正点的位置精度较高，将该修正点与初始点的偏移量作为下一点的补偿量，对下一初始点进行法向位置补偿，再对补偿的初始点进行位置循环修正。采用这种控制方案能保证末端位置精度，精度值大小可以自己调节，控制算法简单有效；但是磨抛效率较低，同时每个点的循环次数不同，没有固定的磨抛周期，导致磨抛工艺规划复杂。

对于自适应阻抗控制算法，虽然阻抗参数也是固定的，但是可以在线估算环境位置和环境刚度，通过期望力计算得到参考位置，再进行阻抗控制。轨迹规划的总体思路是对当前参考位置点进行阻抗控制，得到位置修正点。该点是基于参考位置点修正得到的，精度较高，控制机器人运动到该点，并在该点处自适应估算参考位置，对初始点进行位置补偿，得到参考位置，控制机器人运动到下一参考位置，循环进行当前点修正和下一点补偿的过程，如图 6-10 所示为自适应阻抗控制流程。

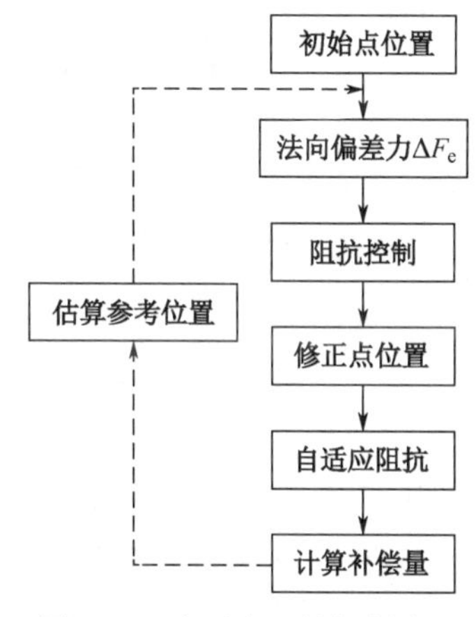

图 6-10　自适应阻抗控制流程

根据自适应阻抗控制策略，进行参考位置估算，需要对该点的法向位置值 x 进行自适应迭代过程，该值是在法向方向上相对环境位置初始估算点的偏移。这里选择待加工初始点作为环境位置的初始估算点，因为该点是基于工件表面得来的，与真实环境位置相差不多，有利于自适应迭代处理。对修正点进行自适应位置修正时，初始点与修正点之间的补偿量 Δl 即法向位置值 x。根据自适应阻抗控制算法，得到修正点的参考位置值 x。该值是相对于初始点的偏移，是一个数值量，可作为下一点的补偿量，但需要转换为机器人坐标点，采用前文的偏移量空间转换方法，可得到下一点的估算参考位置。

（2）基于轨迹估算的动态轨迹规划

对于表面形状复杂多变的工件，进行机器人磨抛加工时，需要大量的示教点，工作量很大，故本节提出在线估算磨抛轨迹的方法，获取初始磨抛点。采用力控制策略进行磨抛加工时，修正后的位置点比较精确，可作为参考位置点。实时获取参考位置点，构成参考轨迹；参考位置轨迹的切向方向，即磨抛轨迹的切向方向，磨抛运动就是机器人末端磨抛工具沿着磨抛轨迹的切向向量进给运动。因此，如果知道参考位置轨迹的切向向量，根据切向单位进给量，就可以计算出下一个磨抛初始点，进而估算整个磨抛轨迹。参考位置轨迹的切线向量求取过程和前文求取工件切向向量一样，参考位置点是初始位置点在法向方向上修正得到的，连接各个参考位置点，生成无数个极小线段，将极小线段方向近似作为参考位置轨迹的切向方向，得到切向向量。轨迹估算控制流程如图 6-11 所示。

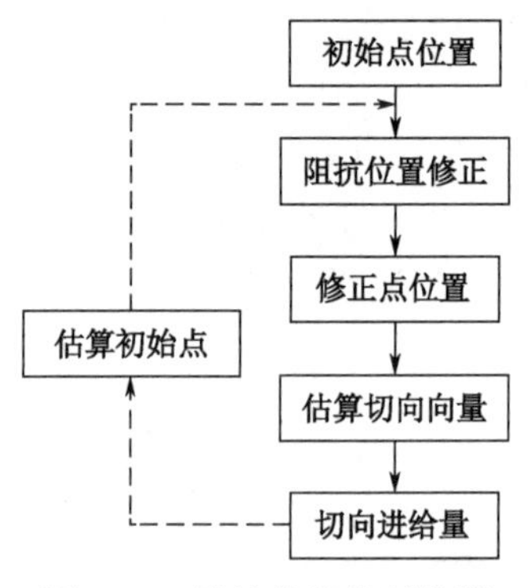

图 6-11　轨迹估算控制流程

轨迹估算的力控制是基于上述初始轨迹点的力控制进行的，由当前参考位置点和前一参考位置点计算得到当前点切向向量，对机器人在切向方向上再给一个位移量，计算得到坐标值，即下一个要磨抛的初始点。控制机器人运动到该点，进行阻抗控制策略修正得到参考位置点，记录参考点位置，供下次循环使用，完成整个磨抛过程，如图 6-11 所示。在磨抛加工过程中，实时修正当前点位置，得到参考位置点，控制磨抛力精度；实时估算下一磨抛初始点，生成磨抛轨迹。在实时过程中，实现边估算轨迹，边磨抛加工。

本节介绍了基于控制策略的动态磨抛轨迹，实现了磨抛加工过程法向力恒定。分析机器人末端姿态的空间描述和转换过程，并建立了机器人磨抛坐标系统；基于该坐标系统，分析了控制策略的实现过程，求取磨抛位置点的法向向量，对采集的力信息进行重力补偿，并转换为法向力，将阻抗控制模型离散化，根据实时法向力计算得到偏移量，从法向方向转换到机器人坐标系统，完成了单个点的调节过程。研究磨抛轨迹的控制方法，得到了基于初始轨迹的控制策略调整过程，提出了针对基本阻抗控制策略的单点循环磨抛法，设计了自适应控制策略的轨迹规划过程；并在两种力控制的基础上，设计了在线估算磨抛轨迹的动态规划，实现了对未知工件轮廓边估算轨迹边磨抛的加工过程。

第七章

磨抛机器人辅助技术

7.1 快换装置

在自主磨抛系统中，磨抛时需要选用不同的磨抛工具，因而机器人在磨抛过程中需要不断更换工具。如果使用手动更换磨抛工具，不仅占用大量人力，而且机器人需停机等待，极大地降低了机器人磨抛效率。与手动更换相比，全自动快换系统依靠自身手臂自动更换磨抛工具，不仅节约了用人成本，也提高了机器人磨抛效率，而且提高了操作的安全性。

7.1.1 快换系统简介

快换系统安装在机械臂末端，多种操作工具通过工具端接口与工具本体连接，快换系统与工具之间采用通用的标准接口对接，不同的工作任务机械臂、工具本体及快换系统之间的关系如图 7-1 所示。

快换系统为快换的对接锁紧机构并为工具提供动力输入，能够顺利完成对接和更换工具及辅助工具，完成相关功能。同时，快换系统还应该具备对整个系统的监控功能，使系统当前状态能够及时反馈。由于磨抛时所需要的工具的多样性，要求快换系统具有标准的机械接口，除此之外，还要有标准的电气及液压接口。

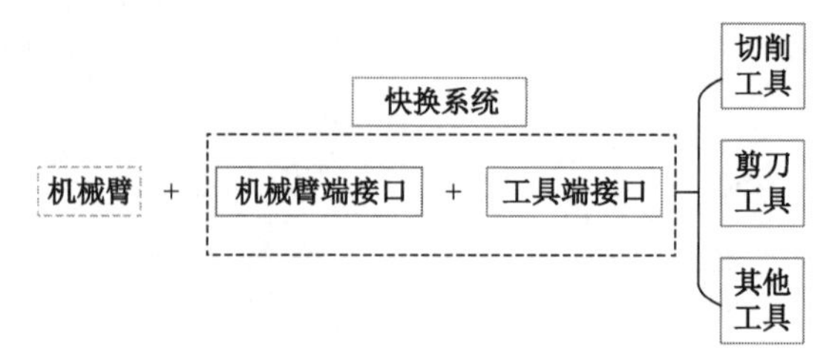

图 7-1　快换系统组成

国外对机器人末端工具快速更换装置的研究起步早、发展快，例如美国、日本、瑞典等国，在机器人末端工具快速更换技术方面比较成熟，专业化程度相对较高，已经实现成套化、规模化生产，生产的末端工具快换装置价格较昂贵，技术不对外公布。

美国 ATI 是全球领先的机器人附属装置和机械手臂工具工程研发企业。ATI 生产的机器人末端快换装置基本上能够满足市场上的各种需求，其快换装置的载重最小 18kg，最大 2 980kg。ATI 快换装置的动力源大多数采用气压传动锁紧工具盘及末端执行器，也可采用液压、电气等传动方式。ATI 生产的机器人末端工具快换装置 ATI QC-160 系列如图 7-2 所示。该系列采用圆形本体设计，本体内部集成了切换机构及锁紧机构，具有极高的抗力矩能力及重复精度。压缩空气通入活塞的一侧，产生的作用力推动活塞运动，锁紧钢球在推力的作用下向外运动，被推进锁紧环并锁住工具盘；反向供给压缩空气，钢球在摩擦力的作用下缩回，工具盘被松开，即可实现工具盘与主盘分离。

美国 DESTACO 公司主要生产中小型的末端工具更换装置，DESTACO ROC-200/RTP-200 系列如图 7-3 所示，它具有较高的定位精度和重复精度，锁紧钢球采用阳极硬质耐磨氧化处理，以增加钢球的表面硬度及耐磨性。多种实用工具结合用于快速断开 I/O、空气、水、焊接电源、伺服功率、真空管路等。

图 7-2　ATI QC-160 系列

图 7-3　DESTACO ROC-200/RTP-200 系列

AGI 快换装置如图 7-4 所示，采用凸轮式锁紧机构，活塞驱动凸轮进入工具盘内的锁紧端口中，具有防故障自动保护功能，保证机器人末端工具更换的柔顺性、可靠性及重复定位精度，缩短日常保养与维修所需时间，能够保障机器人作业的正常运行。

德国 Schunk 公司是专业的气动夹具制造商，主要产品有工件夹紧装置及自动抓取系统，Schunk 的快换装置如图 7-5 所示，其自动锁紧机构没有弹簧力作用，动力源为压缩空气。

图 7-4 AGI 快换装置

图 7-5 Schunk 的快换装置

瑞典 RSP（Robot System Products）拥有种类丰富的机器人配套设备及附属产品，可以同时提供快换装置及末端执行器。RSP 的快换装置如图 7-6 所示。RSP 提供的快换装置载重范围为 20～1 000kg。

图 7-6 RSP 的快换装置

日本必爱路自动化公司（BL）旨在提高生产线的效率，并降低成本，通过把柄或工具的更换实现机器人的功能多元化，缩短作业准备时间，有利于企业实现多品种、小批量生产。BL 提供了多种系列的快换装置，可以完成不同的操作任务，其快换装置类型见表 7-1。

表 7-1 BL 的快换装置类型

系列号	型号	用途
FLEX	FLEX-40A/70/100A/300	搬运、码垛打包、飞边及需要力矩的刚性场合
QC	QC10A/20C	轻型自动化搬运
QCP	QCP-100/150/220	重载搬送自动化，满足大型工作面及高速化要求
USP	USP-100	面向冲压部件高速搬运
GC	GC-300	机器人点焊工艺中材料装卸及焊接

日本霓塔（NITTA）生产的自动更换装置在工具盘接口上设有锁紧螺栓，利用特殊凸轮结构设计将机械手臂端的主盘与工具盘结合，NITTA 的快换装置如图 7-7 所示，能够自动补偿连接偏移和磨损量，位于机器人手臂主盘端口的凸轮依靠气缸作用力锁紧或解锁工具盘。同时，气缸内装有弹簧，即使在气压暂时消失的情况下，工具盘接头与主盘接头也不会分离，

从而保证连接的可靠性和稳定性。在中国，对机器人末端工具快换装置的研究起步相对较晚，一些高校、企业相继对机器人末端工具快速更换装置展开初步研究，但只是针对某些特定领域进行的，大多存在可靠性低、通用性差等缺点，尚未产业化，与国外先进水平差距较大。

图 7-7　NITTA 的快换装置

7.1.2　机器人末端工具快换装置

机器人末端工具快换装置能够实现机器人生产线的柔性制造，使机器人进入工作环境即可完成多种操作任务，有助于提高企业生产效率。机器人末端工具快换装置发挥作用的关键，是如何保证机器人手臂末端的主盘稳定、可靠地拾起或切换工具盘及末端执行工具。

本节综合分析现有机器人末端工具快换装置，提出一种新的机器人末端工具快换装置的设计方案，并对末端工具快换装置的核心技术进行研究。其中，切换模块是确保快换装置中的两盘结合与分离的基础，是实现快换的必要条件；锁紧模块是保证钢球不随意晃动、主盘可靠锁紧工具盘的关键。

7.1.2.1　机器人末端工具快换装置功能需求分析

如今，机器人的应用范围越来越广泛，正逐步由工业领域拓展到更多的应用场合。因此，未来机器人将不再是应用于固定生产线上的专用大型设备，而是朝着结构尺寸更小、应用更灵活、性价比更高等方向发展。这就要求机器人能够适应各种领域的实际需求，提高自身的灵活性及作业能力。

通过企业调研可发现，由于机器人价格相对较高，目前企业购买的机器人数量相对较少，但限于现有机器人功能单一的问题，无法满足实际需要以实现生产的自动化。而机器人末端工具快换装置能够帮助有效解决这一难题，一机多用可以提高机器人的作业柔性，如同一台机器人一次进入作业环境，即可完成焊接、冲压、去毛刺、卷边、装配等操作。结合实际分析可知，一套通用化程度高的机器人末端工具快换装置必须具有以下几个特点。

（1）灵活度高。同一台机器人不止实现一种操作，在同一工位上可通过更换末端执行工具完成多种任务，实现一机多用。

（2）稳定性强。机器人在实际作业过程中，如遇突发情况造成气缸主体部分的气源不稳定或被切断，防故障锁紧装置能够避免工具盘与主盘脱离，保证连接的稳定和可靠。

（3）刚度高。耦合和扭转刚度必须足以防止机器人系统产生过多的偏差，避免过大的变形影响系统的正常工作。

（4）快速更换。当执行工具需要更换、保养维护维修时，在数秒内即可完成对末端执行工具的更换操作，保证生产线的正常运行，降低停机待机成本，提高企业生产效率。

（5）保证安全性，降低人工成本。机器人能够自动完成末端执行器的快速更换，不需要人工干预，这样既能保证工作人员的安全，又能降低人工成本，提高劳动生产率。

7.1.2.2　机器人末端工具快换系统的组成

机器人末端工具快换系统是由主盘、工具盘、工具适应盘及一些辅助部件组成的，如图 7-8 所示。主盘通过法兰盘连接于机器人手臂上，末端执行器通过工具适应盘与工具盘连接。企业可以根据自身需求，对同一台机器人配置多个工具盘以实现多种操作功能，可更换工具盘及末端执行工具如图 7-9 所示。机器人可根据工作指令要求拾取相应的工具盘及末端执行工具，完成多种操作任务。

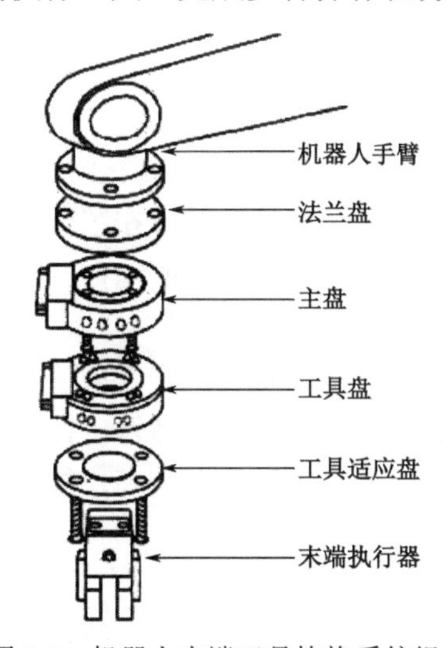

图 7-8　机器人末端工具快换系统组成

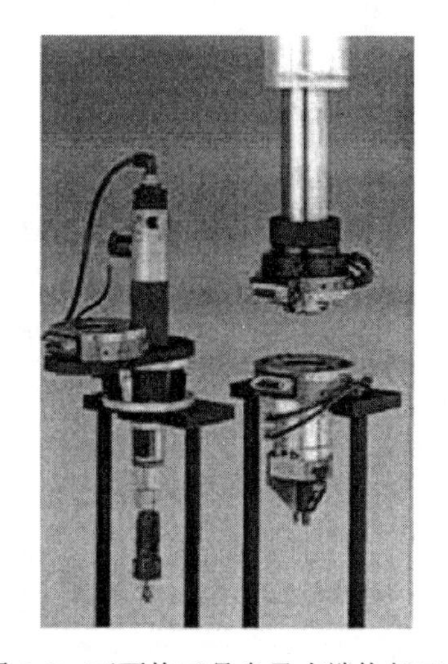

图 7-9　可更换工具盘及末端执行工具

7.1.2.3　机器人末端工具快换装置概念设计方案

机器人末端工具快换系统包括切换模块、锁紧模块、传感器模块、外围设备及控制系统等。本节主要针对快换装置中的核心技术进行研究，即对切换模块和锁紧模块展开研究。

1. 切换模块

机器人末端工具快换装置的切换模块是指为主盘与工具盘的结合与分离提供动力源，保证快速更换装置中的两盘能够保持可靠连接与快速分离的。现有的传动方式主要有气压传动、液压传动、电子传动、电气传动、机械传动等，其中气压、液压传动具有成本低、效率高、结构简单等优点，在工业中应用较多。各种传动方式的特性见表 7-2。

表 7-2　各种传动方式的特性

传动方式	驱动力	驱动速度	特性受负载影响	构造	远程操作	定位精度	工作寿命	价格
气压	稍大	大	大	简单	良好	稍不良	长	便宜
液压	大	小	较小	简单	较好	稍良好	一般	稍贵
机械	不太大	小	几乎没有	普通	难	良好	一般	一般
电气	不太大	大	几乎没有	复杂	很好	良好	较短	稍贵
电子	小	大	几乎没有	复杂	很好	良好	短	贵

由表 7-2 可知，气压传动的主要优点如下。

（1）以压缩空气作为介质进行动力的传递，压缩空气来源广、价格便宜，利于实现远距离传送与集中供应。

（2）压缩空气清洁无污染，使用后可直接排入大气中，一般情况下无噪声，环保性能良好。

（3）结构紧凑，传动速度快，可靠性高，使用寿命较长，适用于多种场合。

当然，气压传动也存在一定的缺点。一方面，空气的压缩特性使装置在工作过程中稳定性略差，负载的变化也会对稳定性产生很大的影响；另一方面，气源的动作气压较小，气动装置的整体尺寸不能过大，因而输出力不可能很大。

为进一步提高工作稳定性，保证输出力满足产品设计要求，本节综合考虑机器人末端工具快换装置的工作环境及气压切换的优缺点，在气缸的一端添加碟形弹簧，构成碟簧式气压切换机制。碟簧式气压切换机制结构简单紧凑，锁紧力大，切换效率高，能够确保机器人末端工具快换装置工作过程中的可靠性和稳定性。

根据实际应用可知，碟形弹簧具有以下特点。

（1）刚度较大，具有良好的缓冲吸振性能，变形量较小、传递载荷大，所需要的轴向空间较小；

（2）碟簧的组合方式灵活多样，用户可以根据自身需要选取适合的组合方式及碟簧片数，由此得到的弹簧特性也会不同；

（3）行程短、负荷重；

（4）维修更换简单、经济安全、使用寿命长。

2．锁紧模块

锁紧模块是机器人末端工具快换装置设计的核心，也是实现主盘与工具盘可靠结合的重要保障。其设计要求是在保证动力源充足的情况下，将快速更换装置的主盘与工具盘顺利对接，对接后不会自由摆动、自动脱落，保证有足够的连接强度与稳定性。机械设计中常见的锁紧方式有钢球式锁紧、凸轮式锁紧、插销式锁紧及卡盘式锁紧等。

（1）钢球式锁紧。钢球式锁紧如图 7-10 所示，当机器人根据指令要求锁紧工具盘时，位于主盘主体内部的活塞向下运动，推动锁紧钢球逐渐向外运动进入锁紧环中，从而使主盘和工具盘可靠连接；当要求脱开工具盘时，活塞在力的作用下向上运动，锁紧钢球在反向摩擦力的作用下沿套筒孔缩回，两盘即可分离。钢球式锁紧结构简单紧凑，应用最为广泛。

图 7-10　钢球式锁紧

（2）凸轮式锁紧。主盘接口内的活塞推动凸轮向外运动，进入工具接口的配合钢环中，与钢环中的锁紧槽配合；当两盘分离时，凸轮退缩回主盘接口内的锁腔中。凸轮式锁紧如图 7-11 所示。凸轮式锁紧机构能够保证动力源切断时两接口不分离，抗故障能力相对较强。

图 7-11　凸轮式锁紧

（3）插销式锁紧。插销式锁紧相当于一个典型的圆柱插孔实验，当两接口的位姿对接精度满足要求时，插销在弹簧推力的作用下进入孔内，使两接口连接在一起。插销式锁紧如图 7-12 所示，插销式锁紧方式对精度及作业质量方面的要求相对严格。

（4）卡盘式锁紧。卡盘式锁紧由卡紧件与轴向定位装置构成，如图 7-13 所示。带有卡槽的定位销可以完全进入定位孔内，按照特定方向旋转卡紧盘即可锁紧工具盘；反向转动卡紧盘，工具盘即可从卡位上松开。

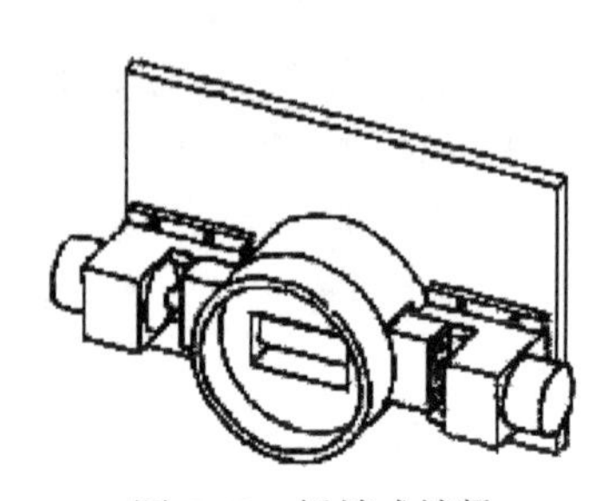

图 7-12　插销式锁紧

图 7-13　卡盘式锁紧

任何一种锁紧方式都有其优点，都能满足预期的功能，根据设计及技术需要，本节采用的锁紧方式为目前应用范围最广、最受青睐的钢球式锁紧。

7.1.2.4　快换装置的设计目标和功能指标规范

考虑到机器人末端工具快换装置的使用环境及工作方式，本节确定并使用的设计目标有如下特点。

（1）轻量化。受机器人手臂持重限制，两盘自重不能过大，尽量选择轻量型材料，整体尺寸小，各个功能模块构造紧凑。

（2）切换机构的可靠性与防故障锁紧设计。如若发生特殊故障导致气压消失，切换机构与防故障锁紧设计仍能够确保工具盘与主盘连接稳定可靠。

（3）通用性强。快速更换装置适用于多种机器人手臂结构，应用覆盖范围广泛。

（4）保证一定的位置精度，在作业过程中能够实现准确对接与分离。

（5）密封性能良好，确保气体不会外泄。

（6）重复定位精度高，机器人能够在全局坐标系内实现多种功能。

结合以上设计目标，可以初步确定机器人末端工具快速更换装置的一些设计要求如下。

（1）将主盘与工具盘设计成圆盘状，并将气缸集成在主盘主体内部，气路通道分别设置于主盘与工具盘的盘体内部，在两盘的上下两侧预留出电连接器安装插口。

（2）根据现有装置的设计，确定圆盘直径。

（3）主盘进行密封设计，如采用 O 形密封圈对气缸进行轴向密封，对活塞、活塞杆进行横向密封等方式。

（4）确定主盘与工具盘盘体采用的材料，以及核心部件采用的材料。

（5）设定可搬运重量，确定额定负载。

（6）选取工作气压。

7.1.3 机器人末端工具快换装置切换模块的设计

本节采用碟簧式气压传动方式作为工具快速更换装置（简称快换）的切换源，切换模块主要包括气缸、活塞及活塞杆、碟簧、密封圈、后端盖等。设计要求：输出力满足要求，动力源稳定，切换流畅。

（1）气缸的选择

根据压缩空气在活塞端面上的作用力方向、结构特点、安装位置等进行划分，可以把气缸分成单作用气缸、双作用气缸、组合气缸和轴销式气缸等。在现有的机器人末端工具气动快换装置中，使用最多的是单杆双作用气缸，即在活塞杆的一侧安装活塞杆，能够双向运动的气缸。

（2）气缸的设计与计算

① 缸体参数的选择

本节中的机器人末端工具快换装置是在机器人末端工具气动快换装置原有设计的基础上进行改进的，在缸体参数的选择方面与原有设计装置保持一致。在这里，选定缸体内径 D，再根据 d/D=0.2～0.3，故可确定活塞杆直径 d；设定载荷效率 η，确定工作气压 p。对原有的单杆双作用气缸进行分析，当两盘分离时，压缩空气推动活塞产生的作用力为

$$F=\frac{\pi}{4}(D^2-d^2)p\eta \tag{7-1}$$

② 计算缸筒壁厚

在工作过程中缸筒承载气体压力，必须要有足够的厚度，通常来说可按薄壁筒公式计算，即

$$\delta=\frac{Dp_t}{2[\sigma]} \tag{7-2}$$

式中，δ 为气缸筒的壁厚（mm）；D 为气缸筒的内径（缸径）（mm）；p_t 为气缸试验压力，一般取 $p_t=1.5p$；$[\sigma]$ 为缸筒材料许用应力（Pa），$[\sigma]=\sigma_t/S$；S 为安全系数，一般取 $S=6\sim8$。

③ 密封设计

密封设计的好坏影响末端工具快换装置切换模块的切换效果，这也是保证末端工具快换装置正常工作的重要条件之一。

7.2 磨抛工件夹具设计

7.2.1 夹具系统发展及其分类

7.2.1.1 夹具系统的发展

夹具（Fixture&Jig）又称卡具，在机械制造系统中占有非常重要的地位，已经在产品加工、装配等工艺环节大范围应用。夹具的主要作用是对工件或工具进行定位和固定，保证其处于特定的位置，完成特定的工作任务。

作为机械品，要想保证夹具能够实现特定的功能，就必须要保证系统的性能完善。通常，机械系统主要由驱动、传动、执行、操作控制和支撑部分组成。驱动部分主要是为机械设备提供足够的动能，保证其正常的运转和工作，将动能转化为机械能；传动部分主要是将驱动部分的运动和动力传递给执行部分，完成运动形式、动作规律等的转化；执行部分是直接完成系统预期工作任务的部分，也称工作机或工作装置，其位于系统的末端，直接作用于对象并实现系统的功能；操作控制部分是用来操作与控制各部分正常的运作，保证顺利地实现预定的系统功能；支撑部分主要是为了承担整个器械的重量和零部件的安装，支撑框架等零部件所构成的总体。

对夹具系统（如图 7-14 所示）而言，夹具驱动系统的功能实现载体可以是人工、不同类型的原动机、液压缸、气压缸和电动机等；夹具传动系统可以是各种类型的增力机构（包括杠杆机构等）、传递机构、连接机构等；夹具执行系统可以是定位件、夹紧件等；夹具支撑系统可以是各种基础板和支撑件等。

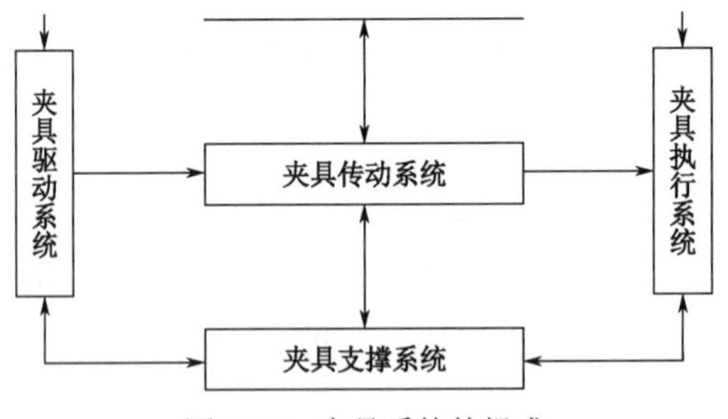

图 7-14 夹具系统的组成

夹具系统作为制造业生产链中不可或缺的组成部分，其从诞生至今同样经历了深刻的变革，主要体现在夹具各个组成系统不断地提升与改进上。

随着机床技术的不断发展，各种工装夹具也不断出现，如鸡心夹头、虎钳等，它们依附于机床，有一定的通用性，一般与机床一同配套供应给用户，因此也被称为机床附件。现代专用夹具主要是在小品种、大批量的生产方式背景下出现的，尤其与汽车工业的发展密切相关。专用夹具是为了顺应某个工件、某个工序的制造要求而专门设计的，这产生了两个方面的结果：一方面缩短了工序时间，提高了劳动生产率，保证了加工面的位置精度，扩大了机床使用的范围；另一方面，专用夹具自身较高的设计制造维修费用反而增加了生产成本。然而对于大批量生产的企业来说，专用夹具的费用分摊到每一个产品上是可以忽略的，因此，专用夹具在大批量生产制造企业中得到了长足发展。在专用夹具的使用过程中，人们又发现了一个新的问题，即当被加工对象的类型或尺寸参数发生变化时，原先设计的相关专用夹具就要报废。从这个意义上讲，专用夹具被看作针对某一特定产品的一次性使用夹具。对于占整个生产制造业四分之三的从事单件、小批量生产的企业来说，使用专用夹具显然增加了制造成本，很难得到用户的认可，推广难度也很大。研究者为了解决这一难题，研发了适用于小批量生产、可以循环利用的可调整柔性夹具，用户可以根据自己的需要进行自由的组合。进入 21 世纪，市场的竞争也越来越激烈，技术革新速度十分迅速，企业为了生存不得不改变经营方式，提高自己的产品种类，降低成本，提高产品质量，这也为夹具的发展提供了很大的动力，各种新型的夹具不断出现，极大地满足了市场的需求。

纵观整个夹具系统的发展历程，可以清楚地看到，夹具的发展是以生产制造企业为中心，以满足制造环境和市场需求环境为宗旨，以各领域科学技术发展为动力（如数控机床等制造装备的发展，机电伺服控制系统的发展等对夹具功能结构的影响，此处不赘述），朝着更加柔性化、标准化、精密化、自动化和专业化的方向不断推进的。

7.2.1.2 夹具的分类

夹具系统经过不断发展，其种类繁多，为了清楚地反映各类别夹具之间的区别与联系，我们可以对其进行分类。可按照生产工艺、夹具驱动、夹具柔性等进行分类，夹具的分类如图 7-15 所示。虽然我们对夹具进行了类别划分，但是这并不意味着各类夹具是孤立存在的，还要根据实际的加工情况选择合适的夹具，通过高效的组合来提高生产的效率。所以在实际对夹具进行设计的过程中必须进行准确的定位，梳理各类型夹具的关系，综合利用夹具的功能。

在磨抛过程中主要使用的是可重构夹具，根据图 7-15 可知，可重构夹具隶属于柔性夹具。下面将对柔性夹具的类型、特点等进行分析。

通常，柔性夹具指可以完成对形状或尺寸上有所变化的不同工件的定位和夹紧等功能的夹具。工件的变化范围可大可小，比如同一件产品不同的型号，也就是工件的形状相似，但是工件尺寸存在一定的变化。又如，不同的产品就是工件在形状和尺寸上都存在很大的差异，柔性夹具可以根据新产品或同一产品不同型号的工件进行调整，或者能以原有夹具为基础，经过对部分夹具元件的结构进行快速的调整、更替和变换，就可以满足新产品的生产要求。所以，柔性夹具的内涵并没有一个确定的范畴，既可以是广义的，也可以是狭义的。通常来讲，柔性夹具就是通过计算机数控（CNC）机床、加工中心（MC）、柔性制造系统（FMS）等复合形成的一种多功能夹具。从 20 世纪 80 年代开始到现在，柔性夹具的研发主要以两个方面为主：一是在传统夹具的基础上进行创新，二是进行自主的柔性夹具创新。柔性夹具的分类及工作原理见表 7-3。

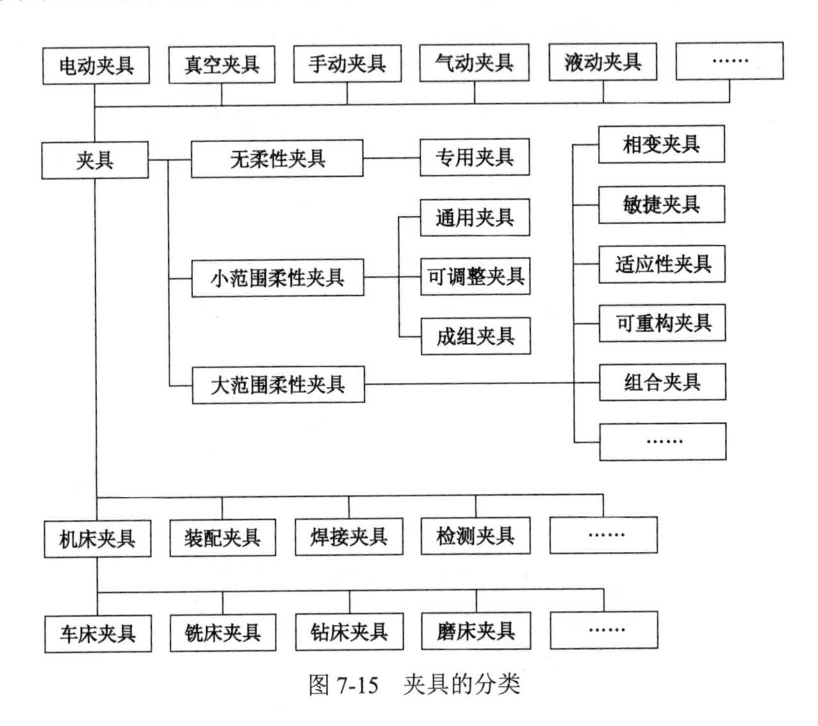

图 7-15　夹具的分类

表 7-3　柔性夹具的分类及工作原理

分　类		柔性工作原理
传统夹具的创新	组合夹具	标准化、模块化、系列化的夹具元件装配
	可调整夹具	调节夹具中的柔性化元件
	成组夹具	工件的成组相似性，基础部分加可调整部分
	可重构夹具	硬件重构、软件重构、模块化结构
原理和结构创新	模块化程控式夹具	用伺服控制机构变动元件的位置
	适应性夹具	从夹具自身结构的变化去满足不同的工件
	相变材料夹具	相变材料物理属性可变的性质
	仿生抓夹式夹具	利用形状记忆合金的特异性

7.2.2 新型夹具

7.2.2.1 传统夹具的创新

夹具是在传统夹具基础之上，在不改变传统夹具的主要结构和夹装原理下，融入新技术、新方法，促使其在特定的范围内具有柔性，如常用的组合夹具、可调整夹具、成组夹具及可重构夹具等。

1. 组合夹具

组合夹具也可称为拼装夹具，顾名思义，它是采用一系列标准化、模块化、互换性高的夹具元件、组件通过组合而成的，是针对不同类型的加工对象，具有大范围柔性的一类夹具。组合夹具的功能实现过程为“组装—使用—拆卸—再组装—再使用—再拆卸”的循环过程。组合夹具通常可分为槽系和孔系两种系统，槽系组合夹具主要依靠夹具基础件上相互垂直与平行的多条 T 型槽来适应种类不同工件的准确定位，而孔系组合夹具主要通过夹具基础件上分布的定位孔来满足夹具元件在夹具中的定位与紧固。相较于槽系组合夹具，孔系组合夹具成本非常低，加工方便，性能比较稳定，所以在生产中被广泛使用。

2. 可调整夹具

可调整夹具是一类具有小范围柔性的夹具。通常可调夹具的调整方式有更换式、调节式和组合式三种。可调整夹具的柔性和应用范围受其结构的影响，有一定的限制，因此，其对于制造环境和市场变化等的反应比较迟缓。

3. 成组夹具

成组夹具主要是针对特定的工序采用一些相似性的零件设计组成的夹具，具有小范围柔性，其设计思路和原理主要依靠成组技术（GT）。基础部分和可调整部分构成了成组夹具，其中，基础部分固定不变，对于任何零件都是通用的，而可调整部分是成组夹具中的独立部分，可随加工对象的变化而做出适应性的调整。

4. 可重构夹具

可重构夹具是建立在 RMS 之上的一种具有大范围柔性的夹具，其融合了组合夹具、可调整夹具和成组夹具的优点，是对它们的传承和发展。

7.2.2.2 原理和结构均有创新的柔性夹具

此类柔性夹具主要从定位、夹紧原理和夹具结构三个方面进行创新，使工程技术人员对柔性夹具有了新的认识，运用到的关键技术有材料科学技术、仿生技术和机电一体化技术等。其包含模块化程控式夹具、适应性夹具、相变材料夹具和仿生抓夹式夹具。

1. 模块化程控式夹具

模块化程控式夹具主要通过特定的程序来控制夹具对元件的定位及固定等在夹具本体上的位置来实现夹具对于不同加工对象的适应性，其中定位元件、夹紧元件等安装在夹具本体的双向滑动导轨上，依靠伺服系统驱动。

2. 适应性夹具

适应性夹具可以根据元件的大小自动地进行调节，以适应元件的规格和定位功能，其结构样式由工件决定，因而这是一种被动式的夹紧装置。

3. 相变材料夹具

相变材料夹具主要包含伪相变式柔性夹具和真相变式柔性夹具，相变材料夹具分类如图 7-16 所示。前者主要用于发生相变的材料，即液相—固相—液相。其具体操作步骤为：将工件埋入液体材料中，装入特定的容器内，然后通过降温等作用方式将液体材料进行固化和机械加工，加工结束后，采用特定处理将材料液化，取出加工部件。后者主要是为了弥补真相变式柔性夹具材料在相变过程中对工件和操作人员产生的负面影响。因此这两种夹具的命名也是相对彼此而言的，伪相变式柔性夹具主要是通过颗粒流态床来模拟相变材料的双向性质，即通过物理方式实现材料在液固态之间的转换，因此也称这种变化为伪相变，就是说材料表面上发生了相变，其实并没有发生相变。

4. 仿生抓夹式夹具

仿生抓夹式夹具主要应用于机器人终端器以抓取和夹紧工件。该夹具由形状记忆合金（Shape Memory Alloy，SMA）材料制成的驱动器驱动。其驱动原理利用了 SMA 材料的特异性，即对 SMA 先施加外载荷，使其形状结构发生改变，然后对其进行加热并使温度超过某一值，即可使其恢复至受载前的形状和尺寸，以此实现对不同工件的柔性化夹取。

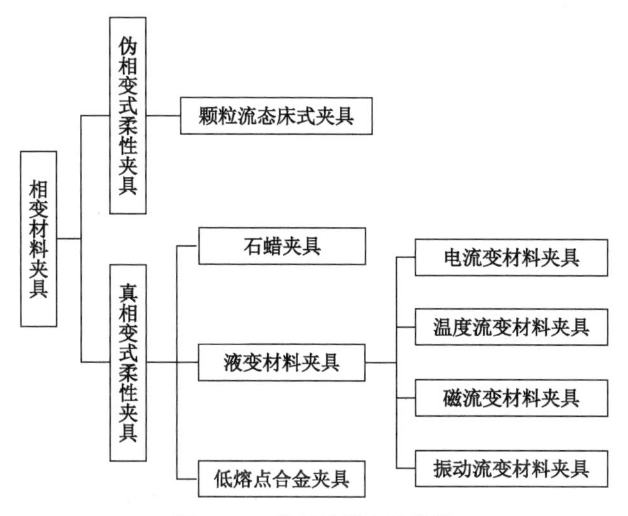

图 7-16 相变材料夹具分类

7.2.2.3 夹具设计案例

本节通过案例，系统地阐述磨抛工件夹具的设计方法及过程，重点介绍了夹具方案设计，包括磨抛工件的基本情况、夹具设计路线及夹具的功能分析；夹具定位部件、夹紧单元结构及夹具的详细设计过程。

1. 磨抛工件概况

本案例研究对象是转椅五星脚（待磨抛的工件见图 7-17）。在转椅五星脚磨抛加工过程中，人工磨抛耗时长，而且是重复性劳动，成本非常高。另外，人工磨抛的质量不过关，效果不满足要求，会严重影响生产进度。

图 7-17 待磨抛的工件

2. 夹具设计流程

夹具设计是推理过程和计算过程的组合设计。零件工艺分析是推理的前提，基于此，对夹具系统中的定位设计、夹紧设计、布局设计等进一步做出经验性的理论推理，达到设计过程的统一。计算过程是针对各个设计模块的详细规划与求解，穿插在各个设计阶段。概念设计是抽象的高层推理模型框架，直接决定后续各设计模块的推理与计算细节，在夹具设计中占有很重要的地位。夹具设计流程如图 7-18 所示。

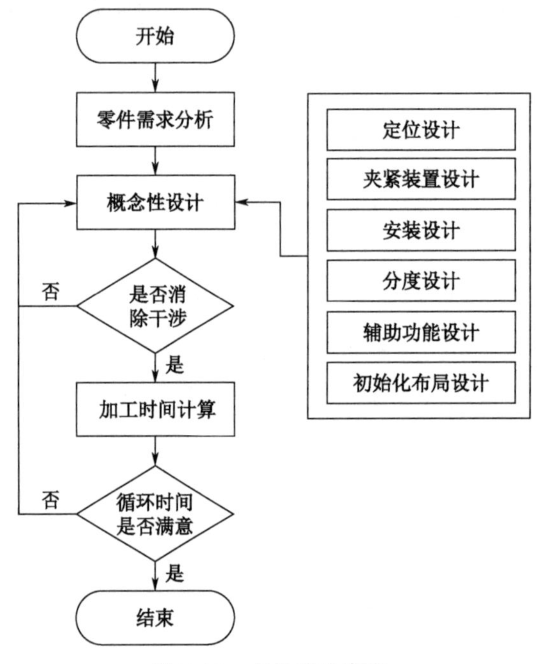

图 7-18　夹具设计流程

3. 夹具的功能分析

夹具的功能分析，首要任务是单元分解（夹具系统单元划分如图 7-19 所示），现有面向功能、领域、详细部件等几方面的分解方式。在机械产品中广泛应用的是功能分解，这是因为功能分解有分层、分离的特点。功能分解的过程本质是夹具设计认识的过程，也是问题求解的过程。加工需求分析到功能确定、功能分解、子功能确定与求解，最终综合评价比较后得出最优方案是功能分解的基本原理、特点。概念性的夹具设计就是将需求功能转化成结构的直观化形式，运用建模理论对各个功能、子功能和求解过程进行抽象化表述，形成严密的设计逻辑性与细节针对性，缩短了产品开发周期。

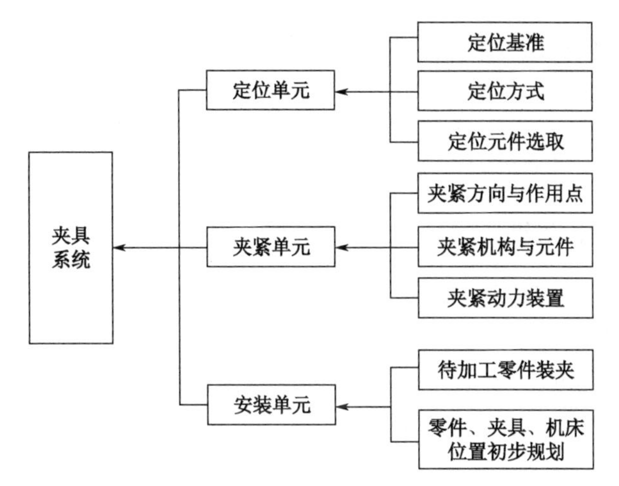

图 7-19　夹具系统单元划分

（1）定位单元

夹具设计中定位单元的设计是首要任务，而定位单元设计的首要任务是定位基准的选择。在零件工艺信息分析完毕的前提下，以此来确定工件定位基准选择，然后根据空间六点定位原理，确定工件的定位方式。它可以是平面定位、外圆定位或者孔定位等，另外，还要考虑定位点的分布。定位点和定位方式选定后，校核定位方式可以是完全定位，也可以是过定位或不完全定位等情况。对结论进行优化分析，之后反馈到定位元件设计库里，根据特征去选取定位元件。校验定位误差是设计的另一项任务，最终计算的定位误差结果在设计要求范围之内，则定位单元模块设计结束；否则需重复上述设计，直到误差符合设计要求为止。

（2）夹紧单元

夹紧是工件在受到切削力、离心力、重力等的作用下，依然能处于正确的加工位置的保证。设计稳定可靠的夹紧装置，要根据零件的几何信息和加工方式确定夹紧力的方向和作用点，正确处理夹紧力方向和加工中产生的力方向，可减小所需夹紧力。首先，夹紧力的作用点一般作用在定位支撑面内，这样可以使其定位稳定。其次，考虑力的大小，运用公式对夹紧力进行合理的估算。夹紧力的方向与作用点确定是否夹紧了机构。计算得出的夹紧力，确定了应如何选择夹具动力装置（气动装置、机械式装置等），然后采用有限元分析方法进行夹具元件的校验，如果满足设计要求，则设计完成；否则重复设计操作。

（3）安装单元

安装单元描述的是工件—夹具系统—机床三者之间的连接关系。从静态上讲，它是一个高层抽象的结构图示加工系统；从动态上讲，它描述的是工件从装夹到加工再到拆卸的过程。零件首先与定位元件相连接，确保零件在夹具系统中的正确定位；进而与夹紧元件或辅助元件相连接，确保工件的正确性夹紧；最后通过中间连接件连接在动力装置上，形成夹具系统的初始化布局。辅助元件分为两种，一种是辅助零件安装时的快速定位和支撑的功能，连接在夹具体上；另一种是各辅助元件之间的连接或支撑。安装单元采用逆序方式描绘，正序方式进行模型搭建，最终形成夹具概念设计层面上的初始化布局。

4．夹具定位部件详细设计

夹具定位采用了工件两圆孔和平面的组合定位方式，行业中称为“一面两孔”定位方式。概念设计中给出了两种“一面两孔”定位方案：方案一为圆柱销配合削边销定位，方案二为两圆柱销组合定位。“一面两孔”定位原理如图 7-20 所示。

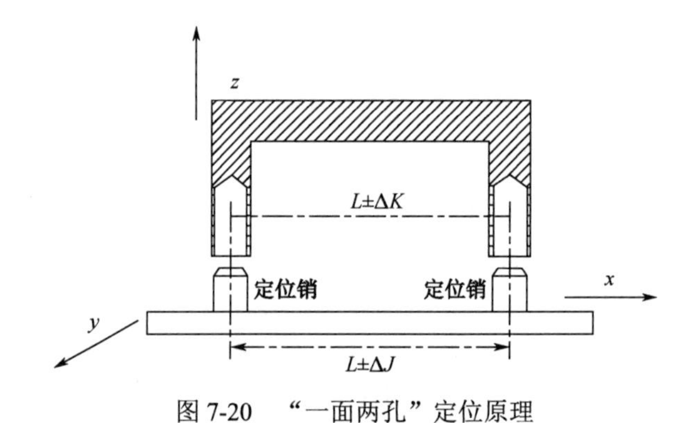

图 7-20　“一面两孔”定位原理

“一面两孔”的“面”指的是支撑板的面，“两孔”指的是定位销的孔。考虑到汽车支架工件需要进行辅助支撑的特殊性，故采用了偏心定位销支架作为辅助支撑定位。根据六点定位理论分析，由图 7-21 所示的组合定位方式可知，工件绕 x 轴、y 轴的旋转自由度，z 轴方向的平移自由度，被支撑板所限定。沿 x 轴和 y 轴的平移自由度被左定位销限制，而右定位销不仅除了限制绕 z 轴的旋转自由度，还限制了 x 轴的平移自由度，这样 x 轴的平移自由度被限定了两次。而辅助定位也限制了 x 轴与 z 轴的平移自由度，这种现象属于过定位。

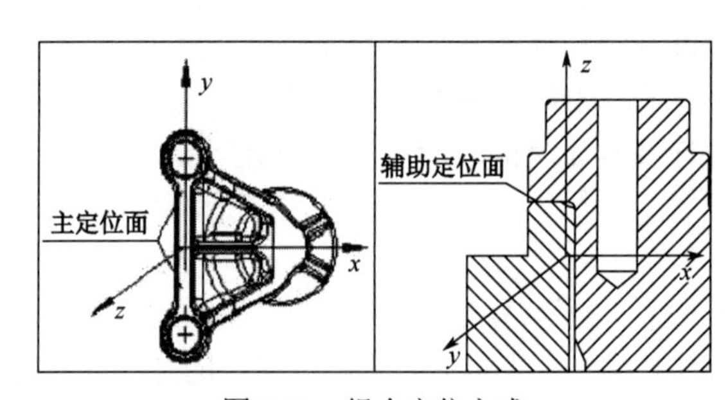

图 7-21　组合定位方式

夹具定位设计中过定位现象是不提倡的，应该被消除，因为汽车涨紧轮支架下部两孔中心距与夹具两定位销中心距会因为设计、测量和加工等差异，存在 $\pm\Delta K$ 和 $\pm\Delta J$ 的误差。这将导致定位中的干涉现象出现，一面两孔干涉图如图 7-22 所示。干涉现象将影响待加工零部件的顺利安装。

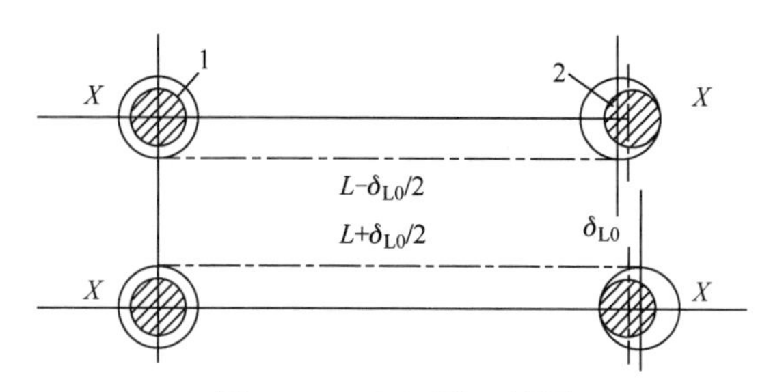

图 7-22　一面两孔干涉图

为消除夹具设计中的干涉现象，有两种途径。

（1）在两圆柱定位销方案中，直接减小销的直径，使其与支架下部销孔具有最小间隙，以此来补偿销与孔的中心距偏差。

（2）在圆柱销和削边销组合定位方案中，计算设计削边销，将削边销作为销孔的定位方式。削边销是圆柱销去掉一部分之后的名称，削边销有多种形式，如菱形销等。

5. 夹具夹紧单元结构设计

汽车支架的夹具系统是保证工件在实际加工过程中正确夹紧的系统。在装夹时，考虑到支架质量较小且为不规则多面体，但加工的数量又较大等实际情况，应选择容易装卸和易于加工的夹紧系统与元件。这里选择杠杆压板夹紧机构来夹持工件颈部的平台，选用斜楔形压块夹持支架下部的两通孔槽，这样既满足了工件容易装卸的要求，又满足了夹具元件易于加工的要求。由于汽车涨紧轮支架为铝合金材料，在加工中心采用铣削的方式进行加工，科学计算出其铣削力，再根据夹紧点和夹紧方向，计算出夹紧力进而选定动力装置。

在夹具中对工件下部开槽通孔的夹紧选用是偏心夹紧机构。偏心夹紧机构的本质是以偏心件组合其他元件来实现夹紧的机构。根据本待加工件的结构特征选用斜楔压块作为夹紧元件。在对夹紧力进行计算的过程中通常是将工件作为一个分离体，并对作用在工件上的各种力进行分析，根据力的平衡原理计算出最小的夹紧力，然后将得到的作用力乘以对应的安全系数后得到本设计所需的夹紧力。

（1）斜楔夹紧机构的夹紧力计算

工件处于专用夹具上凸台面时，铣削时的受力情况最不利，根据力矩平衡条件有

$$F_{v}L_{1}+F_{H}L_{2}=F_{min}\mu L\cos(\frac{\pi}{4})$$
$$F_{j1}=KF_{min} \tag{7-3}$$

式中，μ 为压块与工件之间的摩擦系数；F_{min} 为所需的最小夹紧力（N）；F_{j1} 为所需的夹紧力（N）；K 为安全系数；F_{v} 为工件所受铣削力在垂直方向的分力；F_{H} 为工件所受铣削力在水平方向的分力；L_{1}，F_{v} 的力臂；L_{2}：F_{H} 的力臂。

（2）杠杆压板夹紧机构的夹紧力计算

工件在加工过程中，夹紧机构对工件颈部平台处，采用杠杆压板夹紧机构的夹紧方式。杠杆压板夹紧机构由杠杆压板和铰链接件组合而成，其结构简单。这种机构利用中间杠杆结构进行增力，其增力倍数较大；摩擦损失较小，但无自锁性。计算杠杆压板夹紧力，根据铣削力的计算，这里 F_{0} 取最大值，F_{j2} 应满足下式，即

$$F_{j2}=KF_{0} \tag{7-4}$$

式中，F_{j2} 为所需的夹紧力（N）；K 为安全系数，一般 K=1.1～1.3。

6. 夹具体的设计

夹具体作为夹具系统的基础件，主要功能是将夹具各个装置、机构、元件组装成一个完整的夹具系统，同时肩负着连接夹具与机床的功能和作用。它的结构形状及尺寸大小取决于加工工件的结构特点、尺寸大小和各种元件的结构与布局。夹具体的功能用途决定了实际的夹具体应满足以下要求。

（1）有足够的强度和刚度。

工件在实际加工过程中将会受到铣削力、夹紧力等作用。在这种工况下，为了能生产高品质工件，夹具体的基本条件是有足够的强度和刚度。增加夹具体刚度有多种办法，设计时可采用加强筋或框架式夹具体等。

（2）结构尽量简单，装夹方便。

夹具体的结构主要由两方面决定，一是工件尺寸的大小、重量和加工需求，二是与机床连接的方式。在满足刚度和强度的前提下，尽量设计合理、方便装卸的夹具体，提高生产效率。

（3）有良好的结构工艺性。

具有良好工艺性的夹具，便于生产制造、装配、检验和维修，一方面提高了夹具设计要求，另一方面降低了企业的生产成本。在满足上述要求的基础上，设计的夹具应尽量方便排屑，在机床上安装稳定、可靠，同时自身有适当的精度和尺寸。由于工件尺寸较小，夹具体可设计成一次装夹两个待加工件的结构，夹具体实体图片如图 7-23 所示。

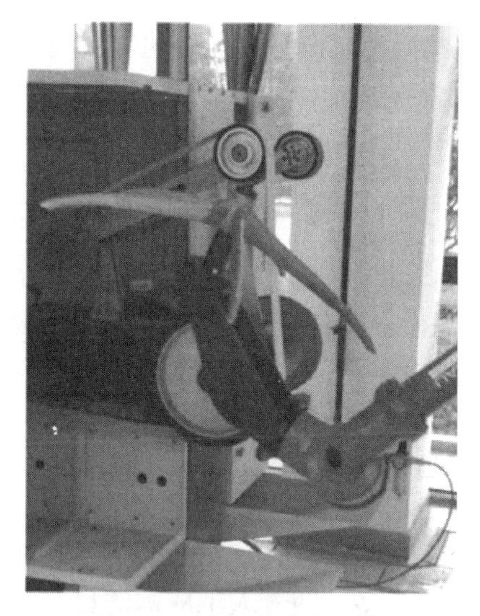

图 7-23　夹具体实体图片

7.3 上下料系统

7.3.1 上下料系统概述

新兴工业时代，上下料机器人能满足快速大批量加工节拍、节省人力成本、提高生产效率等要求，成为越来越多工厂的理想选择。

工业机器人是面向工业领域的多轴机械手、能自动执行工作指令的机器。近年来，随着工业自动化的发展和提质增效，劳动力成本优势继续减弱，我国制造业规模大、门类多，很多工作环境恶劣、劳动强度大，出现了招工难问题。因此，导致市场对工业机器人产生了迫切需求，工业机器人的应用领域也就越来越广，许多行业通过工业机器人、冲压机械手和整厂自动化方案规划，在制造业中实现了“无人化工厂”和“无人车间”。

工业机器人方案主要应用在机床上下料方面，上下料机器人主要实现机床制造过程的完全自动化，并采用了集成加工技术，可以实现对圆盘类、长轴类、不规则形状、金属板类等工件的自动上下料、工件翻转、工件转序等工作，并且不依靠机床的控制器进行控制，机械手采用独立的控制模块，不影响机床运转，具有很高的效率和产品质量稳定性，结构简单、易于维护，可以满足不同种类的产品生产。对用户来说，只需要做出相应调整，就可以很快地进行产品结构的调整和扩大产能，大大降低了产业工人的劳动强度。

（1）上下料机器人系统主要由工业机器人、料仓系统、末端夹持系统、控制系统、安全防护系统，以及客户端匹配的数控机床组成的自动化系统等组成，具有速度快、柔性高、效能高、精度高、无污染等优点。为了提高机器人上下料的速率，在机器人的上料位上安装两个夹爪，可以同时抓住两个工件，机器人首先从上料仓抓取毛坯，当机床加工完成后打开门，机器人进入机床内，用空的夹爪将加工好的工件取下来，然后旋转180°，将毛坯件装到机床夹具上，最后退出机床。在上下料过程中，动作连贯，提高了自动上下料的效率，可以节省庞大的工件输送装置，结构简单，而且适应性强。

（2）随着科技的不断进步和发展，对各个生产环节的精度要求越来越高。冲压机械手在冲压工序中的主要作用是上料和下料。冲压机械手的分类有很多种方式：按驱动方式可分为机械式机械手、液压式机械手、气动式机械手和电动式机械手等；按搬运重量可分为微型机械手、小型机械手、中型机械手和大型机械手等；按坐标形式可分为直角坐标式机械手、圆柱坐标式机械手、极坐标式机械手和多关节式机械手等。

（3）上下料机器人系统主要包括6自由度Robot、机械手爪、Vision定位系统、过渡平台定位系统、换手台和其他辅助设备。随着人工成本的日益增加，自动上下料生产线的应用越来越广泛，基于此系统，可以针对其他产品进行相应手爪的开发。

机器人系统的机械手爪采用气动机械结构，分为双手爪和单手爪两种形式，安全牢固可靠，无掉件现象，能够实现断电、断气工件夹紧。手爪夹紧工件时，靠摩擦力及夹紧力夹紧，同时有定位销辅助定位工件。当夹紧面为毛坯面时，夹紧块浮动以适应工件外形的铸造偏差。

（4）机床上下料机器人由三台数控车、一台机器人、一套专用抓手、一套毛坯料仓、一套翻转辅助装置、一套安全护栏和一个成品料仓组成。三台数控车成品字形布局，机器人放置在加工单元中间位置，另一侧开口处放置毛坯料仓和成品料仓。

机床上下料机器人产品主要有加工中心上下料机器人、数控车床上下料机器人、冲压上下料机器人、铸造和锻造上下料机器人等。

① 可以实现对圆盘类、长钩类、不规则形状、金属板类等工件的自动上料和下料、工件翻转、工件转换等工作。

② 不依靠机床的控制器进行控制，机械手采用独立的控制模块，不影响机床运转。

③ 刚性好，运行平稳，维护非常方便。

④ 独立料仓设计，料仓独立自动控制。

⑤ 独立流水线。

7.3.2 机器人上下料及磨抛技术研究现状

目前，在国内的铸造后处理行业中，大多采用人工对铸件进行上下料操作，但是随着科技水平的不断提升和社会发展的持续进步，工业机器人技术得到巨大的改善，使得对产品产能要求、质量要求日益提高的同时，成本控制日趋严格，故使用人工进行铸件上下料的劣势越加凸显。首先，由于人工上下料对库存预估的不确切性，易造成原料积压，占据厂房空间及大量的流动资金；其次，不易把握日益加快的生产节奏，造成产品结构调整缓慢。最后，人工进行上下料作业，产生工伤事故的概率大，并且生产效率低，难以完成大批量生产的要求。而使用上下料机器人可有效实现铸件的自动抓取、放下，适合大批量零件的生产。

日本FANUC公司研制的上下料机器人在国际上享有很高的知名度。FANUC R-20001B/165F 机器人利用摄像头判断无定位工件的位置，以实现无夹具定位的工件自动搬运的功能，可以同时进行 5 台机床的上下料作业。FANUC iR Vision 2DV 视觉系统通过比较视觉成像的工件图像和已标定的工件，将其偏差值作为位置补偿值，该机器人系统有效地解决了传统方法占地大且结构复杂的问题，适合不同类型产品的需求，提升了加工系统柔性化水平。

作为世界上最大的机器人制造商，瑞典的 ABB 公司制造的机器人广泛应用于各行各业。2012 年，ABB 公司研发的 FLEX PICKIRB360 上下料机器人是目前世界上高效的四轴并联机器人，如图 7-24 所示，在分拣拾取太阳能硅片和电池片方面尤为突出，最高可达每小时 3 000 片。该上下料机器人使用 ABB 公司的 IRC5 控制器和 PickMaster 软件作为控制系统，编程简单，上下料效率高。

图 7-24 ABB 公司的 FLEX PICKIRB360 上下料机器人

美国得克萨斯大学在机械臂上采用真空装置，以达到持续上下料的目的，从而开发了一款自动向硅片上放置载体的上下料机器人。

相对于国外工业机器人技术的迅速发展，国内起步较晚，但发展势头较好，一些研究院、高校、企业强强联合，攻克了一系列的技术难关，对自动化生产线的发展做出了巨大贡献，显著提高了国内自动化水平。

一些国内机器人生产企业已开始针对实际的工业需求开发了应用于工业领域的上下料机器人，图 7-25 所示为发动机壳体生产线自动上下料机器人。

图 7-25　发动机壳体生产线自动上下料机器人

随着工业自动化的发展和科技的进步，机器人逐渐成为制造业不可或缺的技术装备，尤其在流水作业的自动化生产线和相对恶劣的工作环境下，机器人超精准的定位和高效的加工特点尤为突出。

上下料机器人的结构丰富多样，其中应用最为普遍的结构种类是关节机器人和直角坐标型机器人。两种上下料机器人结构如图 7-26 所示。

关节机器人模拟人类的手臂结构，具有高自由度的特点，通常情况下有 5～6 个自由度，生产节奏快，工作空间广，占地面积小，但因其运动部件多，控制系统较复杂，因此投入成本较高，如图 7-26（a）所示。

直角坐标型上下料机器人有龙门式、悬臂式和桁架式三种结构形式，是以直角坐标系为基本数学模型，沿直角坐标系的坐标轴方向运动，通常采用伺服电机驱动各运动轴，利用滚珠丝杠或齿轮齿条等机构实现轨迹变化过程，如图 7-26（b）所示。与关节机器人相比，直角坐标型机器人结构简单、成本较低且控制方便，工作空间大。

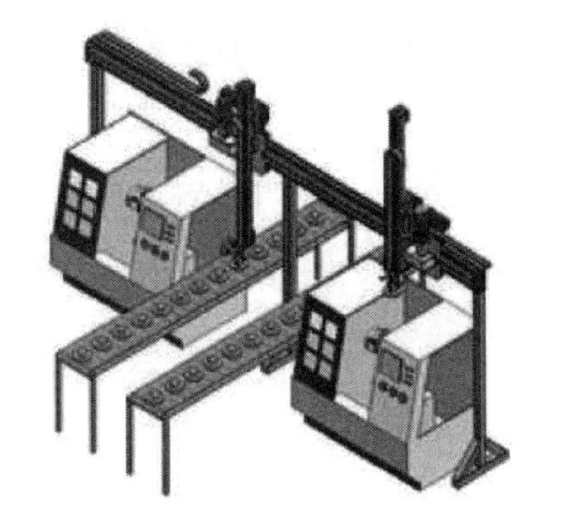

（a）关节上下料机器人　　（b）直角坐标型上下料机器人

图 7-26　两种上下料机器人结构

7.3.3　上下料及磨抛系统方案分析

7.3.3.1　总体设计方案

本节介绍的磨抛对象是发动机缸体，选用瑞典 ABB 公司的 IRB6700 系列机器人，IRB6700-235 机器人实物图如图 7-27（a）所示。ABB 公司生产的机器人在当下的机器人领域中其工作速度最快，在相同环境下，比其他机器人生产节奏快 4 倍，长期运行具有经济、可靠的优点。IRB6700 家族是 ABB 大型机器人历经 40 年自然演进的第 7 代产品。这条融合众多“下一代”优化设计的产品线是与用户长期密切合作的结晶，以详尽周密的工程调研为基础开发而成。评价机器人工作能力的一个重要运动学指标就是机器人工作空间的大小，IRB6700-235 机器人工作空间如图 7-27（b）所示。

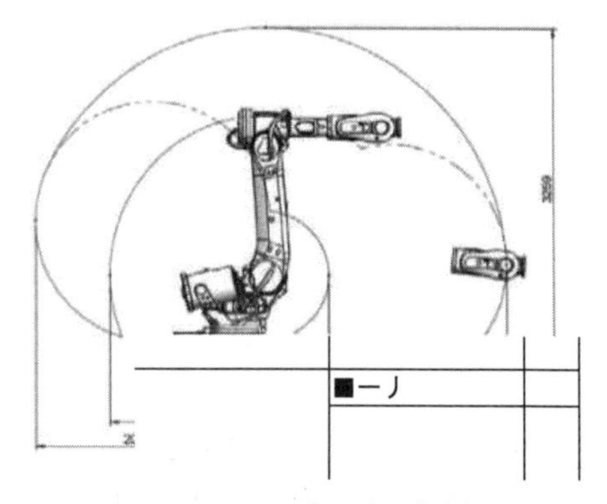

（a）IRB6700-235 机器人实物图　　（b）IRB6700-235 机器人工作空间

图 7-27　IRB6700-235 机器人

IRB6700-235 机器人规格参见表 7-4。

表 7-4　IRB6700-235 机器人规格

机器人型号	工作范围/m	负载/kg	重心/mm	手腕转矩/N·m
IRB6700-235	2.65	235	300	1324

根据缸体磨抛工艺及缸体生产线的自动化程度，确定缸体磨抛方案为机器人抓取工件进行磨抛。机器人工作环境布置图如图 7-28 所示，包括抛丸区、机器人工作区、检验区。在机器人工作区对缸体进行上下料及磨抛作业，通过机器人将两道工序紧密连接，实现上料、磨抛、下料“三位一体”的加工路线，充分利用空间资源，节省了生产时间，提高了生产效率及自动化水平。

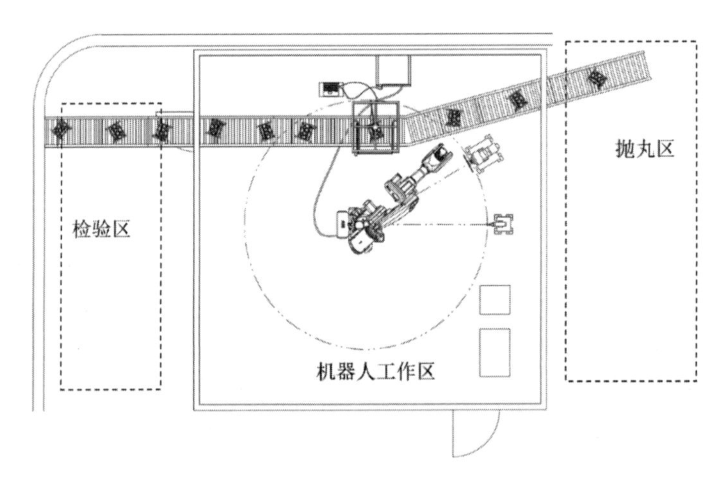

图 7-28　机器人工作环境布置图

7.3.3.2　系统层次结构分析

机器人上下料及磨抛系统可分为以下几个层次，包括视觉检测系统、机器人控制系统、磨抛控制系统、视觉机器人通信系统，以及力控系统。视觉检测系统由工业相机、计算机、光电传感器、光源组成；机器人控制系统由机器人、控制柜、末端执行器组成；磨抛控制系统由电柜、电主轴、电机、大小砂轮组成；视觉机器人通信系统由计算机、机器人控制柜、光电传感器组成；力控系统由六维力/力矩传感器组成。

组建系统时，由视觉机器人通信系统负责对各独立系统进行通信，为传递信息搭起桥梁，各系统层级及工作流程如图 7-29 所示。视觉机器人通信系统发出缸体到位信号，视觉检测系统工作，对缸体进行扫描，检测其所在位置，并将位置信息采集传送至视觉机器人通信系统进行计算分析；机器人根据分析结果对辊道上的缸体进行抓取，实现缸体的上料过程；通过机器人控制系统控制机器人到达磨抛工位，此时磨抛控制系统工作，磨抛电机运转，机器人抓取缸体沿离线编程的轨迹及视觉采集的位置形成的轨迹在磨抛工位磨抛 4 个端面与凸台面。在磨抛过程中，通过力控系统对磨抛时的表面接触力进行监控；磨抛作业完成后，机器人控制系统将磨抛后的缸体放回辊道，松开气爪，此时缸体随辊道运往检测区，完成缸体的下料工作。

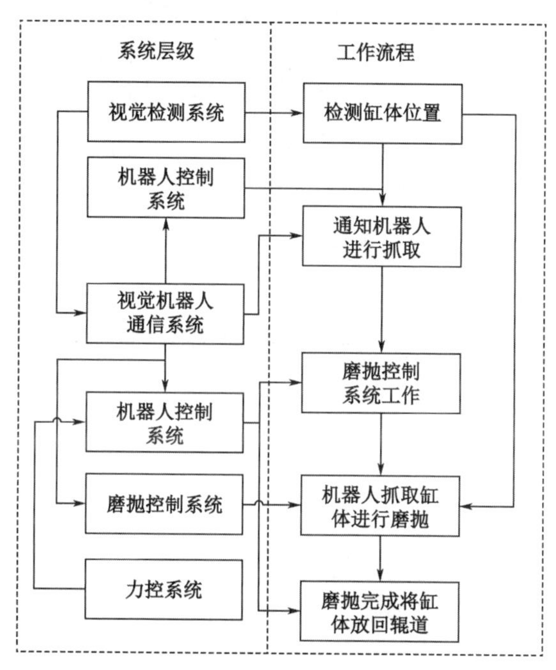

图 7-29　各系统层级及工作流程

7.3.3.3　上下料及磨抛工位布局设置

由于不能确保从抛丸区经辊道运输过来的缸体的位置的统一性，在使用机器人抓取缸体进行上料时，每一个缸体被抓取时工件坐标相对于机器人的世界坐标都不一致，若要通过示教来进行抓取缸体，就必须在每一个缸体到来之前进行示教。这样做的工作量无疑是巨大的，同时缺乏时效性。因此，本节使用机器视觉对缸体进行定位以判断缸体的位置，由通信系统将缸体位置信号传送给机器人，从而实现实时自动抓取。通过视觉检测系统检测缸体待磨抛区域的凸台位置，并结合力控制技术，当机器人在对小的凸台磨抛以切除材料时，可以实现切削力的实时监控与补偿，获得更好的磨抛效果及时效性。

机器人上下料磨抛工作区域布局图如图 7-30 所示。

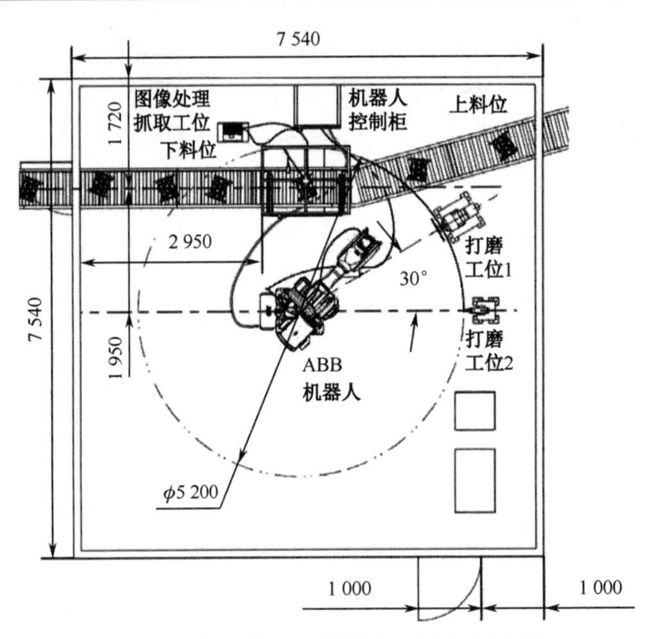

图 7-30　机器人上下料磨抛工作区域布局图

第八章

磨抛案例：热轧无缝钢管外表面修磨项目

本章及下一章将通过实际磨抛案例，对本书中的理论进行阐述。

8.1 案例背景概述

热轧无缝钢管是将高强度合金棒通过大型设备强力推挤出一个带孔的棒料变成的无缝钢管。根据使用规格再通过热拔或冷拔，制成所需的无缝钢管型材。无缝钢管在棒料穿孔时，由于温度高，热轧辊压力大，坯料表面的部分氧化物在挤压力作用下转移到压力辊表面，随着转移物聚集增多对无缝管表面质量影响的增大，需要定期清理压力辊表面。本案例既没有考虑穿孔设备在产生过程的积瘤和穿孔辊磨损的问题(无缝钢管穿孔机见图 8-1)，也没有考虑导轮接触高热原料积聚氧化物的问题。为获得美观的产品表面，在保证产品出厂尺寸的前提下，通过修磨轧制辊控制产品外观，降低因拆卸轧制辊和修磨对生产效率的影响。在轧制辊的大修周期内，通过在线修磨去除两个辊表面聚集物，可大大提高产品的外观质量，不影响设备使用寿命，这是增强产品市场竞争力的有效方法。

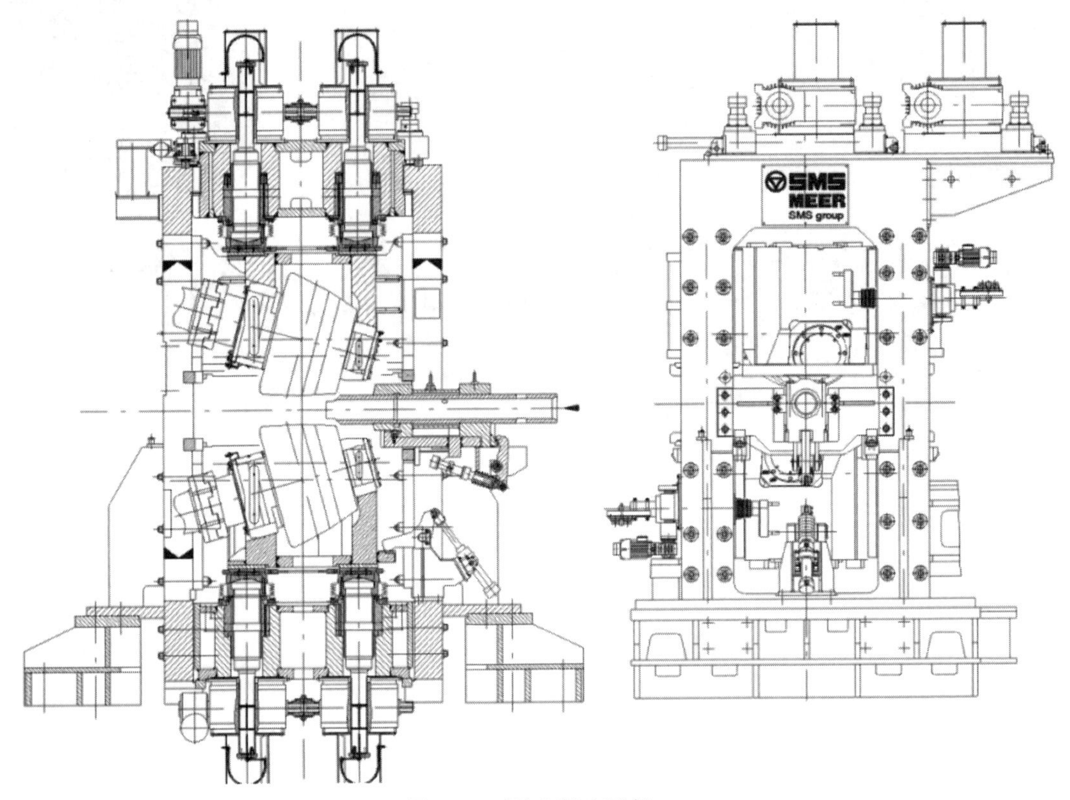

图 8-1 无缝钢管穿孔机

针对热轧无缝钢管生产的实际问题，xBang 凭借多年在自动化修磨领域的成功经验，成功研发基于 xPerception 机器感知和 xAutonomy 自主机器技术的高速动态力位控制轧辊在线修磨系统。系统采用动态力位控制技术修磨，自动运行、自动更换磨料；也可远程呈现修磨过程、修磨影像，远程展示修磨质量与进程。系统具有完整、全面的防护能力、系统机构冗余设计，在故障排除前能进行高质量的完美修磨。其优势如下。

（1）修磨影像：xVision 机器视觉赋予机器精确的修磨影像感知。

（2）力位控制：xpush 精准的推力和位置控制可以保证完美的修磨质量。

（3）MI 与修磨大数据：进化理论的工艺方法，MI 机器智能自学习、自优化修磨工艺参数，循序提高修磨质量，大幅降低磨料消耗。

（4）安全防护：xBang 在线修磨系统自我防护设施齐备，能适应热轧车间高温高湿环境。

（5）磨料快换：xBang 在线修磨系统可提供快换设计，提高作业效率，简化了系统维护管理。

（6）无人值守：模块化更换，光纤通信，远程操控。

8.2 解决方案

图 8-2 所示是无缝钢管穿孔机轧辊在线修磨系统建模视图。该系统是融合机器感知、自主计算、灵巧动力于一体的自主机器。系统可完成视觉定位、3D 立体修磨粗糙度监测、力感知、位置感知、环境感知、自动定位修磨位置、自动换料和自动监测生产线运停，能自动计算推力和位移补偿、自动计算磨料消耗、完成轧辊修磨。技术方案支持工业 4.0，支持在线数据互传、远程监控和远程技术服务。

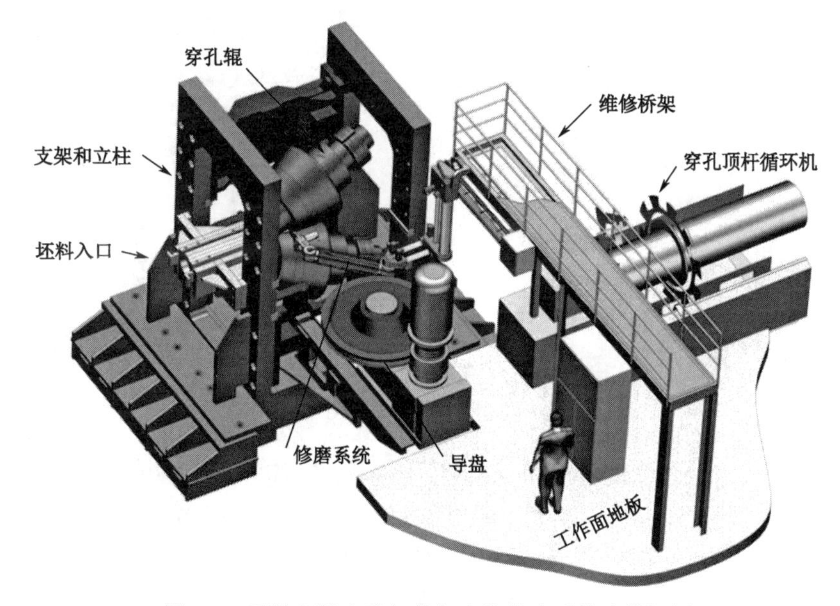

图 8-2　无缝钢管穿孔机轧辊在线修磨系统建模视图

本方案提供了完整的技术解决途径，包括以下主要内容。

（1）自动监测生产线运停，测量和计算轧制辊表面聚集物数量，决策实施动作，自动管理修磨进程。

（2）自动定位修磨区域，实施动态修磨管理，彻底去除聚集物，轧辊表面修磨后粗糙度均匀一致，实现通过最小量去除获得最优化表面质量。

（3）修磨力自动监控，磨料消耗监控、动力负荷异常监控、磨料寿命监控，包括修磨效率、主轴温度、受力情况、消耗进度和剩余寿命实时采集显示，以及数据联网远传。

（4）加工质量和系统工况全程实时记录，基于 xVision 机器视觉和 xAbax 计算机影像学对加工面进行测量，包括修磨去除面积、聚集物分布、总去除量、工艺参数（转速、推力）、磨削参数（磨料消耗、磨料温度、主轴负荷）和修磨完成前后影像、修磨过程影像、数据库存储，并提供调用、分析、远程服务。

（5）在线技术服务，基于概率和统计学的 xUniversity 系统，提供进化理论的质量优先效率分析，优化工艺参数，提升产品品质，提高生产效率，降低能源和材料消耗。

8.2.1 系统介绍

穿孔机建模如图 8-3 所示，穿孔机在建模时简化了很多细节，拆除了遮挡展示修磨系统的部件，能够清楚表达方案意图。

图 8-3　穿孔机建模

该修磨系统充分考虑了设备空间复杂性、修磨系统运动范围，能够避免出现干涉情况。系统采用了高效的动力和高强度材料，结构紧凑，可以满足狭小空间应用所需条件。

动态力位执行器和伺服磨抛电主轴是修磨的核心部件，含有动力主轴、动态力位执行器、机器视觉、力感知、位置感知及补偿装置。依靠光纤通信，在动力导轨驱动和计算机决策下进行修磨。系统防护等级为 IP68 级，依靠水冷和风冷防止过热。完成修磨后，系统自动复位至最小空间体积，待机停置于维修桥架处。

图 8-4 所示为穿孔机轧辊在线修磨系统结构图，示出了系统组成各部分的关系，系统由运载机构、修磨机构（系统）和控制系统组成。修磨系统采用动态力位控制修磨，机器视觉确定修磨范围和参数，评估修磨质量；运载系统依靠运动视觉和碰撞检测系统使修磨机构准确地避开空间障碍物体运送、紧固到工作位置，并在修磨后复位到不影响生产的停置位置。

系统旋转和伸缩时，线缆通过转轴和线缆拖链与运动各部件相连，机器视觉在修磨的全过程为修磨计算和修磨质量提供影像数据。

整个系统包含 7 个自由度，其中，运载机构为 3 个轴运动副，修磨机构为 4 个。控制系统各副配置的直线编码器、轴编码器可靠地感知、记录操作的位置，使系统迅速、准确、灵活、顺畅地完成动作。

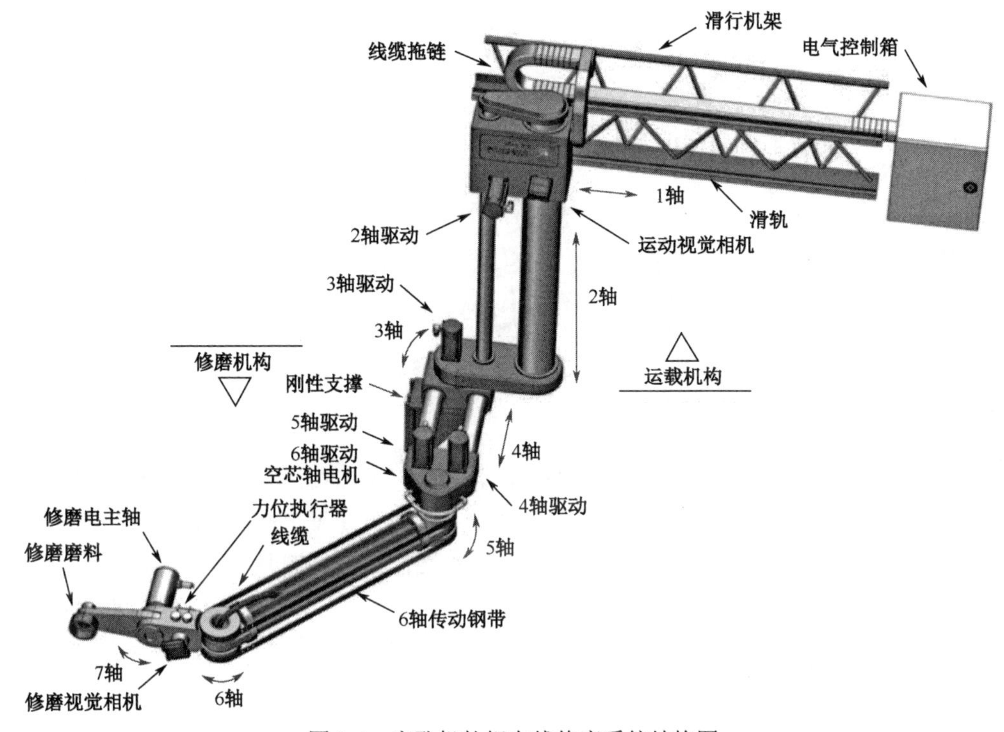

图 8-4　穿孔机轧辊在线修磨系统结构图

8.2.2　方案说明

8.2.2.1　修磨策略

通过多次与应用单位研讨，修磨方案由最初用两套修磨系统进行轧辊和导轮同时修磨，改为使用单套修磨系统修磨上下轧辊，不再修磨导轮。修磨上下导轮可沿穿孔顶杆路径修磨，优点是该中心切面轧辊投影曲率最小，在极为狭小的空间内也便于修磨机构运动。穿孔下料轧辊修磨轮径和磨料方向如图 8-5 所示。

修磨位置为轧制流变区，实测值为 175mm。系统设计重点修磨区域两端各增加 30mm 作为系统修磨机构运动行程，235mm 的行程确保覆盖需要修磨的全部区域。重点修磨区域如图 8-6 所示。

磨料修磨旋转方向与轧辊转向相反，称作逆铣。逆铣具有磨粒切入金属负荷小，磨抛力由小增大、磨抛平稳、震动低等优点。

修磨上轧辊时，磨料修磨旋转方向要与下轧辊相反才能获得逆铣效果，因此，磨料锁紧机构应具有抵抗正反转松动的能力。

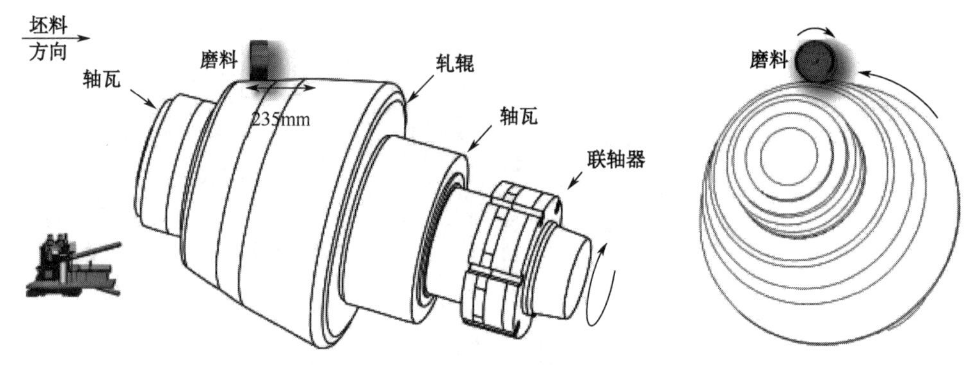

图 8-5　穿孔下料轧辊修磨轮径和磨料方向

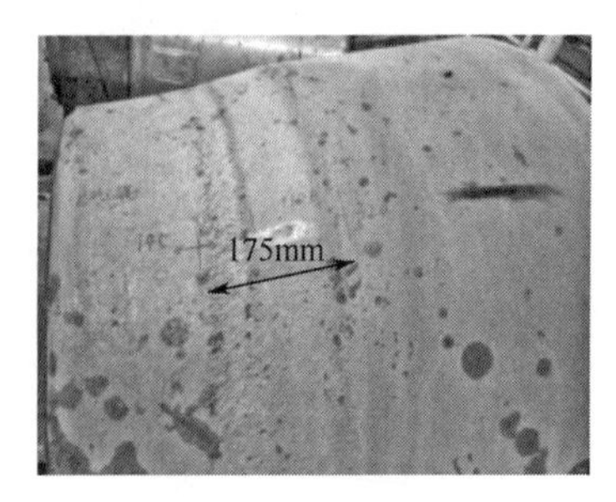

图 8-6　重点修磨区域

利用视觉能够计算重点修磨区域与轻磨区域，气动力位修磨实时调节修磨力与速度大小，力位补偿机构自动跟踪夹送辊表面曲率变化，并实时计算，保持修磨力与辊面法向所需压力一致。图 8-7 所示是 xBang 磨抛影像分析软件测量积瘤突起物面积演示。工作时，视觉系统实时分块计算修磨工艺参数动态控制力位修磨轧辊。

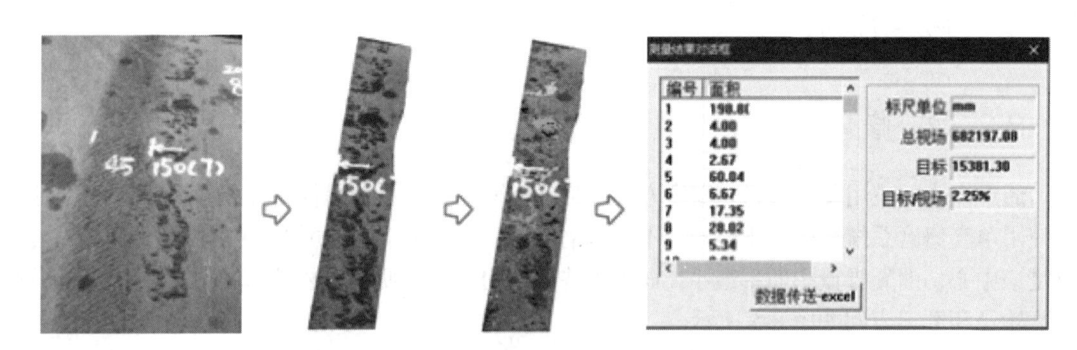

图 8-7　xBang 磨抛影像分析软件测量积瘤突起物面积演示

8.2.2.2　修磨力位控制

修磨力位控制是本方案的核心技术，普通磨抛方法是以恒定的进给量进行磨抛，为达到预期的磨抛效果，需要去除一定深度的母材，磨抛去除量大，磨料受力复杂，磨料消耗大。轧辊修磨不同于机械加工去除磨抛，是一种通过修磨去除影响轧制产品质量的轧辊表面缺陷，去除轧制产生的轧辊积瘤，保留轧辊完好表面的整形修磨。动态力位磨抛技术正是轧辊修磨所需的适用技术，力位执行器原理如图 8-8（a）所示。本方案中，力位执行器通过 7 轴将力位控制作用在辊面，修磨下辊面使用力位执行器的拉力和行程补偿，修磨上辊面使用推力及行程补偿，修磨辊面的力位执行器如图 8-8（b）所示。

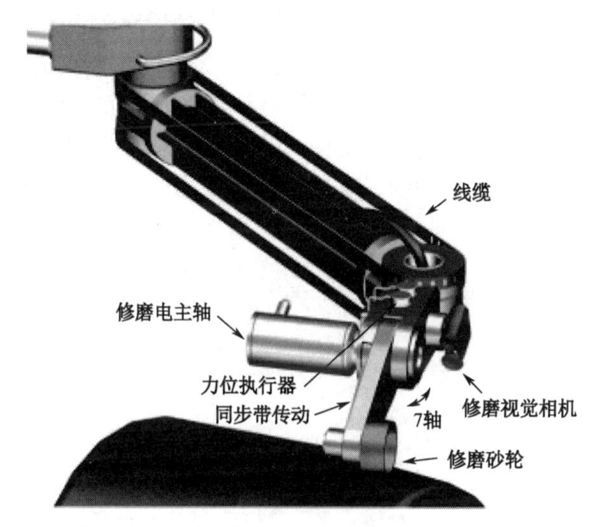

（a）力位执行器原理

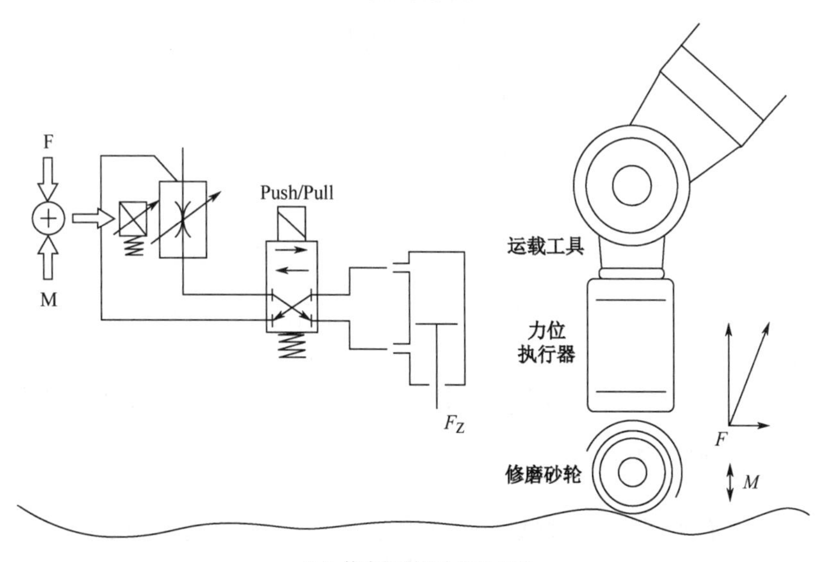

（b）修磨辊面的力位执行器

图 8-8　动态力位磨抛技术原理

动态力位控制修磨可以根据修磨工件形状的变化控制修磨力的大小，配合机器视觉可对重点修磨区域调整修磨力大小和进给量。通过监控主轴负荷（转速和扭矩）可以获得修磨工件硬度变化和磨料的消耗情况，通过调整主轴转速和磨抛压力的大小使修磨保持较高的效率，并保证磨料被均匀消耗。

8.2.2.3 修磨系统受力分析

选修磨电主轴最大扭矩为 15N·m，修磨砂轮直径为 125mm，则砂轮最大周向磨抛力为 15×1 000×2/125=240N。按照统计学原理给出磨抛的径向力为周向力（切向）的 1.6～3.2 倍，材料越硬，系数越小。在大功率高速磨抛较软材料工件时，砂轮面可以很宽，硬材料因磨抛能量消耗大需要较窄的砂轮面，所以我们可以取径向力为 2 倍周向力，选用 xBang 的 xpush-500 力位执行器，即 F_{max}=500N。修磨系统倾覆力矩计算如图 8-9 所示。

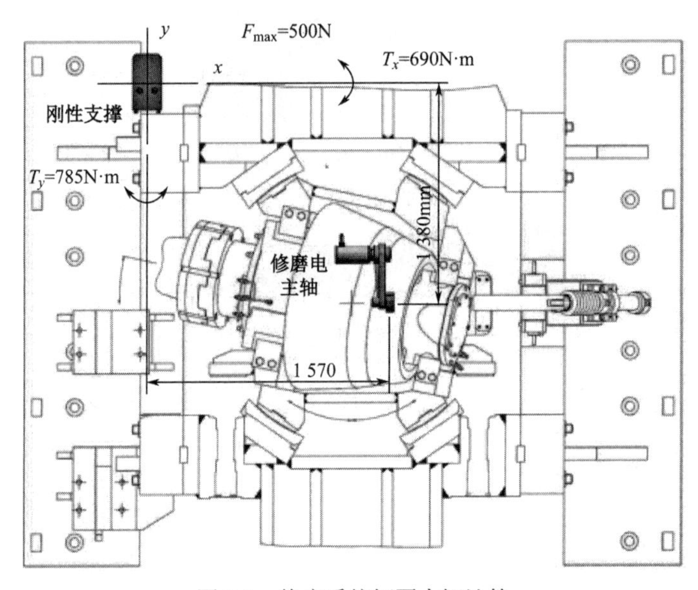

图 8-9 修磨系统倾覆力矩计算

图 8-9 中，刚性支撑为固定在穿孔机立柱位置的基座，用于修磨时承载修磨机构产生的倾覆力矩。经计算，刚性支撑在 x 轴线所受最大倾覆力矩为 690N·m，在 y 轴线所受最大倾覆力矩为 785N·m。这两个数据将作为刚性支撑基座和修磨运动机构设计的依据。

8.2.2.4 修磨系统原理

修磨系统以穿孔机西北侧立柱导盘平面上方为支撑，修磨电主轴通过同步齿形带驱动砂轮对上下轧辊进行修磨。修磨采用机器视觉和力位控制技术，有选择性地重点去除辊面积瘤、轻磨调和轧制流变区瑕疵表面。修磨操作空间狭小，在轧制钢管生产停歇时进行轧辊修磨，修磨时间为 12 分钟。修磨完成后自动回缩到最小体积，并复位在维修桥架侧面。系统经多次迭代、优化设计，修磨和复位待机时，整个机构不影响穿孔顶杆更换顶头，不影响生产线运行、更换轧辊和导盘，以及其他生产维护作业。

修磨机构为系统核心，修磨系统原理图如图 8-10 所示。

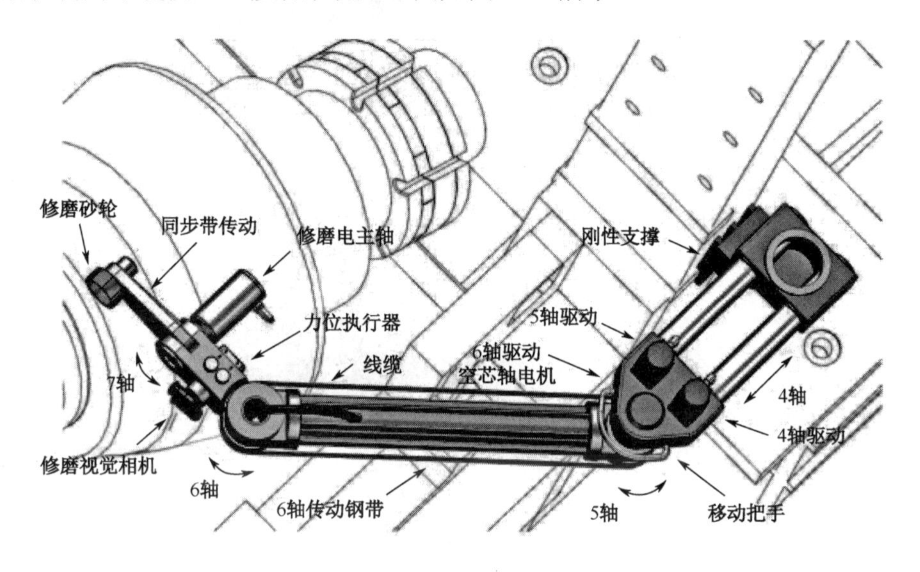

图 8-10 修磨系统原理图

修磨砂轮运动至辊面修磨位置，4 轴处于与顶杆平行的位置，此时 4 轴末端箱体与刚性支撑在运载机构气动缸的压力下成为刚性系统。5 轴、6 轴旋转至程序预定位置，使修磨砂轮处在修磨策略设定的位置；轧辊旋转时，修磨视觉相机连续扫描辊面，修磨电主轴启动；xAbax 计算系统根据辊面情况设置修磨转速、设置力位执行器推力，在力位执行器推力的作用下，7 轴偏转，砂轮接触辊面，4 轴沿穿孔方向进给，开始辊面修磨。xUniversity 磨抛专家软件包在 xAbax 自主计算的支撑下，可以采集和分析修磨产生的各种实时数据，动态控制修磨系统完成修磨过程。

8.2.2.5 运载系统原理

运载系统的主要任务是将修磨系统定位并锁紧至修磨刚性支撑座处，当完成辊面修磨后将修磨系统运载至待机复位位置。

运载系统具有机器视觉和机器智能功能，通过机器视觉能够识别、判断运载路径是否有人为或其他障碍，以及导盘是否打开、上下轧辊空间是否可以实施修磨，确定修磨系统是否就位。运载系统具有水平、垂直和 z 轴旋转（图 8-11 中 1、2、3 轴）3 个自由度运动能力，运载系统原理图如图 8-11 所示。

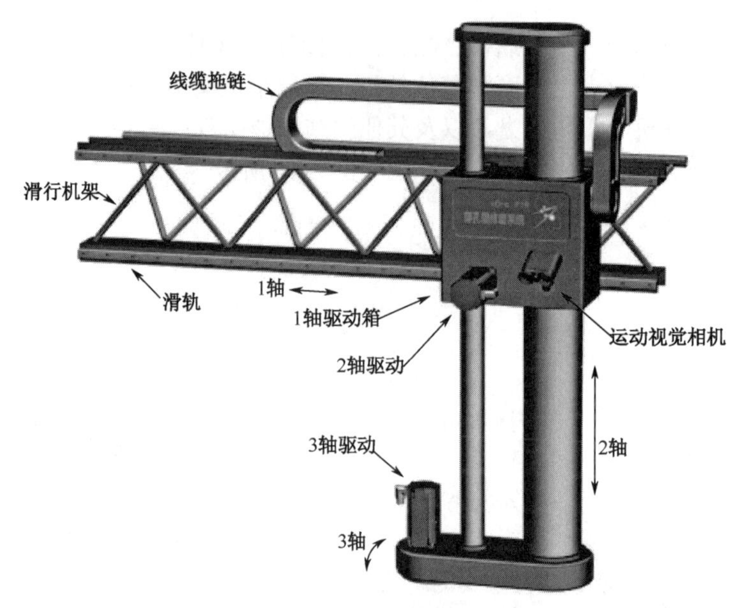

图 8-11　运载系统原理图

滑行机架焊接在维修桥架上，为运载系统提供水平方向的运动滑轨，成为运载系统的 1 轴。运载系统的 2 轴要完成两个任务，一是运载修磨系统进行垂直运动；二是修磨系统到达刚性支撑座时，需由 2 轴内的气缸将修磨系统锁紧在修磨位置。而 3 轴则负责将修磨系统转到预定的修磨辊面位置。

运载系统运动依靠各个轴的绝对值编码器反馈系统位置信息，精确的编码器数据保证运载系统准确运载，并锁紧修磨系统至工作位置。机器运动视觉能够保证运动过程避开障碍和应对运动路径出现的紧急异常状况。

8.2.2.6　修磨系统刚性支撑

虽然修磨主轴功率仅为 4kW，修磨砂轮扭矩很小，仅为 15N·m，但是由于空间限制，运载系统和修磨系统的空间连接却相当复杂。系统各轴臂总的臂展长度达到 2.7m，系统刚性要求各个结构部件要足够粗壮，这与可用空间狭小相互矛盾。

为了解决上述问题，在尽可能离修磨位置最近距离的位置处设置刚性支撑座，最佳的位置便是导盘与维修桥架之间的穿孔机主立柱。刚性支撑安装位置如图 8-12 所示。

穿孔机原油、水、电管路可以保留原位，设计制作刚性支撑时应进行避让。刚性支撑座可以通过夹紧、借用穿孔机筋壁与地面固定，不可在穿孔机立柱上打孔焊接。刚性支撑座上装配带有导向锥的定位销，方便运载系统快速、准确地将修磨系统运送到修磨位置。

图 8-12　刚性支撑安装位置

8.2.2.7　灵巧运载过程

系统在穿孔轧制钢管过程时是待机的，并且是远离穿孔机的，停置在维修桥架上。当穿孔生产线停机修磨辊面时，在线修磨系统由停机位置运动到修磨位置进行工作，如图 8-13 所示。

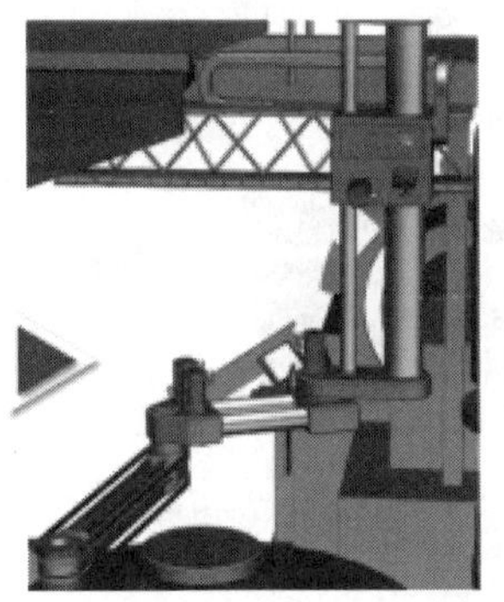

图 8-13　系统由停置位置运动至修磨位置的过程

当修磨指令下达，运动视觉检测导盘是否移出、运动空间是否有障碍物和工作人员，对供电、工业气源及系统各功能检测正常后开始修磨运载运动。在运载过程中，修磨机器视觉亦起到运动视觉作用，可避免运动碰撞。运载完成后，控制过程由修磨系统接管，启动修磨程序。

8.2.2.8　控制系统

控制系统组成及关系如图 8-14 所示，系统控制原理如图 8-15 所示。

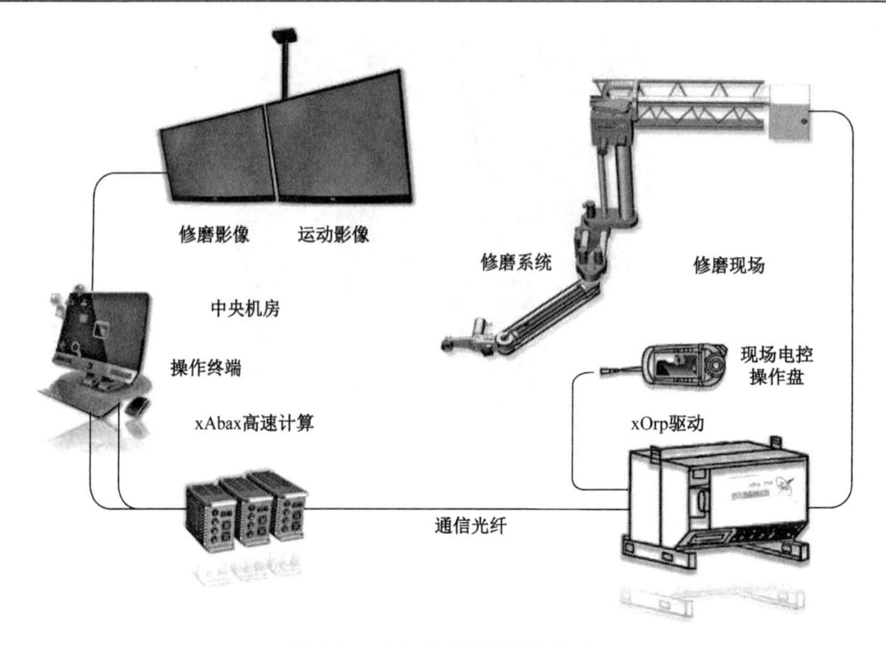

图 8-14　控制系统组成及关系

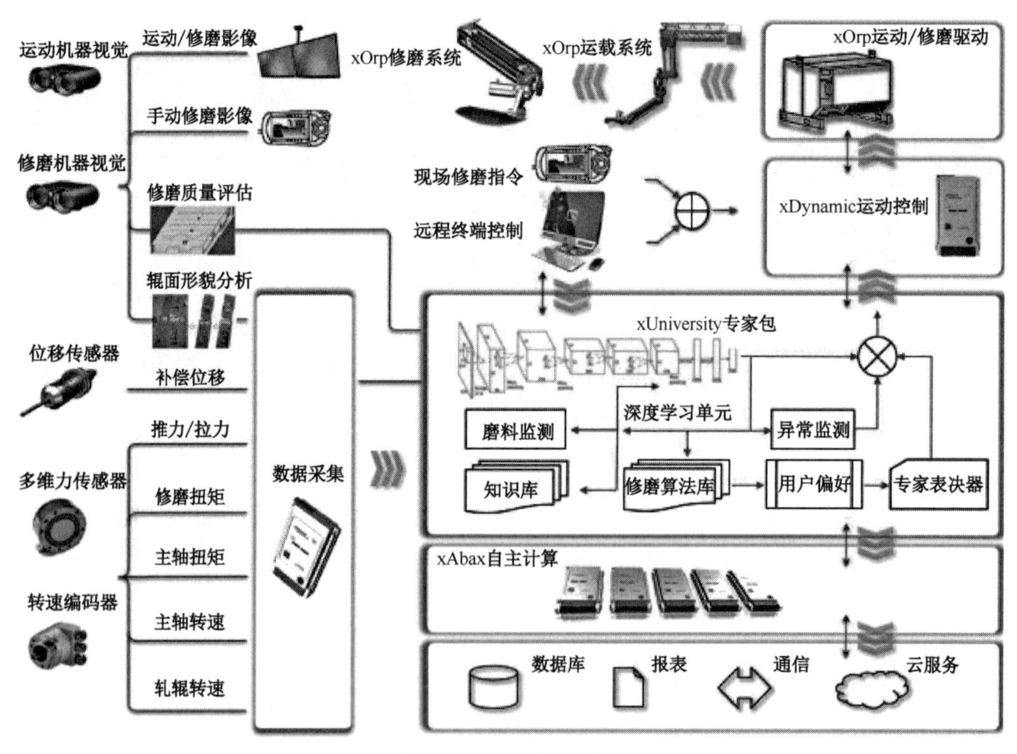

图 8-15　系统控制原理

控制系统均采用世界级品牌产品，具有高可靠性、高稳定性。气源配置现场稳定系统，进行过滤、油气分离、干冷和压力整定，工作压力适用工业气源 500～700kPa 的标准。全部数据监控并网络分发给中央控制与现场控制双系统。

现场电控基于 PLC 控制系统开发设计，便于维护、调整和更新升级。现场和控制室分别配置操控终端，远程为计算机终端系统，光纤通信；现场为自动/手动双模式，夹层钢化玻璃屏幕、红外线触屏，可戴手套操作。

控制系统逻辑、信号与驱动部分安装在现场，信号处理、计算、数据库及远程存储服务部分通过光纤连接到中央机房安装。

xBang 高质量修磨的控制算法由 MI 软件 xUniversity 专家包实现。xUniversity 的磨抛专家包在 xAbax 自主计算的支撑下采集和分析来自 xForce、xpush、xSpindle、xVision 的力矩、转速、负荷及 3D 实时影像数据，对磨抛工序、磨抛焊缝工艺参数进行科学控制，依据综合分析结果判定磨料消耗程度。xAbax 和 EtherCAT 的强实时全局时钟，专为大系统同步设计，能以足够高的精度满足全局控制需求。在这种全局时钟基础上，在同一时间对同类运动部件发布同类运动命令，就能实现执行级同步；执行机构实时返回的逻辑、位置、图像和动态力等状态信息，构成严格的层层闭合过程，进一步保证反馈级同步，并投票表决下一步动作。

8.2.2.9 与穿孔机接口

修磨时需要穿孔轧辊转动，穿孔轧辊生产转动速度区间完全满足修磨控制系统需要，修磨系统运载和修磨需要导盘移出、轧辊转动。

穿孔机接口方案分为自动和手动切换方式两种。自动切换方式为通过复接导盘和轧辊电气驱动控制电路，由 xOrp-P19 修磨系统计算机控制导盘和轧辊的运行，复接后不对原控制电路的保护、指示、报警和应急等功能产生任何影响；手动方式为切断复接电路，恢复原穿孔机操作控制方式。自动切换方式仅在操作人员下达修磨指令时才有效，手动切换方式优先，任何时刻都可以转到手动切换方式。

8.2.2.10 安全防护

1. 高温与高湿

系统防护等级为 IP68 级，依靠水冷和风冷防护过热。穿孔机轧辊修磨系统可以工作在高温、高湿和水淋环境中，并具有完善的防护措施，防护等级为 IP68。使用水冷和高压压缩空气风冷，不锈钢外防护；线缆均为 IP68 等级密封连接，为不锈钢结合尼龙全封闭拖链，光纤远程通信。

2．震动与冲击防护

钢锭穿孔过程中，整个框架会有非常大的震动，不同品种的钢管穿孔持续时间不同，一般为 8～20s。此时修磨系统处于停用状态，可以应用气动减震器抵消震动加速度影响。停用时降低充气压力，使气动减震器处于弹性状态，能抵消震动。修磨时充气压力达到 0.6MPa，使修磨系统与安装机架的连接面成为刚性系统。

3．其他防护

除物理防护措施外，系统设计了完善的过热保护、故障自检测、运行参数等监控防护技术手段，可远距离遥测监控。

8.3 系统核心技术

8.3.1 xPerception 机器感知技术

MI 自主机器需要和人一样的感知能力，xPerception 是 xBang 为自主机器技术开发的智能传感器技术。xPerception 机器感知技术在当今先进电子技术、软件技术的支撑下，为自主机器的进步提供了有利条件，为 xBang 的动态力位控制磨抛技术提供了优越的发展基础，使 xBang 创造的服务于人的自主机器具有感知世界的能力。xPerception 机器感知技术核心产品包括 xForce 多分量动态力传感器、xVision 高精度动态三维视觉测量仪。

1．xForce 多分量动态力传感器

xForce 多分量动态力传感器（Multi-axial Forceand Torque Transducer），为机器人和科研应用提供实时测量 6 个自由度上的力和力矩值（F_x,F_y,F_z,T_x,T_y,T_z）的能力。传感器安装于应用工具的后方，通过一根小口径、高柔性、长寿命的电缆与其配套的电子设备连接，支持多种通信协议。不同防护等级及定制型号的产品可供用户进行选择（多分量动态力传感器及控制通信电路见图 8-16）。

穿孔机轧辊、修磨系统动态力位执行器集成了 xForce 多分量动态力传感器，其主要指标为：

力测量范围：±1 600N，精度±0.5N。

力矩测量范围：±50N·m，精度±0.5N·m。

通信接口：EtherNet。

工作环境温度：-10～55℃。

海拔高度：-500～2 000m。

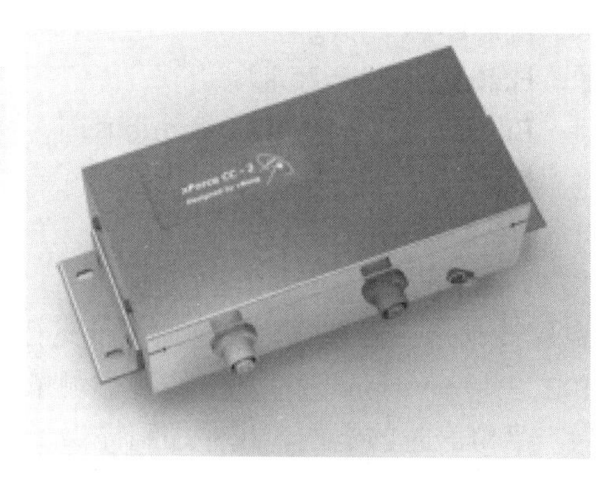

图 8-16 多分量动态力传感器及控制通信电路

2．xVision 动态三维视觉测量仪

穿孔机轧辊、修磨系统所使用的 xVision 动态磨抛影像系统为双目立体视觉系统 xVision-0502（xVision-0502 高精度动态三维视觉测量仪见图 8-17），配置白、蓝、红色光源，能够适应有雾环境和粉尘环境。在系统中的主要用途如下。

（1）实时运动碰撞检测、运动定位。

（2）实时定位轧辊突起积瘤和聚集物位置区域。

（3）实时测量所需修磨面积和高度。

（4）实时推送修磨过程影像。

（5）实时传送表面修磨质量影像，供自主计算系统分析。

图 8-17 xVision-0502 高精度动态三维视觉测量仪

其主要指标如下。

结构：双目彩色立体影像，多光谱光源。

成像质量：2×500 万像素，4∶3 幅面。

影像格式：静态影像（jpeg）。

动态影像：H.263（1080P/25fs）。

数据接口：EtherCAT，EtherNet，Profibus。

工作环境温度：-10～50℃。

外壳：SUS416 不锈钢。

防护：水冷，镜头防护罩正背压空气防尘。

xVision 高精度动态三维视觉测量仪适用于飞行器、舰船、车辆、发动机工业，具有双目 xVision-0502、三目 xVision-1603 的三维视觉测量仪特别适合超大尺寸工件三维测量和动态建模。这为产品修磨时的定位、尺寸控制提供了数字化智能解决方案，是质量快速检测的理想选择。

8.3.2 xpush 动态力位执行器和高速电主轴

xBang 公司的动态力位执行器 xpush，是气动伺服、动态力位控制、高速实时计算和机器智能 MI 融合而成的高技术产品，完美支持以力控为核心的高级柔性制造，非常适用于飞行器、舰船和车辆的复杂表面与关键焊缝磨抛，也适用于大型复杂注塑件和铸造件的毛刺飞边清理。

根据计算，穿孔机轧辊修磨系统采用推拉力为 500N 的动态力位执行器，其指标如下。

推拉力：±500N，精度：±0.5N。

推拉行程：±20mm，精度：0.1mm。

响应速度：300ms。

工作模式：气动，比例控制。

数据接口：EtherCAT。

工作环境温度：-10～50℃。

气源压力：500～700kPa。

结构：集成化一体机（非独立产品形态）

图 8-18 为 xpush 动态力位执行器，它有 6 个安装面。动态力位执行器有 4 个产品规格，控制力为 125～1 000N，能够满足绝大多数工业磨抛应用。

根据计算，穿孔机轧辊、修磨系统采用功率为 4kW，扭矩为 15N·m 的电主轴，转速与磨料线速度有关，直径 125mm 的砂轮若要 35m/s 的线速度，就需要 5 600rpm 的主轴。方案中的砂轮主轴，运行平稳、强劲扭矩需要选用伺服电主轴。因此，系统采用 xBang 的 xSpindle- 0604E 电主轴。

图 8-18　xpush 动态力位执行器

其参数如下。

最大扭矩：15N·m。

最高转速：6 000rpm。

工作电压：480V。

功率：4kW。

结构：集成化一体机。

冷却方式：水冷。

xBang 公司的高速伺服电主轴 xSpindle，采用高功率密度技术，支持磨料快换。xSpindle 高速伺服主轴如图 8-19 所示，具有重量轻、体积小、扭矩大、运行稳定等优点，非常适用于高强度连续磨抛，空间和重量敏感的伺服驱动场合。

图 8-19　xSpindle 高速伺服主轴

8.3.3　xAbax 自主计算系统

穿孔机轧辊、修磨系统采用 xBang 的 xAbax 大型高速实时计算平台中央控制系统，脱胎于海、陆、空防务一体化计算系统 C^4ISR，拥有世界高等级的防务计算能力，能满足当代最先进机器智能 MI 对信号处理、控制计算和通信传输的超大规模、超高速度需求。

系统配置一套 xAbax 自主计算系统，即可完成两个修磨设备的全部数据采集、计算及设备驱动任务，能在苛刻的环境下采用光纤进行远程通信，配置远程监控终端进行遥测遥控和监控系统运行。

xAbax 由三大部分组成，包括硬件层、中间层和软件层。硬件层是高速实时计算机 xComputer；中间层是实时操作系统 xCardo；软件层则是 MI 大融合 xUniversity。

8.3.3.1 xAbax 硬件

PowerPC 是 xAbax 的 MI 计算核心，运行适配各个应用领域的 MI 软件 xUniversity；DSP 和 FPGA 是信号处理的核心，运行视觉和力觉等机器感知的信号处理算法；大型生产线需要的顺序控制逻辑 PLC 由可扩展的 DSP 功能板卡实现；与各个自主机器工作站的通信，一律采用高速实时通信网 EtherCAT。

xBang 自主机器技术由 xComputer 计算板卡 xCardo（见图 8-20）为其注入 MI 机器智能的灵魂，赋予机器感知、记忆、思考、沟通与行动。

图 8-20　xComputer 计算板卡 xCardo

标准计算板卡有以下几种：xPerceptionserver 数据采集、机器感知服务卡，xDynamicserver 灵巧动力行动服务卡，xProgramableLogic 可编程逻辑单元卡，xUniversityserver 自主机器应用软件平台卡，Dataserviceserver 数据库、存储与云服务卡。

xComputer 是符合 VPXVITA-653U 总线标准的导冷高运算功率密度比计算机（xComputer 高可靠 VPX 计算机如图 8-21 所示），设计有 5、7、9 插槽规格军品级主机，VPX3U 卡槽式计算单元。电源电压 DC12V、24V、48V，单槽功率可达 150W，48V 时可提供 500W 总功率。

xComputer 提供丰富的计算板卡，可提供总线数据交换与通信、机器感知数据采集、机器智能与数值计算、高速可编程逻辑、数据存储与云服务等。

8.3.3.2 xCardo 实时操作系统

xCardo 实时操作系统是 xBang 开发的高度实时的、具有优先级的、支持消息队列的抢占式多任务操作系统，具有良好的可扩展性、安全性、可靠性和虚拟能力，为构建机器智能 MI 提供了强有力的保障。

| 上下面和左右侧面可平稳置于桌面进行调试安装
| 合理的通风设计，可侧面无间隙安装
| 牢固结构设计，能保证内部元件安全可靠运行
| 配置减震机架，一键锁定
| 500W电源，支持当今最强大的计算芯片

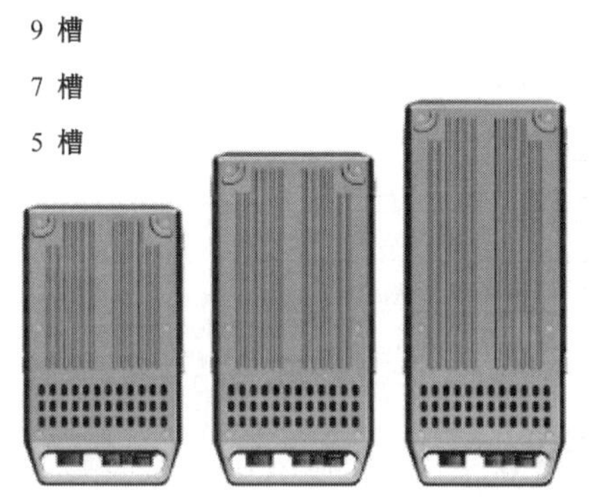

尺寸：154mm宽 220mm高 269/319/370mm深
重量：5槽 3.5/7槽 3.95/9槽 4.4 kg
风扇：80×80mm厚25mm 2个
电源：DC12V/DC24V/DC48V

图 8-21　xComputer 高可靠 VPX 计算机

xCardo 实时操作系统支持主流的工业总线标准和网络协议，采用微内核+BSP 中间层结构，提供文件系统和应用工具库接口支持。xCardo 实时操作系统的框架结构如图 8-22 所示。

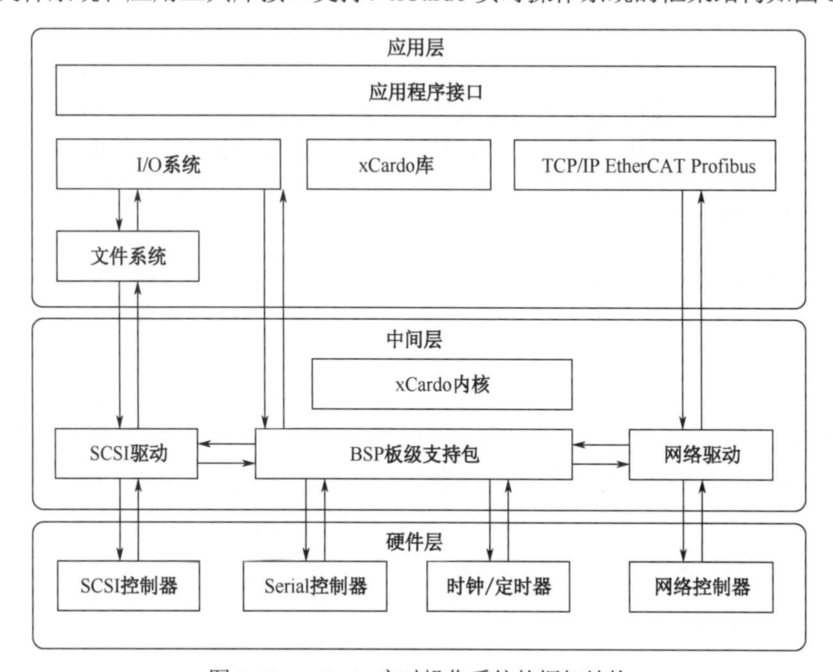

图 8-22　xCardo 实时操作系统的框架结构

8.3.4 xAbax应用软件包

xAbax 多种应用软件包可构成各种应用方案的智能计算控制系统，用于处理和执行从机器感知、运动控制、智能分析到数据存储与服务，覆盖了所有自主机器运行的计算和控制。表 8-1 列出了 xAbax 应用软件包。

表 8-1 xAbax 应用软件包

xPerception	机器感知软件包
xDynamic	灵巧动力运动控制软件包
xPLC	PLC 可编程逻辑软件
xPolish	磨抛专家软件包
xUniversity	自主机器应用软件平台

8.3.4.1 xPerception 机器感知软件包

机器在环境和执行任务中对力、温度、影像等的感知由机器感知软件包实现。xPerception 为自主机器提供数值化的数据信息，完成感知数据计算分析，为自主机器运动控制软件和磨抛专家软件提供服务。

在 xOrp 修磨系统中，xPerception 为运载和修磨系统提供运动视觉影像、运动轴位置、修磨力、修磨位置、砂轮转速和修磨区域测算、修磨质量感知与计算。其中，运动视觉影像、修磨区域测算和修磨质量感知是需要软件算法计算的，其余量由传感器直接读取，软件包根据工况设定数据采集速度，采集数据校验，并纠错后分发至数据服务。

1. 运动视觉影像

运动视觉影像是为机器运动空间中防止碰撞提供服务的，在轧辊修磨应用中，运动空间的几何形状与空间运动位置是已知的。空间进入物体、导盘和轧辊位置是运动影像检测的主要目标。

方案采用的是 3D 双目立体相机，带有补偿和线激光扫描，通过主动空间扫描进行空间防碰撞检查。应用三角学原理，测量运动路径中是否存在导盘位置不足、空间有障碍物。双目立体相机三角法空间测量如图 8-23 所示。

主动线激光扫描 3D 图形算法比仅使用基于图形二值化的模式识别算法具有可靠性高、测量精确和受环境光线变化影响小的优点。

2. 修磨区域测算

利用双目立体视觉计算重点修磨区域与轻磨区域，目的是控制气动力位修磨，实时调节修磨力与速度大小，力位补偿机构自动跟踪夹送辊表面曲率变化，并实时计算，以保持修磨力与辊面法向所需压力一致。

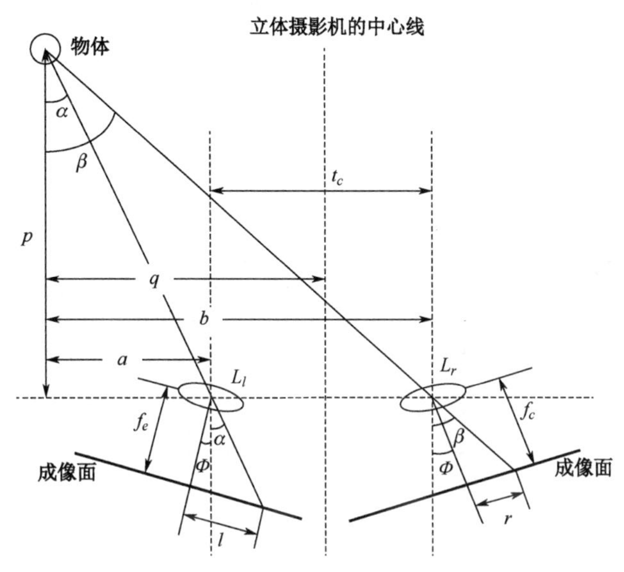

图 8-23　双目立体相机三角法空间测量

设轧辊最大转速为 180r/min，则每秒转数为 3 转。视觉相机拍摄速度为 60fs/s，每转可拍摄 20 帧画面。修磨辊面位置直径约为 1 000mm，则每帧画面需获得 150mm 弧长影像，相机采用 50° 标准镜头，相机物距 80mm。方案设计相机物距 240mm，只需拍摄 7 帧图像，即可覆盖 1 周辊面，每秒采集 21 帧即能满足轧辊最大速度时图像采集，大大降低了图形处理量，提高了处理效率。轧辊最大转速时，线速度达到 9 000mm/s，需使用频闪光曝光，可选用氙气灯管，频闪时间可以小到 1/20 000s（白光 LED 余辉 ms 级不适用），可获得 0.45mm 的分辨率。当轧辊转速为 120r/min 时，可获得 0.3mm 的分辨率，满足修磨区域与积瘤高度测量。

修磨区域和积瘤高度测量运用了双目立体相机三角法空间测量技术，结合图像处理技术获得修磨区域的轧辊表面形貌信息。xBang 磨抛影像分析软件处理流程如图 8-24 所示。

3. 修磨质量检测

轧辊修磨质量包括覆盖率、表面粗糙度两项指标。指标是在修磨开始前设置的，由 xPolish 磨抛专家软件根据指标设置磨抛算法。磨抛过程中，xPolish 边修磨，边进行质量检测，并由 xUniversity 平台显示在屏幕上，同时进行数据库存储，xUniversity 自主机器应用软件平台如图 8-25 所示。表面质量分析中，覆盖率是依据图像处理中边缘检测原理，经低

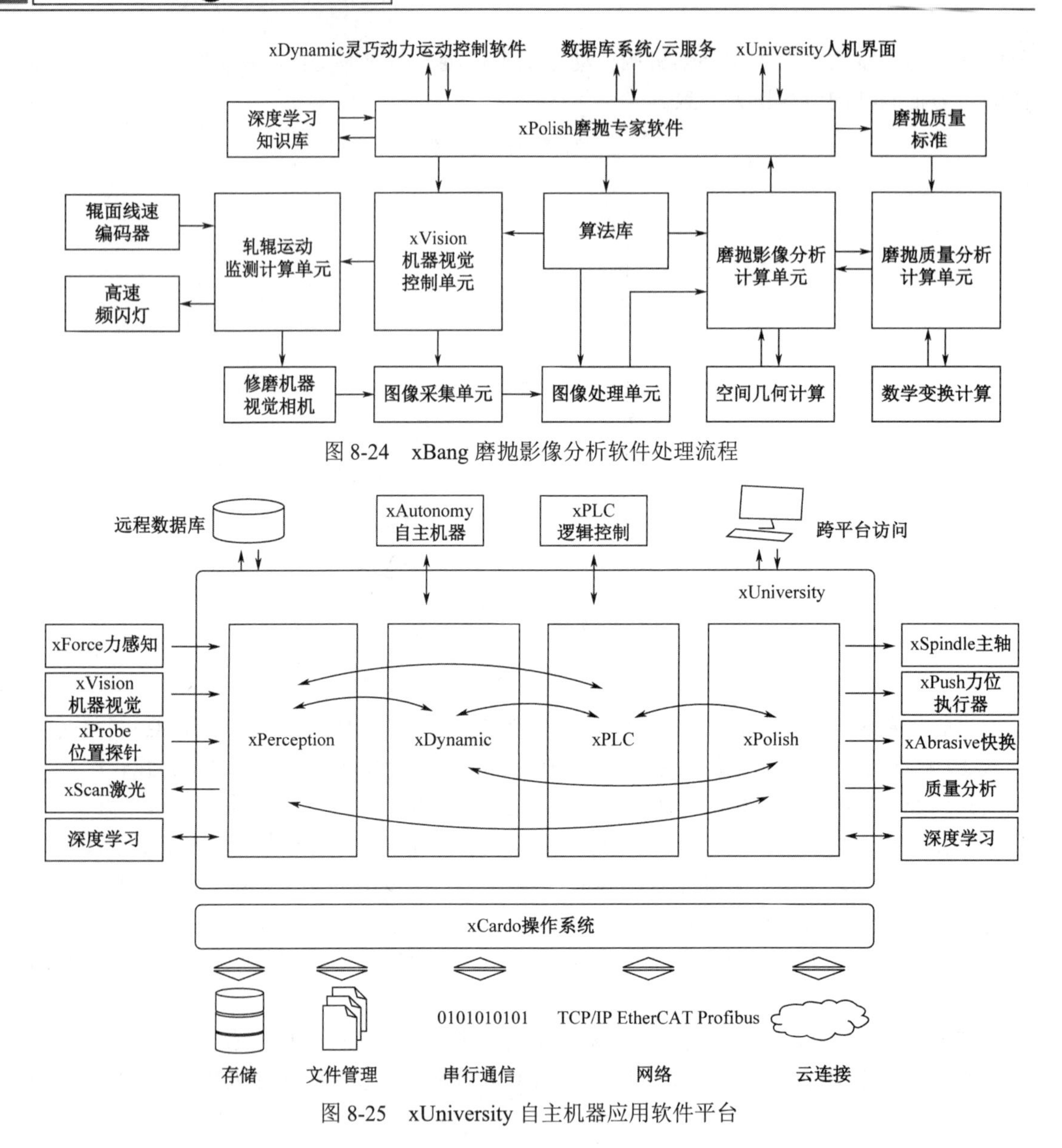

图 8-24　xBang 磨抛影像分析软件处理流程

图 8-25　xUniversity 自主机器应用软件平台

通滤波、中值处理、二值化、边缘检测和面积积分计算获得的；表面粗糙度则是通过计算机图形学模式识别的幅频分析和极值原理计算出表面粗糙度值的，核心技术是采用傅里叶变换方法，表面粗糙度用以下三种指标表示。

（1）轮廓算术平均偏差 R_a：在取样长度内，沿测量方向的轮廓线上的点与基准线之间距离绝对值的算术平均值。

（2）微观不平度十点高度 R_z：指在取样长度内 5 个最大轮廓峰高的平均值和 5 个最大

轮廓谷深的平均值之和。

（3）轮廓最大高度 R_y：在取样长度内，轮廓最高峰顶线和最低谷底线之间的距离。

动态表面粗糙度测量精度会较静态测量低，精确测量需要在轧辊修磨完成后停止轧辊转动测量。动态测量对修磨过程力位控制、主轴转速控制有意义，修磨粗糙度主要还是依赖主轴转速、进给量和磨料粒度大小，工艺、工具参数是主要决定因素。静态测量用于评价修磨表面粗糙度。

8.3.4.2 xDynamic 灵巧动力运动控制软件包

运动控制（Motion Control）通常是指在复杂条件下，将预定的控制方案、规划指令转变成期望的机械运动，实现机械运动精确的位置控制、速度控制、加速度控制、转矩或力的控制。众多机械部件用以将执行器的运动形式转换为期望的运动形式，它包括齿轮箱、轴、滚珠丝杠、齿形带、联轴器及线性和旋转轴承。通常，一个运动控制系统的功能包括速度控制和点位控制（点到点）。有很多方法可以计算出一个运动轨迹，它们通常基于一个运动的速度曲线，如三角速度曲线、梯形速度曲线或者 S 型速度曲线。当多个轴协调运动时，这些曲线在空间各自轴相对坐标系统中是单一的曲线，但是多轴系统运动在世界坐标系中每个轴运动曲线的复杂性使运动控制成为巨量计算，需要强大的计算平台来支持。xDynamic 具有以下性能。

（1）xDynamic 拥有丰富的运动算法库，是专门用来支撑复杂运动计算的平台，可使用 CAD 数模文件、运动路径函数、空间坐标点集合等多种方法生成多轴运动代码，使应用开发周期由数月减少至数天。

（2）xDynamic 最大可控制 32 轴系统，可为每个轴配置 216 个运动指令序列，带有全局运动优化算法，可对运行速度、平稳度、顺畅性和能效按照应用场景需求进行有针对性的优化。

（3）碰撞、干涉检查和仿真是软件包必备配置，可以帮助现场工程师检查验证程序、设置假设突发状况，验证运动编程的可靠性。

8.3.4.3 xPLC 可编程逻辑软件

xPLC（xBang Programable Logic Controller），用于大型复杂逻辑控制，可用于复杂图形算法、通信协议转换和复杂控制逻辑的应用。xPLC 具有离线仿真、运行过程动态配置和在线、远程升级更新功能。由于与计算平台的紧密结合，使可编程逻辑控制在逻辑运算的每一步对 xAbax 系统的所有成员都是可知的，其逻辑运算能力冗余部分对 xAbax 成员都可进行分配利用。这种强大的共享复用能力增强了计算平台的性能。

8.3.4.4 xPolish 磨抛专家软件包

xBang 专注于磨抛技术的开发和应用，动态力位控制磨抛、机器感知和自主机器技术是 xBang 不懈钻研的核心技术。xFroce 多维力传感器、xpush 动态力位执行器、xSpindle 高功重比主轴和 xVision 动态机器视觉是 xBang 拥有自主知识产权的磨抛领域的关键核心产品。

xBang 的 xPolish 磨抛专家软件已获国家知识产权保护，其完整的技术体系能够保证每一个磨抛应用系统都能获得最佳的磨抛效果和效率。

8.3.4.5 xUniversity 自主机器应用软件平台

xUniversity 是 xAbax 体系中应用软件在 xCardo 操作系统上运行的集成平台，它提供应用软件的管理、启动、数据服务、数据库存储、远程云操作和人机交互，为应用程序提供跨平台数据访问技术，如为 Windows 系统的终端提供人机交互、访问 UNIX 和 Linux 数据库等。

8.3.5 系统设计参数与修磨效率

系统名称：xOrp 穿孔机轧辊在线修磨系统。

适用设备：二辊斜轧穿孔机，轧辊直径为 1 030mm，最大钢坯直径为 210mm 的设备。

设计参数：见表 8-2。

表 8-2 设计参数

参数名称		参数	精度	说明
1	1 轴行程	桥架上任意长度	1mm	在现场维修桥架上
2	2 轴行程	0～1 700mm	0.1mm	垂直方向运载
3	3 轴可旋转角度	0～90°	0.1°	溃缩和展开修磨系统
4	4 轴行程	0～240mm	0.1mm	修磨砂轮进给动力
5	5 轴可旋转角度	0～90°	0.1°	溃缩、展开、修磨定位
6	6 轴可旋转角度	0～90°	0.1°	溃缩、展开、修磨定位
7	7 轴可旋转角度	-45°～+45°	0.1°	修磨上下轧辊力位控制
8	动态力位行程	±20mm	0.1mm	力位控制行程补偿
9	修磨主轴转速	60～6 000rpm	5%	修磨轴转速（转/分钟）
10	修磨主轴功率/扭矩	4kW/15N·m		修磨砂轮轴
11	机器视觉	像素：500 万		补光：白、红、蓝
		镜头：2		防护：遮罩、空气背压

续表

	参数名称	参数	精度	说明
12	总重量	150kg	±15%	不含安装固定零部件
13	配电电源	AC380V×3～10kVA	±10%	单套配电电源容量
14	压缩气源	压力：500～700kPa 消耗：20SL/min		标准升/分钟
15	工作环境	温度：-10℃～50℃ 海拔高度：低于 1 500m 相对湿度：100%		环境温度 允许饱和水蒸气环境

8.3.6 修磨效率估算

修磨工件：穿孔机轧辊和工作面材。

材料：70Mn2Mo 合金钢。

70Mn2Mo 合金钢处理后的屈服强度达 2 500MPa，根据《穿孔辊辊面凸起物在线修磨需求》描述，凸起部分成分、硬度与基体基本一致。凸起物沿圆周呈带状散布，有一定的尺度（如图 8-26 所示），目测下机时凸起物为 2～3mm，在线修磨时会更小，可能为 0.5mm，因此，修磨量为 0.5～3mm。

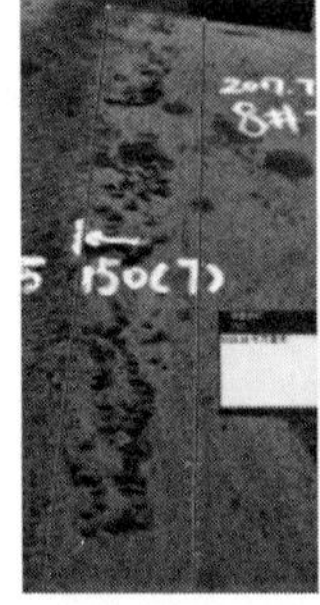

图 8-26　图片面积比例与真实面积

根据文档《穿孔辊辊面凸起物在线修磨需求》提供的照片，我们测量了凸起物所占画面的面积比例为 2.25%。图 8-26 测量了轧辊在图像中的占比为 11.2%，所以修正 2.25%为 20%。轧辊与图片对应部分（靠近轧制变流区）的全面积为 389 732mm^2。则需要修磨的面积为 78 000mm^2。取凸起物平均高度为 1mm（体积等效为面积×高度），计算过程如下。

磨削过程主要是磨料颗粒耕犁作用，材料的去除力等于抗拉强度极限条件下的应力，与截面积有关系，当磨削速度大于 20m/s 后磨削将显著下降，约等于屈服强度。

xGrind-0604E 的主轴转速为 6 000r/min，磨料直径 125mm，磨削速度可达 40m/s。磨料磨粒 30～60 目，单位长度等效切削刃占比 15%。70Mn2Mo 合金钢处理后的屈服强度达 2 500MPa，则可计算出去除单位体积材料所需能量为：16.67J/mm^3。

工件去除体积如下

表面积 78 000mm^2×1mm=78 000mm^3。

完成修磨轧辊所需总能量为

$$78\ 000/1\ 000\times16.67\approx1\ 300\text{kJ}$$

电机功率 4kW，设总电机功率和传动效率为 85%，完成轧辊修磨所需时间为

1 300/4/85%=383s

修磨电机功率决定着修磨效率，通过实验计算，电机功率、屈服强度与去除厚度、修磨效率关系图如图 8-27 所示。

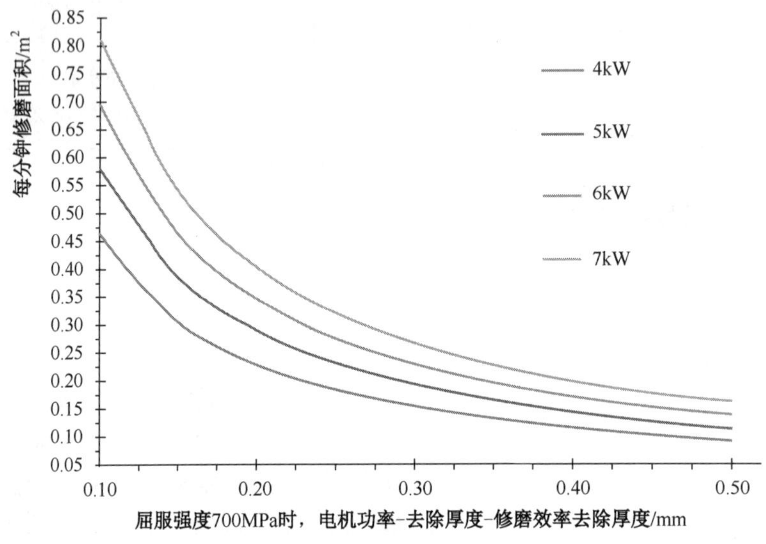

图 8-27　电机功率、屈服强度与去除厚度、修磨效率关系图

第九章

抛光案例：电脑的键盘支架抛光项目

9.1 抛光线的工序流程简介

9.1.1 抛光产品介绍

本节所要介绍的抛光对象为一款高端电脑的键盘支架，材料为铝镁合金，产品实物图如图 9-1 所示。该产品前段加工工艺，首先是采用铝挤压法加工出毛坯；然后用冲压去除键盘孔位余料，CNC 加工出键盘外形及台阶面；最后进行阳极表面处理。由于铝材在挤压和 CNC 加工后都会产生纹路和毛刺，而阳极表面处理对这些瑕疵的覆盖能力有限，根据以往生产经验，表面粗糙度大于 Ral.6，阳极表面处理无法遮住瑕疵，因此，表面处理前必须抛光，使其表面粗糙度小于 Ral.6。

产品图 9-1 所示的 6 个面都需要抛光，六个面根据其重要程度，分为 A 级面和 B 级面（制造业通用分类方法）。A 级面是指组装后位于可视位置的表面，它直接影响产品外观和市场价值；B 级面是指组装后位于内部不可视位置的面。

在本案例中，A 级面包括 A 面和 D 面，即我们操作键盘时手能触及的表面，这两个面组装后位于键盘可视位置，属于重要外表面；B 级面包括 B、C、E 和 F 四个表面。根据经验，通常优先抛光非重要的 B 级面，然后抛光 A 级面。A 级面抛光后直接进入外观检测和包装环节，以减少产品传送过程中造成的二次划伤。

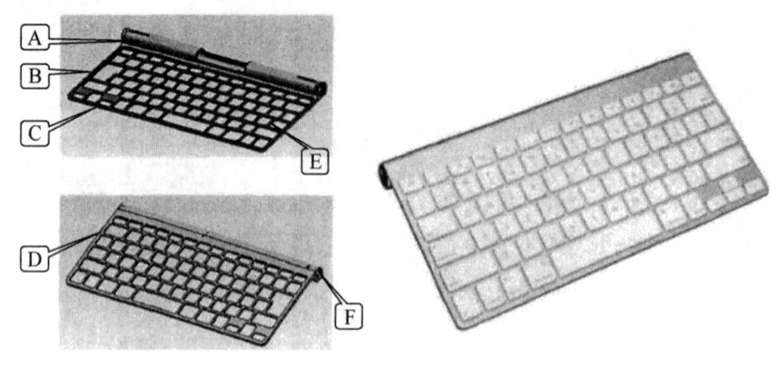

图 9-1　产品实物图

9.1.2　工序规划

根据以往的抛光经验，产品应尽量减少产品流转和装夹的次数，一次装夹抛光尽可能多的表面。所以，在本案例中，整个抛光规划为 4 次完成：首先由人工检查来料品质状况，检查有无重大品质缺陷，包括产品是否变形弯曲，是否有很深的划痕等，检查无误后将产品放到传输线上，机械手抓取后在第一工位完成 B、E 两个面抛光；其次，抛光后的产品流转到第二个工位完成 C、F 抛光；再次，放回传输线，产品自动翻面后完成 A 面抛光；最后到下一工位实现 D 面抛光。由人工检查产品的品质并包装，完成整个抛光过程，图 9-2 为抛光工序规划图。

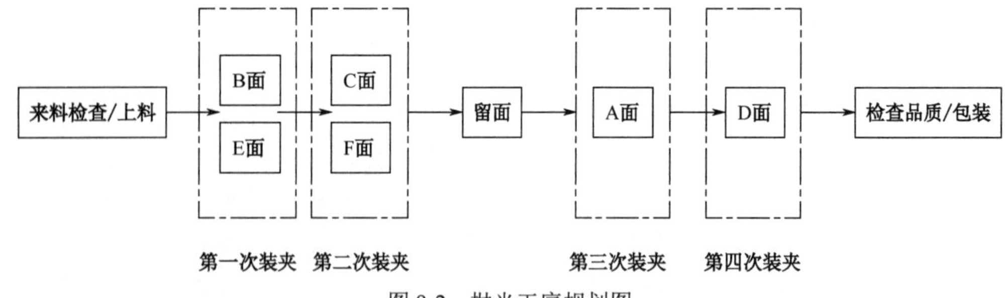

图 9-2　抛光工序规划图

9.1.3　工序验证及参数获取

工序验证和参数获取是方案规划的重要环节。由于规划是基于一种经验和理论的设计，因此必须经过实验验证，以判断其准确性。同时，我们需要通过验证每个工位的平均抛光时间，根据测定的节拍计算产能，配置设备数量；更重要的是需要借助工序验证抛光的基本工艺参数，这些参数包括执行器的转速、砂纸型号的选择、抛光次数、轨迹，并检查是否能满足表面质量要求。因此，工序验证是方案规划的关键环节。

1. 实验的硬件条件

简易的抛光实验平台如图 9-3 所示，这里选用公司现有的单机抛光设备为实验平台。该设备为单机械手作业，人工放置产品。该设备主要用于去除 CNC 加工产品的毛刺，一人多机作业。该设备使用的是 Staubli RX90L 机械手，为使其能更好地适用于本项目，我们对其进行了改造，为其设计了专用的抛光治具及通用的抛光执行器固定支架，在固定支架上安装有压力传感器。在本实验中选用了气动磨抛机作为抛光动力，采用了白刚玉干磨砂纸，编程方式选用了示教编程。

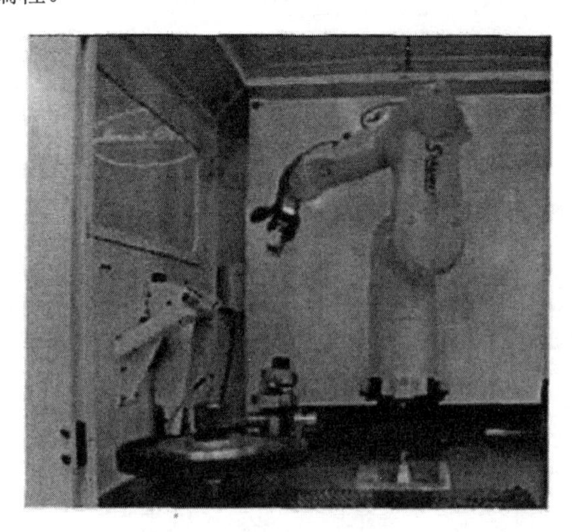

图 9-3　简易的抛光实验平台

2. 实验的目的

通过实验需要达到以下 4 个目的：第一，通过实验验证前述的工序规划是否合理，操作是否顺畅；第二，通过验证判断采用机械手抛光是否能够达到需要的表面粗糙度；第三，通过验证得出最优的工艺参数，包括所使用的砂纸型号、各表面的抛光时间等；第四，通过验证选择合理的执行器型号及压力传感器型号。

3. 采用的实验方法

工序验证方法：首先按照规划的工艺，设计各工序的抛光工具及执行器固定架，然后模拟整个抛光过程，判断工艺的合理性。

工艺参数获取方法：采用选定的抛光执行器，以达到需要的抛光效果为前提，通过调节砂纸型号、法向压力、行走速度等，逐步实验得出最优的工艺参数，包括各工序抛光时间、法向力范围等。

4．实验结论

经实验，在满足要求的表面粗糙度条件下，各工位所采用的砂纸型号见表 9-1。

表 9-1　各工序所采用的砂纸型号

抛　光　面	B、E 面	C、F 面	A 面	D 面
粗糙度要求	Ral.6	Ral.6	Ral.6	Ral.8
抛光执行器型号	SN-301	S40+SN-301	AT-7018	CY313
砂纸型号	400 号	400 号	400 号+1000 号	400 号+1000 号
抛光次数	2 次	2 次	2 次	4 次
法向压力	2～2.5kg	2～2.5kg	2～2.5kg	2～2.5kg
行走速度/（mm/s）	25～32mm/s	20～30mm/s	15～25mm/s	20～30mm/s

其中，需要特别指出的是，由于 A、D 面为重要的外观表面，经过实验，最终确认这两个面需要两种型号的砂纸抛光才能达到需要的粗糙度，首先采用 400 号的砂纸粗抛，然后用 1000 号精抛。

在本实验中，按照规划的抛光工序，分别统计各表面抛光至符合要求的粗糙度所需要的平均时间，各工序平均加工时间表见表 9-2，该时间可作为设计时产能平衡计算与设备配置的依据。

表 9-2　各工序平均加工时间表

加 工 工 序	MI	M2	M3	M4
加工时间	57s	33s	68s	74s
产品取放时间	8s	8s	8s	8s
总时间	65s	41s	76s	82s

9.2 抛光线的功能模块划分及功能

9.2.1 模块划分原则

现代电子产品寿命周期短，更新换代快，所以导致生产线更换调整频繁。例如手机，一款新的手机从投放市场的介绍期到最后的衰退期，产品寿命周期通常为12～18个月，而且订单还受季节因素影响，具有不连续性。为了发挥资产的最大效能，企业要求设备尽可能做到一机多能，以便在订单的间歇期对设备进行适当的改造，用于生产其他产品。所以，要求生产设备尽可能模块化，使设备柔性化，可自由拼装，以适应市场的快速变化，满足生产线快速切换的需要。

所谓模块化设计是指将复杂的系统逐步分解为简单的功能组件，使各组件分别具有独立功能的方法。模块化设计理论是20世纪50年代由美国人率先提出的，但真正将其形成理论的是英国牛津大学的Suh教授。作为一种新的设计理念，Suh的模块设计理论自其提出时就受到工业界的重视。模块化设计理论的优势在于大幅降低了设计的困难程度，提升了系统的稳定性，因此，在工业设计界具有里程碑式的意义，开创了新的设计革命。基于这一理论，1961年IBM推出了基于模块化设计理论的电脑，使电脑由一体化向模块化转变，如今我们使用的台式电脑就是不同子功能模块组合的产品。

目前业界还没有统一的模块划分原则，1993年，国内学者贾延林提出以最少的零件组装出尽可能多产品的理论。这种理论实际上是对模块化理论的提升，划分更加注重模块的通用性，一个模块尽可能组装出更多的产品，以缩短设计周期，减少资源浪费。北京理工大学宗鸣镝等对产品模块化划分方法进行了深入研究，主要提出了以下几种划分原则。

（1）面向功能的模块划分。其主要思路是将复杂的设备总功能，按照功能层次划分成具有相对复杂功能的一级功能，再将一级功能分解为具有相对简单功能的二级功能单元，具体的划分级数与设备的复杂程度有关，如飞机等复杂设备的划分级数可能包括几十级。这种划分原则主要侧重于功能层次，根据不同的功能进行综合考虑，最后根据相关性归类为不同的模块，这种划分方法多见于一些复杂的大型设备，运用比较广泛，划分后的模块层次图如图9-4所示。

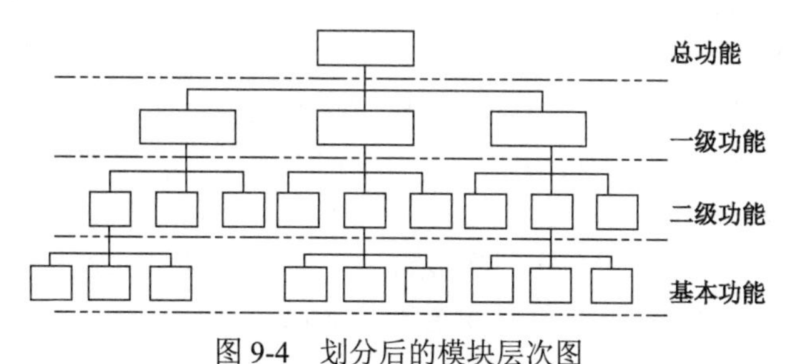

图9-4　划分后的模块层次图

（2）面向制造的模块划分。对于一些复杂的产品，通常以制造的难易程度作为划分的标准，因为复杂的零件通常制造困难，模块划分时应充分考虑各模块的制造难度系数，以降低生产成本。一些过于复杂的模块可以将其分解为两个模块，以降低其制造难度，Tsai提出了公式化的难度系数的评估方法，可以优化划分结果。

（3）面向装配、维修的模块划分。对于一些需要经常更换，或结构比较复杂，需要分开装配的零部件，如汽车发动机、车架和座椅等，通常将其划分成独立模块，各个模块可以在不同的生产公司进行生产，最后在总装车间实现总体装配即可。后续维修时也可以将故障部分单独拆下来，到专门的维修车间维修，或者进行更换。

总之，模块划分方法和角度多种多样，目前还处于摸索研究阶段，而且模块的划分与人的经验有关，即便相同的对象，不同的人划分的结果也有差异。因此，在目前模块划分还没有形成统一标准的情况下，模块划分从总体上要满足以下几个条件。

（1）模块在划分时尽量考虑功能上的独立性，减少模块间的关联，这样在一个模块发生故障时，不影响其余模块工作。

（2）模块之间的连接要尽量简单，能快速组合与分解，这样有利于组装和后期的维修。

（3）经常需要校正的部位尽量作为单独模块，以便快速更换，缩短停机时间。例如磨床的砂轮经常需要更换型号，因此必须设计成单独的模块。

9.2.2　抛光线的模块划分

模块划分是抛光线设计前的重要内容，合理的模块划分对于降低系统的整体开发成本，提升设备的稳定性具有非常重要的作用。结合本生产线的特点，这里选用了面向功能的模块划分方法，从功能的角度分析，本抛光生产线包含产品抛光、粉尘收集、产品在工站间传输等三大主要功能，所以其一级功能单元可分解为抛光系统、集尘系统和产品传输系统三大部分。

抛光是本系统中具体执行抛光过程的部件，所以按其功能划分又包括具体执行抛光轨迹的机械手单元、执行抛光的抛光器执行单元、为抛光提供抛光片的供料单元、用于抛光时固定产品来夹具单元，以及系统控制部分等。所以抛光系统可分解为机械手单元、抛光片供料单元、控制单元、抛光执行器单元和抛光夹具单元等 5 个二级功能单元；而抛光执行器单元可分解为抛光动力单元、抓取单元和法向力检测单元等三级功能单元。

集尘系统主要负责抛光后的粉尘收集，主要由喷雾除尘、污水沉淀、引风送风和系统控制等四大部分组成。因此，基于此功能分析，集尘系统可以划分为污水沉淀单元、系统控制单元、喷雾水循环单元和引风送风单元等 4 个二级功能单元，其中，喷雾水循环单元又可分解为供水单元、喷淋单元、循环管道等基本功能单元。

产品传输系统主要负责实现产品的在线传输、每个工站间产品定位，以及中间产品翻面等功能，因此可以划分为产品传输线体单元、产品定位单元、产品翻转单元、系统控制单元等 4 个基本功能单元。

以上是对抛光线的模块划分，整个系统分为三大功能模块，抛光与集尘系统功能层次分为三级，划分后的模块构成图如图 9-5 所示。

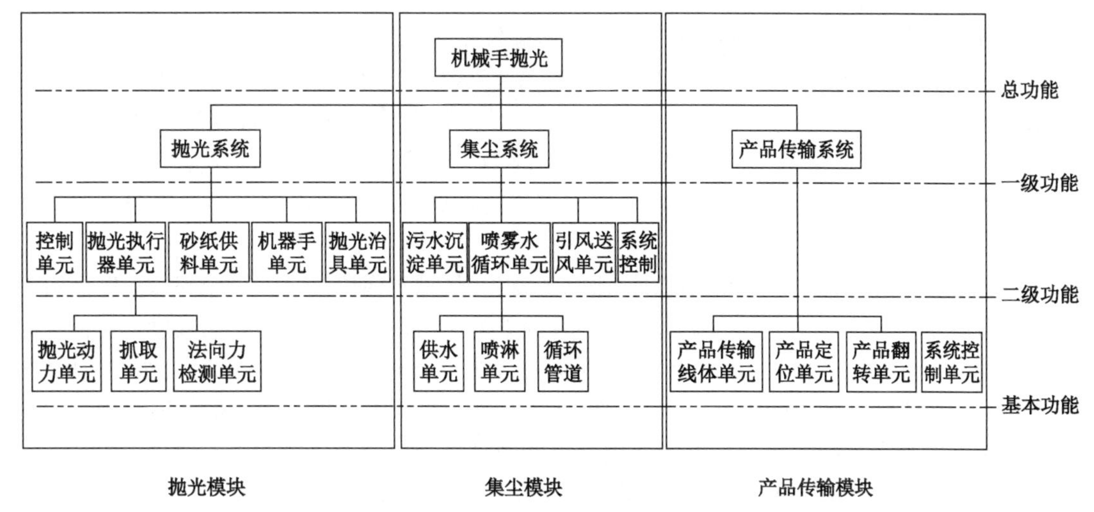

图 9-5　划分后的模块构成图

为了提高模块集成度及功能独立性，每个模块控制系统分别独立，由接口与总控制系统实现通信，同时可将抛光模块与集尘模块的水循环单元及引风单元设计成一个整体，构成一个集合，整个抛光系统由若干个这样的模块集合构成，其中一个模块出现故障时，不会影响其他模块使用，抛光线可以继续生产。每个抛光模块具有独立的抛光集尘引风功能，使其在单独一个模块出现故障的情况下仍然可以使用，便于在任何需要临时增加抛光的场合快速组装和使用。

9.3 模块功能介绍

9.3.1 抛光模块功能定义

抛光模块是抛光生产线的核心，是具体取代人力的执行部件。抛光模块设计方案的可行性与稳定性直接关系最终是否能取得理想的抛光效果。根据前述的模块划分结论，抛光模块包括机械手单元、抛光片供料单元、控制单元、抛光执行器单元和抛光治具单元等五大部分。

机械手单元的作用是取代人力，实现抛光轨迹。机械手的精度和可操作性能直接关系抛光的精度和产品稳定性，因此，选择合理的机械手是非常重要的。机械手除需要考虑活动半径外，还需要考虑防爆能力等因素。

抛光执行器单元实际是由抛光执行器、抓取单元和法向力检测单元等几部分组成的。

由于抛光、抓取、法向力检测这几个功能都必须位于机械手末关节处，像人手一样利用末关节实现抛光和抓取产品功能，所以设计时需要将这几个部分整合成一个整体。抛光时，砂纸必须与产品平行才能充分贴合，但在原点定位时通常为人工校正，精度难以保证，因此要求整个机构需要具有一定的角度自动适应能力，使磨抛机能紧密地贴合产品表面，并自动补偿抛光片磨损。法向力检测功能用于在线监控抛光法向力，确保提供均匀一致的法向力，以获得平顺的表面。

抛光治具单元作为抛光的辅助部件，设计时将其与抛光模块组合为一个整体。抛光治具单元在自动抛光生产线中主要为配合抛光的各种工具使用，用于提高抛光的精度，保护产品的各边线。由于抛光采用软质的研磨工具，这种工具在研磨时容易使产品的直角边造成塌边，出现研磨变形等情况。借助治具可以有效地保护产品边线，防止塌边，保护不需要抛光的部位，同时可以对产品起到支撑定位的作用，避免抛光时产品变形，使抛光表面更加平滑。

抛光片供料单元用于抛光时更换和供给抛光片，解决抛光片寿命延续问题，能为抛光执行器安装新的抛光片，并换下旧的抛光片。

9.3.2 产品传输定位模块功能定义

产品传输定位模块由产品传输线体单元、产品定位单元、产品翻转单元和控制单元四部分构成。

产品传输线体单元是产品的传输载体，其负责实现产品的有序流转，将上一道工序完成的产品自动流转到下一道工序。

产品定位单元是实现在产品传输过程中定位作用的。由于抛光治具间隙很小，产品与治具基准有稍许的误差都可能导致产品无法放入，而产品在传输过程中，其基准显然无法与治具一致，因此，每个抛光模块前需要设计定位模块。定位是否准确关系到产品是否能准确顺畅地放入抛光治具中，如果定位不准确或者重复定位精度不够，那么产品就无法放入抛光治具中，容易造成该模块停机或者放置过程中导致二次刮伤。

产品翻转单元是为实现产品翻面功能的，由于产品的 6 个抛光面位于产品的两个相对表面，所以在其中一面抛光完成后需使产品翻面，为后一道工序做准备。

控制单元的作用是实现本模块的控制，包括自动平衡调节物料、指挥各定位、翻转单元动作等，同时负责与总控制系统实现通信。

9.3.3 集尘模块功能定义

由于抛光的特殊性，作业过程中会产生大量的粉尘，铝镁合金抛光的粉尘粒度多小于

20μm，易漂浮在空中，形成粉尘与空气的混合体。而铝镁合金爆炸极限低，约为 50g/m^3，粉尘在达到该浓度以后，遇火花易引发爆炸。粉尘爆炸与其他爆炸事故相比具有更大的破坏力，主要是粉尘通常会在第一次爆炸的基础上形成扬尘，由此引发二次爆炸。因此，国家制定了专门的粉尘排放标准和集尘系统验收标准，该标准中对集尘系统的管道、风速等都做了明确的规定。集尘模块就是用于粉尘收集、清除的独立单元。

集尘模块包括污水沉淀单元、控制单元、喷雾水循环单元和引风单元四部分。污水沉淀单元实际是一个污水沉淀池，用于沉淀去除污水所含的粉尘。由于本系统进行抛光的产品为铝镁合金，其粉尘密度大于水，所以可以利用沉淀法去除。

喷雾水循环单元实际是由供水系统和喷雾系统组成的，供水系统安装在沉淀池附近，负责为后面的喷雾单元供水，喷雾水循环单元是将供水系统的水形成喷雾，利用喷雾清除空气中的粉尘，然后由回水管流回污水沉淀池。

引风单元是由一系列离心风机、引风机和风管组成的。引风单元的作用是将含尘空气吸入喷雾洁净室，经水雾清洁及过滤后，由风管排放到室外。

9.4 抛光线的布局与设备配置规划

9.4.1 布局的定义与布局原则

设备布局规划是指在一定的空间内对各种生产资源进行合理的优化配置，使设备效能达到最大化的过程。设备的布局规划是工业生产的基础学科，合理地规划生产资源，可以缩短物料周转时间，提升周转率，降低生产成本，从而可以提升有效工时，使设施与人员效率最大化。

设备的布局学是在工业发展到一定程度后发展起来的学科。在工业出现的初期，设备布置规划仅仅凭经验，没有具体的理论指导，无法发挥人机的最大效力，直到 1903 年，美国福特公司首次采用流水线作业模式以后，才逐步开始形成生产线的早期规划，布局学的重要性逐步得到重视。但这一学科正式形成理论是在 20 世纪 60 年代，美国学者 Richard Muther 在 1961 年首次提出了系统布局理论（System Layout Planning，SLP），在该理论中把 P（产品）、R（路线）、Q（产量）、S（服务）、T（时间）等 5 个基本要素按照程序模式进行分析。Richard Muther 在该理论中提出了一套图标和符号，第一次规范系统地对设备布局进行了研究，使设备布局逐步发展成为一门独立的学科。目前设备布局的划分原则主要包括以下几种。

1．以产品布局

这种布局形式多见于一些大型的装备建造，如轮船、飞机等，由于这些装备体积大，无法移动，所以生产资源、设备、人力都围绕产品布局（以产品为中心的布局原则见图9-6），这种布局的优点在于现场直接作业，减少了加工后的移动时间。缺点是设备需根据生产进度和部位进行位置移动，物料周转效率低，无法实现精益生产。

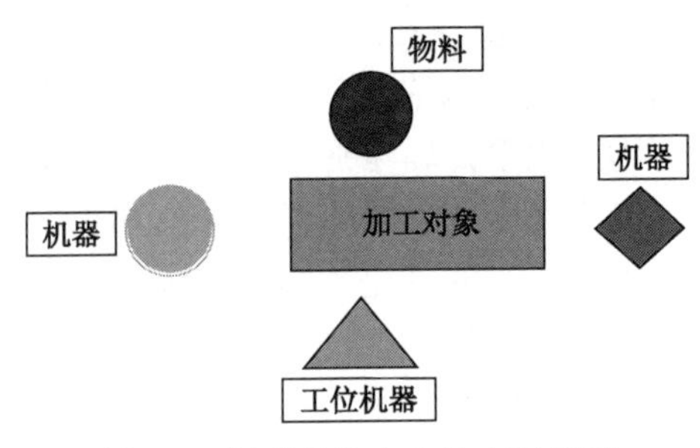

图9-6　以产品为中心的布局原则

2．以工序布局

以工序布局方式是根据产品的制造工艺，从毛坯到成品使布局呈一条流水线。这种规划侧重于人机工学，以人力及物料资源移动距离短，物料周转较快为目的。其缺点在于设备固定，无法自由移动，而且一台设备出现问题以后，整个生产线都会受影响。这种方式适用于大批量、不间断的生产。

3．以工艺布局

以工艺布局是以工艺为单位布局的，将相同或相近的设备作为一个单元来集中布局（以工艺为中心的布局原则见图9-7）。这种布局方式优点是设备比较集中，产能不受具体设备性能的影响，当一台设备出现故障后可由相同设备替代。其缺点是物料周转距离比较长，周转费用高，半成品数量多，资金占用多。这种布局方式多见于机械加工行业。

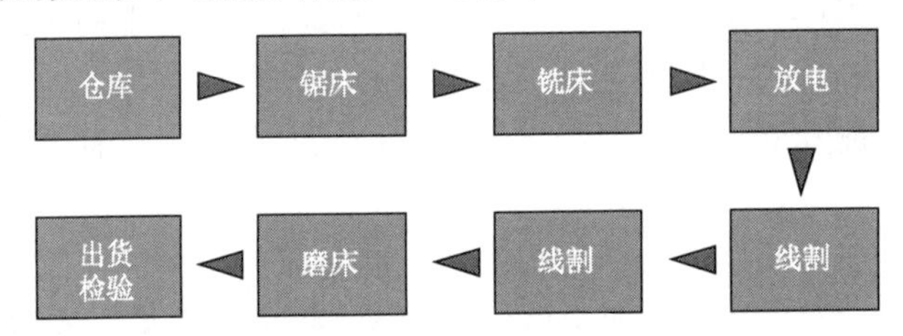

图9-7　以工艺为中心的布局原则

9.4.2　产线布局形式选择

布局形式的选择通常是在以工艺为标准的布局形式中，按照工艺的流程规划设备布局。在长期的生产实践中，形成了以下几种常见的产线布局形式（见图9-8），主要包括环形、U形、直线形、折线形等四种方式。

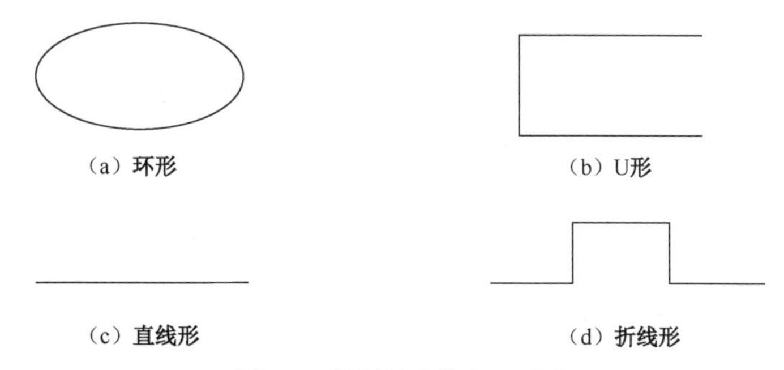

图 9-8　常见的产线布局形式

布局方式的选择通常需要考虑生产场地形状和生产工艺等因素，根据前面论述的结论，本节需要抛光的产品分为四个工序，对抛光次序有一定的要求。同时，由于本系统安放位于狭长地带，所以优先选用直线型布局。直线型布局产品传输线设计简单，系统紧凑，无须转弯结构，产品传输距离最短，投入相对较小；直线形生产线可以有效避免机械手臂之间的互相干涉，后期维护空间大，维护作业更加安全，所以，这里选用以工序为中心布局，采用直线形的布局形式。

9.4.3　产线平衡计算与设备配置

以工序为中心的布局形式通常用于流水线大批量作业中，产品按照规划的工艺依次经过工序完成加工。由于加工要素不同，所以每个工序有不同的生产节拍，并且每个工序生产节拍不一致，整个生产线的产能是由耗时最长的工序决定的，耗时短的设备处于等待状态，设备效能无法发挥到最大化，所以，各工站的节拍是否平衡是关系生产线效率高低的重要因素，工序节拍计算公式如下：

$$T_x = T_j + T_f \tag{9-1}$$

式中，T_x 为工序节拍，T_j 为加工时间，T_f 为工件传送时间。

根据上述工艺路线，产品共有六个面需要抛光，B、E 面第一工站加工，定义为 M_1；C、F 面第二工站加工，定义为 M_2；A 面第三站加工，定义为 M_3；D 面第四工站加工，定义为 M_4。根据前期的实验验证结论可知，生产周期包括加工时间和产品传输时间，分别为 (65s,41s,76s,82s)。因此，瓶颈工序=max(65s,41s,76s,82s)=82s。

下面对生产线平衡进行校核，根据生产线平衡率公式：

$$线平衡率(\%)=\frac{每个工站工时总和}{最大节拍\times实际工站数量} \tag{9-2}$$

可得出：

$$线平衡率(\%)=\frac{65+41+76+82}{82\times4}=80.5\%$$

根据 IE 工程学原理，线平衡率低于 85%即为效率低下，所以这里通过平衡生产线的节拍，提高线平衡率，最终提高生产效率。线平衡通常有以下几种方法。

（1）作业分解：将一个复杂的作业分解成两个相对简单的生产活动，这样就可以提高效率。

（2）加快效率：对于瓶颈工站，通常安排熟练工或用效率高的自动化设备替代，以提升线平衡率。

（3）设立平行工站：即设置两个相同的工站，提高效率。

根据开发前的实验验证结论可知，在四个工站中最后的 D 面抛光时间最长，整个抛光线加工周期时间是由加工时间最长的工站决定的，因此整个产线的周期时间为 82s，根据生产要求，抛光线最低产能必须大于人工产能 3 000PCS/天，这里设计时按照产能 4 000PCS/天计算，因此根据此产能计算实际需要的生产周期为：

$$生产周期=\frac{生产时间}{生产量}=\frac{3\,600\times 22}{4\,000}=19.8\text{s} \tag{9-3}$$

M_1 工位数理论最少设备数：$N_1=\frac{周期时间}{生产周期}=\frac{65}{19.8}=3.28\approx 3台$

M_2 工位数理论最少设备数：$N_2=\frac{周期时间}{生产周期}=\frac{41}{19.8}=2.07\approx 2台$

M_3 工位数理论最少设备数：$N_3=\frac{周期时间}{生产周期}=\frac{76}{19.8}=3.83\approx 4台$

M_4 工位数理论最少设备数：$N_4=\frac{周期时间}{生产周期}=\frac{82}{19.8}=4.14\approx 4台$

根据计算的结果，再次用式（9-2）对线平衡率进行计算，可得出校核后的线平衡率为 85.3%。

根据前述的结论，选用了以工序为中心的直线形布局形式，生产线布局图如图 9-9 所示。

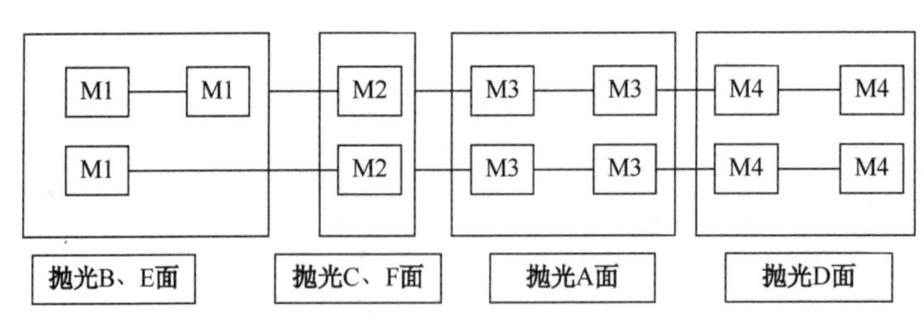

图 9-9 生产线布局图

因此，规划后的抛光线总体方案如图 9-10 所示。

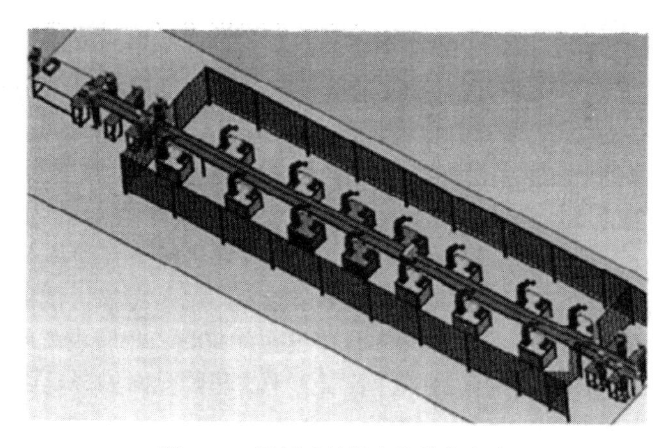

图 9-10　规划后的抛光线总体方案

传输线头端由人工放料，同时检查来料有无缺陷，检查完成放置到传输线上，由传输线传输到相应的工位。控制系统实现产品在工站间传输与物料平衡，各工站的机械手从传输线上抓取产品，抛光完成的产品再放回传输线，流至线尾端，再次经过人工检查并装箱。因此，在整个抛光生产系统中，除线头尾两端包装为人力外，全部由机械手作业。

9.5 抛光模块的结构

9.5.1 机械手系统的功能要求

机械手作为本系统实现自动抛光的核心部件，是代替人力实现自动作业的基础。机械手的性能直接关系到抛光系统的稳定性和效率，因此选择合适的机械手是开发成功的关键。抛光作为一种机械加工方法，其所用的机械手必须满足以下要求。

（1）程序编写便捷性。便捷性是衡量机械手性能的一个重要指标，产品实际抛光时需要根据现场环境规划轨迹、原点校正等，便捷的操作可大幅缩短调试、编程时间，因此，机械手的便捷性包括软件和硬件两方面。软件的便捷性指编程语言要简单易懂，功能强大，同时具有在线示教编程功能，可以手动控制轨迹模拟，自动生成程序，提高编程效率。操作的便捷性指对各轴的控制要简便、快捷。

（2）重复定位精度。机械手是由一系列旋臂、底座、伺服电机等构成的，由于受机械加工、传动间隙、控制精度等影响，这些零件在构成系统后都存在一定程度的误差，因此，重复定位精度是选型时考核的核心指标，特别是对于一些高精度装配现场使用的机械手，如机械手自动插针机使用的机械手的重复定位精度直接关系到设备性能。

在本系统中，抛光主要运用于平面加工，并且由于切削量小，因此对机械手的精度、负载能力要求相对较低，根据开发前的实验验证，重复定位精度在 0.05mm 的机械手可满足生产要求。

（3）防爆能力。由于机械手抛光时会产生大量的粉尘，粉尘粒度小于 20pm，并且处于悬浮状态。根据粉尘的爆炸机理，小于 420gm 的粉尘就有易爆性。因此，当粉尘浓度达到一定限度时，任何火花都极易引发爆炸事故，因此要求机械手必须具有一定的防爆能力。

（4）自由度。自由度是机械手灵活性的重要指标，也是考核机械手曲面拟合能力的依据。机械手的轴数为 1～6 轴，轴数越多，自由度也就越高，相应也就越灵活，曲面仿型能力就越强。在本系统中，抛光的产品部分表面为平面和圆弧面构成，因此机械手的轴数要求不低于 4 轴。

9.5.2 机械手系统的选型及安装方式

9.5.2.1 机械手的性能比较

从 20 世纪 50 年代发明机械手以来，经过几十年的发展，逐步形成了一些知名的机械手品牌和行业标准，最常见的机械手品牌有 YAMAHA（雅马哈）、Staubli（史陶比尔）、Kuka（库卡）、Kwasaki（川崎）等。本抛光系统拟利用企业现有的废旧生产线拆下来的三款机械手，挑选一款性能合适的进行抛光，以降低开发成本。下面对现有的三款机械手性能做详细比较，表 9-3 为机械手参数对照表。

表 9-3 机械手参数对照表

品　牌	川　崎	FOXBOT（自产）	史 陶 比 尔
型号	KF121	A-05	RX-90L
特点	适用小型工件的 6 轴防爆机械手	整机体积小，维修服务方便	使用于防爆环境的 6 轴机械手
轴数	6 轴	6 轴	6 轴
活动半径	938mm	500mm	1 180mm
负载	5kg	2.5 kg	5kg
质量	140kg	65kg	111kg
重复定位精度	0.02mm	0.02mm	0.025mm

机械手的选择需要考虑的参数主要包括重复定位精度、轴数、活动半径、负载、防爆性能等。

（1）首先考虑的参数是重复定位精度。重复定位精度关系产品抓取是否能准确放入治具中，由于在之前的实验中选用的是重复定位精度为 0.025mm 的机械手，所以可知三款机械手的精度都能满足要求。

（2）从轴数来看，三款都符合需要。但从防爆功能来看，三款机械手中具有防爆能力的机械手也只有史陶比尔和川崎。

（3）从机械手活动半径来看，根据方案规划，机械手分列于传输线的两边，机械手活动半径最远处应达到 1.2m，FOXBOT 的活动半径只有 500mm，属于小型机械手，川崎的 KF121 活动半径有 938mm，只有史陶比尔活动半径为 1 180mm，比较接近 1.2m。

（4）从负载能力来看，由于机械手末关节上需要安装抛光执行器压力检测等部件，质量约 3kg 左右，FOXBOT（自产）无法满足要求。

因此，综合对各机械手性能参数分析，现有的机械手中最适用于抛光的是史陶比尔 RX-90L 型，图 9-11 为 RX-90L 型机械手结构。

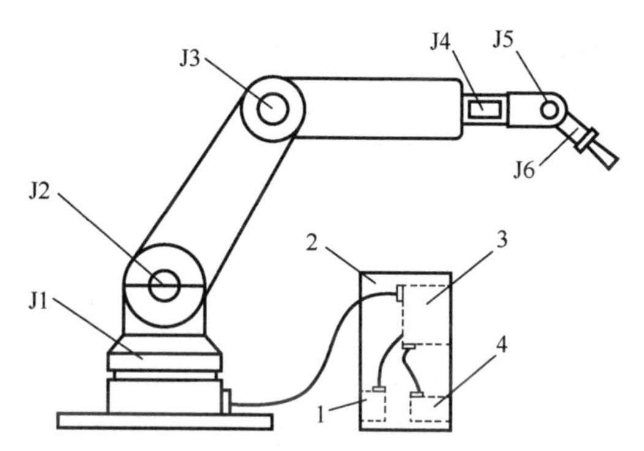

1—电源；2—控制箱；3—运动控制卡；4—伺服控制器；J1～J6 分别为 1～6 轴关节

图 9-11 RX-90L 型机械手结构

9.5.2.2 史陶比尔机械手的性能特点

史陶比尔是世界著名的设备制造企业，公司成立于 1892 年，目前是世界主要的纺织机械制造企业之一。1982 年，该公司开始从事机械手生产，其生产的机械手品质稳定，可靠性高。史陶比尔提供的机械手品种齐全，分为搬运、涂装、焊接、高速加工等系列，RX-90L 属于其涂装防爆系列。该机械手具如下特点。

（1）重量轻，结构坚固，动作流畅。该机械手具有中空型的旋臂结构，使其质量更轻，结构更坚固，强度更高，动态性能更高，特别是在高速运动时，动作更加流畅，停顿小，重复定位精度和轨迹再现精度更高，其重复定位精度为 0.025mm。

（2）防爆能力强。采用铝铸件中空结构，在机械手本体及控制器内部通惰性气体，防止电气火花引发粉尘爆炸，因此该机械手主要运用于需防爆的场合，如炼油企业、涂装厂等，特别是在喷涂企业运用较广。

（3）安装方式灵活。该机械手安装方式灵活多样，对于一些安装空间不足的场合，可提供倒装和侧装等安装方式，可以作为一个设备单独使用，也可以作为其他设备的一个零部件安装在其他设备上使用。在本系统中采用了正装的安装方式，将机械手直接固定在一个圆柱体的固定座上，与集尘工作台构成一个模块。

（4）程序编写方便。该机械手具有功能强大的手持式示教器，可以提供在线编程、监控、程序修改等功能，提供了基于 Windows 环境的软件包，可以为用户提供离线编程模式。

（5）强大的对外交互能力。该机械手提供了两组对外输入、输出接口，为用户提供了良好的对外交互能力，可以方便地接入外部信号，输出内部信号。如本系统中当定位机构上有产品，并准确定位以后，产品传输系统会向机械手传送指令，机械手接受指令后开始抓取，当产品抓取完成后，机械手会向控制系统发出一个指令使抛光执行器开始启动。强大的对外交互能力可以使机械手与配套设备配合更加紧密，使设备性能得以充分发挥。

9.5.2.3 抛光头的设计与开发

1. 抛光头的功能要求

抛光头安装于史陶比尔机械手末关节处，在本系统中是具体执行抛光的部件。正如人手一样，机械手末关节是一个多功能实现的集合体，因此在本系统中需要满足以下基本要求。

（1）抛光头必须具有抛光压力检测功能。

由于抛光效率与抛光法向压力具有正向关系，即抛光法向压力越大，材料去除率越高。但过大的抛光法向压力会导致磨抛机转速降低，反而降低了材料的去除率，因此研磨过程中抛光的法向力要尽可能一致，保证材料的去除率基本相同，以获得良好的平整度，所以抛光头必须具有压力检测功能。

（2）角度自适应调整能力。

在磨抛机工作时，研磨面要与抛光表面平行，这样工件与抛光片才能紧密贴合，确保抛光面的平整度。而在实际作业时，由于远点校正误差，以及机构刚度等问题，难以保证工件与抛光片完全紧密贴合，因此安装支架必须具有一定的角度自适应调整能力。

（3）产品抓取功能。

由于本自动抛光线采用模块式结构，中间以传输线在工站间传输，产品的抓取定位动作仍需要用机械手末关节来实现，因此磨抛机固定支架还必须具有产品抓取功能，以进行产品抓取和放置。

2. 执行器的选择

根据华中科技大学袁楚明教授的研究，抛光效果除了跟抛光压力、抛光时间、抛光次数有关，还与抛光执行器性能有关，如往复式与旋转式执行器。对于圆柱形零件，往复式执行器比旋转式执行器具有更好的曲面拟合能力，抛光的平面更加平顺。同时研究发现，在相同设定条件下，不同的抛光执行器有不同的材料去除率和表面质量，因此选择合适的抛光执行器能确保达到理想的效果。

在本抛光系统中，产品共包含 4 个工站抛光工序，结合不同抛光部位的具体特征，需要选用不同的抛光执行器。20 世纪 80 年代，日本发明了旋转式抛光执行器，经过几十年的发展，现在抛光执行器种类繁多，但总体上分为旋转抛光和往复震动抛光两种。动力形式包括电动和气动两种形式。电动执行器的特点是用电源提供动力，无须压缩空气，免去添加气源设备，无须布置气路，质量轻、噪声小、携带方便。除此以外，电动工作时速度恒定，调速方便。气动执行器的特点在于转速高，常见的气动执行器转速多在 10 000r/min 以上，抛光效率高。同时，因为采用压缩空气作动力，安全防爆，不会产生火花，但缺点是噪声比较大。由于本抛光系统位于粉尘环境中，气动执行器工作时以空气做动力，防爆能力优于电动执行器，所以这里选用了气动执行器。

下面结合抛光面的具体特征，选择合适的抛光执行器（俗称磨抛机）。本抛光产品中，D 面为该产品的 A 级面，由于该面的抛光面积较大，因此需要选用较大底盘的研磨机，以便安装直径更大的研磨片，这里选用了五英寸背绒偏心磨抛机，如图 9-12 所示。五英寸磨抛机可以最大限度地减少抛光次数，提升效率。同时抛光轮面积越大，抛光的平面度越容易控制，平面度也就越高。该磨抛机以压缩空气为动力，研磨过程中转速高、具有偏心震动功能，能有效避免火花的产生，符合安全防爆要求。

图 9-12 五英寸背绒偏心磨抛机

五英寸背绒偏心磨抛机性能参数见表 9-4。

表 9-4 五英寸背绒偏心磨抛机性能参数

型号	底盘尺寸	偏心距	转速	空气消耗量	进气接头	重量
CY313	125mm	2.5/5mm	10 000r/min	0.38m^3/min	1/4”P.T	0.85kg

图 9-13 S40 气动深孔磨抛机

F 面为深孔，此面不需要作抛光处理，仅需去除毛刺，因此这里选用了如图 9-13 所示的 S40 气动深孔磨抛机。S40 型气动磨抛机外形纤细小巧，头部可安装细长的杆型结构的去毛刺刷，可以快速去除前道工序加工的毛刺等。

S40 气动深孔磨抛机性能参数表见表 9-5。

表 9-5 S40 气动深孔磨抛机性能参数表

型号	转速	夹头尺寸	气管内径	耗气量	工作压力	额定功率	重量
S40	10 000r/min	6mm	8mm	10L/s	0.6Mpa	0.5kW	0.85kg

B、C、E 面由于其面特征较小，无法采用底盘面积大的气动磨抛机，所以这里选用了 2 英寸（1 英寸=2.54 厘米）的 SN-301 型气动磨抛机，如图 9-14 所示。该磨抛机的特点是

体积小，轻巧，速度快，平衡度高，适用于小面积抛光的场合。

图 9-14　SN-301 型气动磨抛机

SN-301 型气动磨抛机性能参数见表 9-6。

表 9-6　SN-301 型气动磨抛机性能参数

型　号	转　速	底盘尺寸	偏心距	耗气量	额定功率	重　量
SN-301	15 000r/min	3 寸（1 寸=3.3333333 厘米）	2mm	0.8m³/min	0.4kW	0.6kg

图 9-15　AT-7018 方形往复式气动磨抛机

最后的 A 面表面为圆柱面，由于采用平面磨抛机抛光时与表面接触为线接触，曲面拟合能力差，线接触抛光容易导致曲面变形，所以无法采用旋转抛光工具和砂纸抛光，必须选用具有一定变形能力的抛光片。

根据之前的实验验证，这里选用了如图 9-15 所示的 AT-7018 方形往复式气动磨抛机。该磨抛机采用往复振动抛光，底部有拉绒片，安装 10mm 厚的羊毛毡进行抛光。羊毛毡带有背绒底衬，可以很方便地安装到磨抛机底盘上，较厚的羊毛毡抛光片与圆柱体曲面接触后会自动变形贴合产品曲面，形成面接触，能取得理想的抛光效果，可以有效地解决上述问题。

AT-7018 方形往复式磨抛机性能参数见表 9-7。

表 9-7　AT-7018 方形往复式磨抛机性能参数

型　号	偏心距	进气尺寸	气　压	耗气量	管　径	重　量
AT-7018	5mm	PT1/4	6kg/cm²	0.2m³/min	0.4kW	1～9kg

9.5.2.4　法向力反馈控制设计

由于抛光作业是由安装在机械手末关节上的执行器与工件接触实现抛光的，由之前的理论可知，法向力与材料去除率成正比，稳定的法向力是获得一致表面的基础，所以机械手在抛光时应在线监测执行器与工件接触的法向力。但是机械手对于整个抛光系统来说是开环控制的控制系统，机械手本身对外界并没有力矩反馈，因此需要加装额外的检测工具。业界关于法向力的控制方式包括压力传感器控制、机械手直接力反馈控制、阻抗控制等。国内研究者刘志新等利用比例阀控制液压系统实现了法向力的精确控制。其中，以压力传感器控制实现较为容易，运用较为广泛。压力传感器的原理是通过外部压力改变传感器的电阻应变片的阻值的，传感器控制器通过检测电流的变化监控压力大小。ABB 研发中心的谭福生博士开发的基于 PI 算法的法向力控制，即通过压力传感器，将参考力 F_r 与反馈力 F_m 控制进行比较，改变机械手的位置，从而实现精准的法向力控制。

在本系统中也选用了压力传感器法向力控制这种方式，选用的是蚌埠天光传感器有限公司生产的 TJL-1S 型力传感器。该传感器具有上下限报警输出功能，控制器能够设定压力的上下限范围，当压力超出范围后，能输出电位信号。其控制基本思路是当压力过大时，压力传感器输出信号，机械手提升，使压力减小；当压力过低时，传感器输出信号，机械手下压，使法向力加大，从而实现对法向力的控制。图 9-16 所示为 TJL-1S 型力传感器。

图 9-16　TJL-1S 型力传感器

表 9-8 为 TJL-1S 型力传感器参数表。

表 9-8　TJL-1S 型力传感器参数表

额定载荷	0.05～200kN
灵敏度	2.0mV/V
蠕变	±0.02%F·S/10min
零点输出	±1%F·S
零点温度影响	±0.02%F·S/10℃
输出温度影响	±0.02%F·S/10℃
工作温度	−20℃～+65℃
输入阻抗	380±10Ω
输出阻抗	350±10Ω
绝缘电阻	>5 000mΩ
安全过载	150%F·S
拱桥电压	10VDC
材质	不锈钢

9.5.2.5　抛光执行器固定架的设计

抛光头是一个具体执行抛光的核心部件，包括抓取、抛光、压力检测等功能都需要整合在机械手末端，因此需要设计一个固定支架，将抛光执行器、真空吸盘、压力传感器等固定。

本节给出了一种如图 9-17 所示的自适应执行器固定架，结构上采用一块底板和两块功能板组成，材质采用了铝合金，以减轻质量。底板位于正中间，所有零件都以底板为依托，位于底板上面的一块功能板用于安装真空吸盘，真空吸盘的作用是实现产品抓取功能；位于底板下面的一块板用于安装气动磨抛机，它与中间的底板之间通过 4 根导柱连接，导柱间留有 0.05mm 的间隙，导柱外装有弹簧，弹簧的作用是实现角度微量的自适应调整的。一方面可以实现磨抛机与产品完全贴合，另一方面压力检测传感器安装于底板和磨抛机之间，弹簧可以使抛光法向力传输到压力检测传感器中。

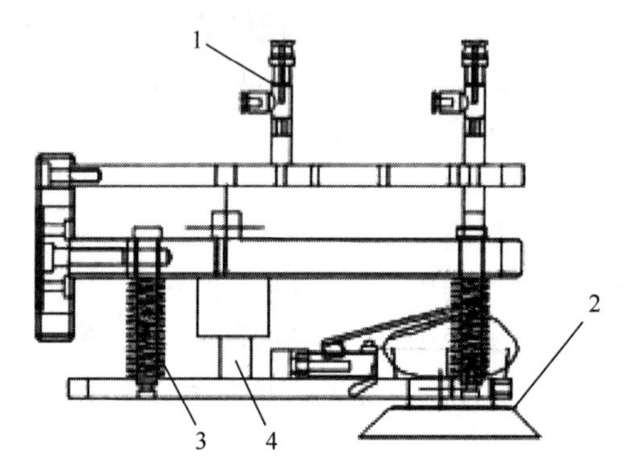

1—吸盘；2—气动磨抛机；3—弹簧；4—压力检测传感器

图 9-17　自适应执行器固定架

自适应执行器固定架（图 9-17）采用铝合金作为结构材料，以尽量减轻质量，减小惯量。1 为真空吸盘，利用真空发生器产生的负压吸取产品，实现产品抓取；2 为选择的气动磨抛机；3 是用于抛光时的角度自适应调整的弹簧，同时防止由于磨抛机与抛光产品接触面产生法向压力突变而导致磨抛机停车现象；4 为压力检测传感器，用于在线检测抛光的法向压力。

9.5.2.6　抛光治具的设计

抛光治具是用以提升抛光质量，提高抛光效率的辅助设施，是制造过程中不可缺少的辅助设备。治具可以弥补人工技能的不足，快速提升产品的品质，提高生产效率，降低对人的技能要求。同时借助治具这种简单的设施，可以实现人工无法达到的加工精度。

因此，治具在人们的生产活动中得到了广泛的运用。通常针对不同的工序，需要设计不同的治具，本抛光系统分 4 个工序，因此需要 4 种抛光治具。这里仅选取一个工序的治具简要介绍，图 9-18 为 M2 工序治具图。

M2 工序治具的主要功能是实现产品 C 面和 F 面抛光的，即产品的侧面和深孔抛光去毛刺，侧面要求去掉 CNC 加工后的毛刺和刀纹，深孔仅要求去掉毛刺。本治具采用 S40 气动磨抛机作为动力，头端安装毛刷，去除 F 面深孔的毛刺，无杆气缸用于推动磨抛机左右运动去毛刺。旋转气缸用于在抛光时夹紧产品，防止产品在抛光过程中移动。由于在抛光过程中治具也会随产品一起被磨抛，因此对治具材料的选择比较重要，要求材料具有良好的耐磨性和硬度，本治具采用的材料为 S136。S136 是经电渣重熔冶炼的，具备良好的耐磨性和韧性。

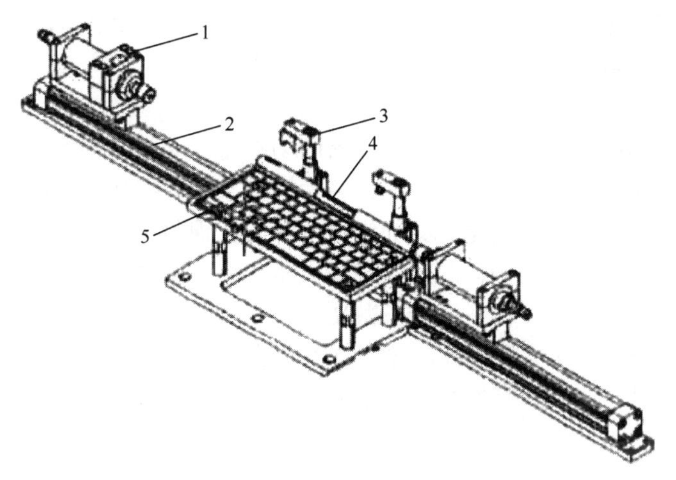

1—气动磨抛机；2—无杆气缸；3—旋转下压气缸；4—产品；5—治具

图 9-18　M2 工序治具图

9.5.2.7　抛光片更换治具的设计

抛光片是跟产品接触，具体执行抛光的部件。抛光片的产品种类繁多，包括抛光布轮、抛光绒布和羊毛毡等。由于抛光片使用寿命有限，抛光效率与抛光片的使用次数有关，使用次数越多，抛光能力越弱，因此需要定期更换。对于粗糙度要求高的 D 面，需要更换不同型号的砂纸，所以这里选用的是背绒抛光片。由于磨抛机底盘有拉绒片，安装和更换砂纸方便快捷。图 9-19 所示为抛光片更换治具。

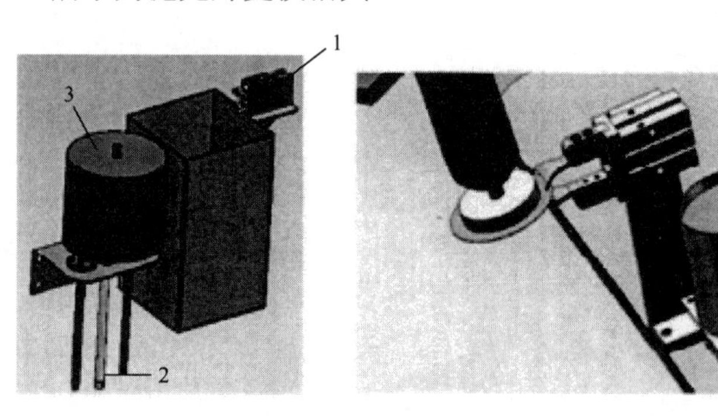

1—气缸 1；2—气缸 2；3—抛光片

图 9-19　抛光片更换治具

工作时，首先，机械手将抛光执行器底盘置于气缸 1 处，气动夹爪夹紧抛光片，机械手提升，撕下旧抛光片；然后将执行器放于位置 3 处的抛光片储料台上，顶抛光片气缸 2 推动抛光片向上，使最上面的一片抛光片与磨抛机拉绒片贴合；最后气缸 2 下降，其余抛光片降落，从而完成抛光片更换动作。

本节主要介绍抛光模块的开发过程和细节，首先根据抛光线的基本要求，分析对比了三种机械手的性能参数，选择了适用于本抛光线的机械手型号，并着重分析了本项目所采用的 Staubli 机械手的功能特点和技术参数。结合产品抛光区域的特性，为各工序选择了合理的抛光执行器，其中详细地对各抛光执行器的功能特点和技术参数进行了说明。其次，重点介绍了抛光时法向力检测的实现办法，并为抛光头选择了压力传感器，分析了压力监控的控制方法。给出了抛光头固定支架的设计方法，实现将磨抛机、法向力检测工具和抓取机构等部件一体化整合的目的，同时实现抛光角度自适应调整，并分析了所设计的固定支架的结构形式、具体工作过程。论述了抛光治具的设计要点，并具体论述了 M2 工序治具的设计结构、功能及动作实现过程，材料的选择过程及 S136 材料的性能特点。最后，设计了抛光片更换治具，并阐述了抛光片的装夹和更换方式。

参 考 文 献

[1] 丁学恭．机器人控制研究[M]．杭州：浙江大学出版社，2006.
[2] 郭洪红．工业机器人运用技术[M]．北京：科学出版社，2008.
[3] 孙树栋．工业机器人基础[M]．西安：西北工业大学出版社，2006.
[4] 王耀南．机器人智能控制工程[M]．北京：科学出版社，2004.
[5] 胡剑波，庄开宇．高级变结构控制理论及应用[M]．西安：西北工业大学出版社，2008.
[6] 谭民，徐德，等．先进机器人控制[M]．北京：高等教育出版社，2007
[7] 刘文波，陈白宁，段智敏．工业机器人[M]．吉林：东北大学出版社，2007.
[8] 蔡自兴．机器人学[M]．北京：清华大学出版社，2009.
[9] 孙树栋．工业机器人技术基础[M]．西安：西北工业大学出版社，2006.
[10] 吴振彪．工业机器人[M]．武汉：华中科技大学出版社，2006.
[11] 霍伟．机器人动力学与控制[M]．北京：高等教育出版社，2005.
[12] 刘极峰．机器人技术基础[M]．北京：高等教育出版社，2006.
[13] S. 马尔金．磨削技术理论与应用[M]．沈阳：东北大学出版社，2002.
[14] 马颂德，张正友．计算机视觉[M]．北京：科学出版社，1998.
[15] 伯特霍尔德·霍恩．机器视觉[M]．北京：中国青年出版社，2014.
[16] 王立玲．工业机器人的力/位置模糊控制策略的研究[D]．河北大学，2005.
[17] 吴庆华．基于线结构光扫描的三维表面缺陷在线检测的理论与应用研究[D]．华中科技大学，2013.
[18] 刘文波．基于力控制方法的工业机器人磨削研究[D]．华南理工大学，2014.
[19] 陈刚．机械手自动抛光生产线的设计与实现[D]．华东理工大学，2014.
[20] 刘志恒．基于力反馈的打磨机器人控制[D]．哈尔滨工业大学，2017.
[21] 李娜．机器人末端工具快换装置的设计及优化[D]．山东大学，2017.
[22] 缪新．机器人磨削系统控制技术研究[D]．南京航空航天大学，2015.

读者调查表

尊敬的读者：

自电子工业出版社工业技术分社开展读者调查活动以来，收到来自全国各地众多读者的积极反馈，他们除了褒奖我们所出版图书的优点外，也很客观地指出需要改进的地方。读者对我们工作的支持与关爱，将促进我们为您提供更优秀的图书。您可以填写下表寄给我们（北京市丰台区金家村 288#华信大厦电子工业出版社工业技术分社　邮编：100036），也可以给我们电话，反馈您的建议。我们将从中评出热心读者若干名，赠送我们出版的图书。谢谢您对我们工作的支持！

姓名：________　　性别：□男　□女　年龄：________　　职业：________

电话（手机）：__________________　　E-mail：________________________________

传真：_____________________　　通信地址：_____________________________

邮编：________________

1．影响您购买同类图书因素（可多选）：

□封面封底　□价格　□内容提要、前言和目录　□书评广告　□出版社名声

□作者名声　□正文内容　□其他________________________

2．您对本图书的满意度：

从技术角度　□很满意　□比较满意　□一般　□较不满意　□不满意

从文字角度　□很满意　□比较满意　□一般　□较不满意　□不满意

从排版、封面设计角度　□很满意　□比较满意　□一般　□较不满意　□不满意

3．您选购了我们哪些图书？主要用途？____

4．您最喜欢我们出版的哪本图书？请说明理由。

____

5．目前教学您使用的是哪本教材？（请说明书名、作者、出版年、定价、出版社），有何优缺点？

____

6．您的相关专业领域中所涉及的新专业、新技术包括：

____

7．您感兴趣或希望增加的图书选题有：

____

8．您所教课程主要参考书？请说明书名、作者、出版年、定价、出版社。

____

邮寄地址：北京市丰台区金家村 288#华信大厦电子工业出版社工业技术分社　邮编：100036

电　　话：010-88254479　E-mail：lzhmails@phei.com.cn　　微信 ID：lzhairs

联　系　人：刘志红

电子工业出版社编著书籍推荐表

姓名		性别		出生年月		职称/职务	
单位							
专业				E-mail			
通信地址							
联系电话				研究方向及教学科目			
个人简历（毕业院校、专业、从事过的以及正在从事的项目、发表过的论文）							
您近期的写作计划： 您推荐的国外原版图书： 您认为目前市场上最缺乏的图书及类型：							

邮寄地址：北京市丰台区金家村 288#华信大厦电子工业出版社工业技术分社　邮编：100036

电　　话：010-88254479　E-mail：lzhmails@phei.com.cn　　微信 ID：lzhairs

联　系　人：刘志红

反侵权盗版声明